U0381874

本书是教育部人文社科青年基金项目"耦合协同视角下的区域生态、环境、经济三螺旋发展模式构建"（12YJCZH251）的主要研究成果，获河南师范大学学术出版基金和新型城镇化与中原经济区建设河南省协同创新中心资助。

中西部地区生态—环境—经济—社会耦合系统协同发展研究

Study on Synergetic Development ofEcology-Environment-Economy-Society Coupling System in central and western regions in China

杨玉珍 著

中国社会科学出版社

图书在版编目（CIP）数据

中西部地区生态—环境—经济—社会耦合系统协同发展
研究/杨玉珍著．—北京：中国社会科学出版社，2014.12
ISBN 978 - 7 - 5161 - 5262 - 1

Ⅰ．①中…　Ⅱ．①杨…　Ⅲ．①区域生态环境—研究—
中国 ②区域经济发展—研究—中国 ③社会发展—研究—
中国　Ⅳ．①X321.2 ②F127

中国版本图书馆 CIP 数据核字（2014）第 297444 号

出 版 人	赵剑英	
责任编辑	卢小生	
特约编辑	林　木	
责任校对	董晓月	
责任印制	王　超	

出　　　版　中国社会科学出版社
社　　　址　北京鼓楼西大街甲 158 号（邮编　100720）
网　　　址　http：//www. csspw. cn
　　　　　　中文域名：中国社科网　　010 - 64070619
发 行 部　010 - 84083635
门 市 部　010 - 84029450
经　　　销　新华书店及其他书店

印　　　刷　北京市大兴区新魏印刷厂
装　　　订　廊坊市广阳区广增装订厂
版　　　次　2014 年 12 月第 1 版
印　　　次　2014 年 12 月第 1 次印刷

开　　　本　710×1000　1/16
印　　　张　19.5
插　　　页　2
字　　　数　332 千字
定　　　价　60.00 元

前　言

　　经济的发展、社会福利的提高是人类追求的永恒主题。然而，20世纪以来，尤其是30年代以来工业化的快速推进，致使环境日益恶化，生态渐次失衡。理顺资源利用、环境循环、经济发展及人类自身福利之间的关系成为重中之重，引起广泛重视。2012年中共十八大报告强调，"大力推进生态文明建设，把生态文明建设放在突出地位，融入经济建设、政治建设、文化建设、社会建设各方面和全过程，努力建设美丽中国，实现中华民族永续发展"。2013年党的十八届三中全会进一步指出"紧紧围绕建设美丽中国深化生态文明体制改革，推动形成人与自然和谐发展现代化建设新格局"。建设生态文明、美丽中国被提上新的高度。

　　纵观我国与世界各国生态、环境与经济、社会发展的历程，绝大部分都是沿袭"出现冲突、解决冲突"，"污染在先、治理在后"的事后管理逻辑。发展过程中生态、环境与经济、社会是矛盾体，还是可以协同发展的统一体，需要认真研究。系统科学理论体系博大精深，有系统论、控制论、信息论经典的"老三论"，有耗散结构论、协同论、突变论的"新三论"，又有相变论、混沌论和超循环理论组成的"新新三论"，系统科学中系统耦合协同方法论可以用于分析我国区域发展中的诸多问题，解决生态、环境与经济、社会的矛盾与冲突。本书将生态、环境、经济、社会视为子系统，各子系统不是孤立存在的，而是通过要素、功能、结构、能量、信息（也称为负熵）的流动呈现相互交织、相互影响的复杂作用，这一过程称为"系统耦合"，形成复杂的区域生态—环境—经济—社会巨系统（Ecology-Environment-Economy-Society系统，简称EEES系统）。本书中的"协同"指各子系统之间、子系统各要素及组成部分之间协调一致、共同合作而形成新的结构、衍生新的功能。因此，耦合协同的目标是实现生态、环境、经济、社会之间的良性共振，逐步或者快速趋向新的有序结构，提高系统整体运行效率。

　　本书始于笔者博士阶段的调研及相关研究。2008 年，笔者随内蒙古科技厅到内蒙古自治区呼和浩特、包头和鄂尔多斯等城市进行了为期两个月的调研，深感内蒙古作为我国北方的生态屏障意义重大，也思索内蒙古作为资源富集地区如何实现生态—环境—经济的可持续发展等。随后撰写发表了一系列学术论文，协助我的博士生导师许正中先生和内蒙古科技厅徐凤君厅长起草、论证、成功申报了国家软科学课题（2009GXS1D019）"科技支撑下的内蒙古生态经济功能区建设研究"。2012 年 2 月该项目通过结项验收。之后，笔者调研了河南省鹤壁、新乡、南阳、安阳、焦作等地市，2012—2013 年先后主持申报、获批教育部人文社科青年项目（12YJCZH251）、河南省社科规划项目（2012CJJ024）以及国家社科基金青年项目（13CJL074），这一系列前期调研和相关课题论证为本书成稿积累了丰富的素材。时至今日，本书作为教育部人文社科青年项目（12YJCZH251）"耦合协同视角下的区域生态、环境、经济三螺旋发展模式构建"的主要成果出版，得到河南师范大学出版基金资助。虽已历经时日，但笔者水平有限，仍有很多问题尚待解决，深知本书的理论体系有待深入，研究方法的科学性、严谨性需要进一步提升。此时此刻，笔者心情如即将嫁女的母亲，总觉得尚未为女儿梳妆打理、交代完备。因此，书中疏漏之处，还望各位读者批评指正，提出宝贵意见，在此表示由衷感谢。

杨玉珍

2014 年 7 月

摘　　要

资源刚性约束、生态渐次失衡、环境日益恶化已打破区域、国家的界限，演变成全球性问题。我国作为主要的经济大国和政治大国，经济的快速增长再不能以生态、资源、环境为代价。

本书以多学科理论和技术为支撑，综合运用多种研究方法，贯穿系统化分层思路。其开展的主要工作、创新性探索及结论如下：

第一，阐述了区域生态—环境—经济—社会巨系统的要素、特征、功能，子系统间的耦合关系、耦合原则、耦合效应和耦合模式。认为区域生态—环境—经济—社会耦合系统由人口、环境、科技、信息、制度等要素组成，人口是耦合的主体，环境是耦合的基础，科技与信息是耦合的重要中介和桥梁，制度是耦合的催化剂；系统具有整体共生、开放动态、复杂不确定、自组织和他组织等特征；系统功能是保障物质流、能量流、信息流、人口流和价值流"五流"的高效运转，实现生态、经济、社会"三效益"协同；目标是在耦合原则和协同模式、整合模式、利益模式等耦合模式指导下产生正合作效应。

第二，建立 Logistic 方程、耦合熵变模型、协同发展序参量模型，从三个维度分析了区域生态—环境—经济—社会耦合系统的演化机理。运用 Logistic 曲线方程将耦合系统演化模式分为倒退型、循环型、停滞型和组合 Logistic 增长型；导入耦合熵概念，建立了耦合熵计算方程，将耦合熵细化为耦合规模熵、耦合速度熵、耦合结构熵，并给出相应的计算公式；建立了四个子系统多个序参量的协同发展模型。

第三，选择 DEA 模型、模糊数学理论，从时间序列和空间序列上评价了河南省生态—环境—经济—社会耦合系统协同发展状况。时间序列上评价结果表明，河南省 1990—1993 年、1998—2004 年、2007—2008 年和 2010 年几个时间段内耦合系统的发展效度、协同效度、协同发展效度均为 1，而 1995 年、1996 年、1997 年、2009 年几个年份是协同有效、发展非有效，1994年、2005年、2006年几个年份是协同非有效且发展非有效。空间序列上将河南省18个地市的耦合协同发展状况分为四类，第一类地区有郑州、开封、鹤壁、漯河、周口、济源，其DEA效率值等于1，表明此类地区生态、环境与经济、社会耦合、协同发展状况很好。第二类地区有商丘、许昌、平顶山，DEA效率值介于0.9281—0.9382，此类地区协同发展良好。第三类地区有焦作、南阳、安阳、濮阳、洛阳，属于中级协同区域，第四类地区有信阳、驻马店、新乡、三门峡，属于初级协同区域。

第四，综合运用DEA模型和模糊数学理论，从纵向和横向两层面入手，评价了内蒙古生态—环境—经济—社会耦合系统协同发展状态。纵向结果表明，内蒙古1990—1992年、1995—1996年、1999年、2001—2004年、2007年、2009—2010年几个时间段内耦合系统发展有效、协同有效、协同发展有效；而1993年、1996年、1998年、2000年几个年份是协同有效、发展非有效；1994年、1997年、2005年、2006年、2008年几个年份是协同非有效且发展非有效；横向结果表明内蒙古生态—环境—经济—社会耦合系统协同发展状况在全国31个地区中居第四类，协同发展综合效度仅为0.5146，处于初级协同状态。河南省生态—环境—经济—社会耦合系统协同发展状况在全国31个地区中也居第四类，协同发展综合效度仅为0.4857，处于初级协同状态，环境投入、经济投入冗余率高，社会、生态系统产出不足率高，未来应积极采取协同发展模式。

第五，提出了河南省生态—环境—经济—社会耦合系统协同发展的对策。经济系统坚持"三化协调战略"、"产业带动战略"，三化协调的关键是农村劳动力的转移，顺利转移农村劳动力的关键是构筑创业就业、培训、安居"三位一体示范区"。产业带动战略主要实施路径有构建现代产业新体系，促进传统产业和新兴产业的融合发展，推动产业承接与产业创新融合发展，推动产业聚集区转型升级。社会系统协同发展的关键是推动河南省社会保障改革。资源系统、环境系统协同发展的关键点是制定具体的、可操作性的措施。

第六，从战略层面、路径选择和实施措施三个层次阐述了内蒙古生态—环境—经济—社会耦合系统协同发展对策。战略层面应构建科技支撑下的生态经济功能区，导入耦合分区原则进行治理；路径选择上应立足产业的生态化转型，耦合生态旅游和产业旅游，构建"大金三角"

和"小金三角"产业旅游区；实施层面提出生态移民过程中创业园、安居园、培训园的"三园互动"机制，避免落后地区习得性困境的产生。

关键词：生态—环境—经济—社会耦合系统；协同发展；中西部地区

ABSTRACT

Rigid constraints of resources, ecological imbalance gradually and environmental deterioration have been breaking regional and national boundaries, evolving into global issues. China as a major economic power and political power, the rapid economic growth can no longer paid on ecology, resources and environment.

On the basis of theoretical analysis and practical research, synergetic development of regional ecology-environment-economy-society (for short of EEES) coupling system is on research.

Multi-disciplinary theories, multi-technologies, multi-studying methodologies and systematic and hierarchical classification are used throughout in this dissertation. Main work, innovative explorations and conclusions as follows:

First, elements, features, functions of regional EEES coupling system, the coupling connections, principles, effects of subsystems and elements have been elaborated. Regional EEES coupling system made up of population, environment, technology, information, systems and other elements. Population is the main body in coupling; environment is the base in coupling; technology and information are important intermediaries and bridges; system is the catalyst. The system has characteristics as integration and symbiosis, openness and dynamics, complexity and uncertainty, self-organization and other-organization. System functions ensure the material flow, energy flow, information flow, population flow and value flows which called "five streams" operating efficiently, and achieve ecological benefit, economic benefit, and social benefit which called "three benefits" in synergy. Goal of the system is producing positive and cooperative effects under the guidance of principles and modes which conclude synergistic coupling mode, integrated mode and benefit mode.

Second, Logistic equations, coupling entropy model, and order parameter model of synergetic development have been established to analyze the evolution mechanism of regional EEES coupling system. Logistic curve equations have been used to classify system evolution curves into different types as back, loop, stagnant and combination logistic growth type. Concept of coupling entropy has been introduced. Coupling entropy calculating equation has been established. Coupling entropy has been classified into coupling scale entropy, coupling rate entropy and coupling structure entropy. Specific formulas of the three entropies have been given. Model including four sub-systems and multiple order parameters have been established.

Third, using fuzzy theory and DEA model integrally, synergetic development of Henan's EEES coupling system has been evaluated from time sequence and spatial sequence. time sequence results showed that Henan' EEES system in the several time periods during years 1990 – 1993, 1998 – 2004, 2007 – 2008, 2010were in comprehensive efficiency; years of 1995, 1996, 1997, 2009 were effective in synergy, but non-effective in development; years of 1994, 2005, 2006 were non-effective both in synergy and development. spatial sequence results show that synergetic development of Henan' EEES coupling system in the 18 cities classified in the fourth category. The first category including areas of Zhengzhou, Kaifeng, Hebi, Luohe, Zhoukou and Jiyuan whose DEA efficiency value is equal to 1, shows that these areas' ecological, economic, environmental and social interaction collaborative development condition is best. The second type including areas of Shangqiu, Xuchang, Pingdingshan, whose DEA efficiency value between 0.9281 to 0.9382, and synergetic development is better. Third types including areas of Jiaozuo, Nanyang, Anyang, Puyang, Luoyang, belongs to the intermediate cooperative area. the fourth type area of Xinyang, Zhumadian, Xinxiang, Sanmenxia belong to the primary Synergetic development.

Fourth, using fuzzy theory and DEA model integrally, synergetic development of Inner Mongolia EEES coupling system has been evaluated from vertical level and horizontal level. Longitudinal results showed that Inner Mongolia' EEES system in the several time periods during years 1990 – 1992, 1995 – 1996,

1999, 2001 – 2004, 2007, 2009 – 2010 were in comprehensive efficiency; years of 1993, 1996, 1998, 2000 were effective in synergy, but non-effective in development; years of 1994, 1997, 2005, 2006, 2008 were non-effective both in synergy and development. Horizontal results show that synergetic development of Inner Mongolia' EEES coupling system in the 31 regions in China classified in the fourth category whose comprehensive efficiency of synergetic development was only 0. 5146, staying in a initial cooperating state. Redundant rates of resources, environmental inputs were too high. Cooperating development model should be taken actively in the future. Synergetic development of Henan' EEES coupling system in the 31 regions in China classified in the fourth category as well whose comprehensive efficiency of synergetic development was only 0. 4857, staying in a initial cooperating state. Redundant rates of environmental and economy inputs were too high and output deficiency rate of Social system and ecological system are high. Cooperating development model should be taken actively in the future.

Fifth, countermeasures of collaborative development of EEES coupling system of Henan province were put forward. Economic system adheres to the "three aspects coordination strategy" and "industry driven strategy". The key point of three aspects coordination is the transfer of rural labor force. The key point of rural labor transfer is to build "three-in-one demonstration area" as employment, training and housing. Main implementation paths of industry driven strategy are to construct a new system of modern industry, promote fusion and development of traditional industries and emerging industries, promote fusion and development of industrial transfer and industrial innovation, and promote upgrading of industry gathering area. The key of social system is to promote the reform of social security in Henan province. The key points of resources and environment systems' synergeticd development are taking part in specific and operable measures.

Sixth, synergetic development implementations of Inner Mongolia' EEES coupling system have been described from three levels of strategic level, path selection and implementation. From strategic level, ecological-economy functional areas supported by science and technology should be built. At the same time principle of different areas with different coupling methods and governance should be used. From path selection, on basis of industries' ecological transformation and the coupling of eco-tourism and industry tourism, Golden triangle and little golden triangle industry tourism areas should be built. From implementation level, Three-park interaction mechanism including Pioneer Park, Housing Park and Training Park has been proposed in ecological emigration process, from which Learned Helplessness of lag areas can be avoided.

Key words: EEES Coupling system; Synergetic Development; Central and Western Regions

目　　录

第一章 绪论

本章论述区域生态—环境—经济—社会耦合系统演化机理和协同发展提出的国际国内背景、理论实践背景，选题来源及意义、本书研究思路、研究方法、本书主要内容及创新点。

一 问题的提出

当今世界共同面临人口过剩、资源约束和环境压力等主要社会问题，处理并理顺资源可持续利用、环境动态循环、经济发展及人类自身福利增长之间的关系，成为世界及我国经济发展和人民生活水平提高的支撑点。自 20 世纪以来，尤其是 30 年代以来工业化的快速推进，致使环境日益恶化，生态渐次失衡。直到 20 世纪 60 年代，各国开始致力于环境质量的改善和提升，纷纷采取资源节约和环境保护措施。今天，生态环境及资源问题已演变成为全球性问题，打破了区域、国家、板块界限，引起广泛重视。

（一）全球面临的生态环境难题

1. 资源刚性约束

人类赖以生存和发展的物质基础是自然资源，通常分为可再生资源和不可再生资源。不可再生资源的形成经历了极其漫长的周期，伴随地球气候、地质环境的变化可能历经数万年、数百万年才得以形成，因此，短时间内不具再生特性，整体呈现递减趋势，诸如矿物资源等。可再生资源的特性是能够循环使用和不断更新，生物、气候、淡水等资源属于可再生资源，但可再生资源的开发利用不当也会导致资源短缺。例如，工业用水量的迅速增长、农业用水的粗放模式、生活用水的浪费消耗了大量的淡水资源，水资源正在失去其可再生性；同时，巨大的工业用材、生活用材量加之不合理的利用导致森林覆盖率持续减少，短短百年中森林覆盖率缩减一半；土地沙化、草场退化、水土流失现象严重，世界沙漠化土地面积已达到俄罗斯、美国和中国国土面积总和，约为3600万平方千米；生态破坏直接导致动植物资源短缺，生物物种灭绝加速，生物多样性减少。不可再生资源的前景更是不容乐观，工业的发展一方面依托铁、铝、铜、铅、锌等矿石资源的大量消耗，另一方面依托煤、石油、天然气等非再生性能源的的大幅消耗。以传统的消耗量和增长率为参照推算得到，地球上的石油仅够维持50年，煤、天然气也仅够维持200—300年。

2. 环境压力巨大

伴随产品种类和数量的增加，生产中必然排放出废水、废气、废渣等副产品和一些有害物质，对环境造成负面影响。同时，农业生产中化肥、农药的使用，人类生活垃圾的排放，汽车尾气等交通工具使用中排放到自然界的杂质和气体，一定程度上污染了大气、水、土壤等环境。二氧化硫和燃煤烟尘的污染堪称20世纪中期世界八大公害事件的元凶。1952年震惊世界的伦敦烟雾事件致使在短短的五天内就有4000人丧生；二氧化碳等温室气体的过度排放，氟利昂对臭氧层的破坏，导致全球气温升高，海平面上升；全球气候、地质异常，变化幅度大，自然灾害频繁出现，从印度尼西亚海啸到2008年我国汶川地震，之后2010年欧美等地遭遇重大雪灾，2011年开年之计新西兰又遭地震；氟利昂等有害气体破坏臭氧层，增加了太阳辐射到地面的紫外线，致使癌症发病率提高；水体污染严重，水生动植物种类减少，地下水位下降，全球淡水资源供求不均衡；酸雨、工业废渣、有毒废料过量危及动植物及人类生存环境，重金属等化学污染和漏油事件等海洋污染屡现。

作为二氧化硫和烟尘污染的升级品，"雾霾"成为我国2013年度关键词。2013年1月，4次雾霾过程笼罩我国30个省（区、市），北京1月仅有5天不是雾霾天。有报告显示，中国最大的500个城市中，只有不到1%的城市达到世界卫生组织推荐的空气质量标准，与此同时，世界上污染最严重的10个城市有7个在中国。我国的环境压力空前巨大。2014年1月4日，国家减灾办、民政部首次将危害健康的雾霾天气纳入2013年自然灾情进行通报。雾霾主要由二氧化硫、氮氧化物以及可吸入颗粒物组成，前两者为气态污染物，最后一项颗粒物才是加重雾霾天气污染的罪魁祸首。① 颗粒物的英文缩写为 PM，北京监测的是 PM10，也就是空气动力学当量直径小于等于 10 微米的污染物颗粒。城市有毒颗粒物主要有五大来源：第一，汽车尾气，使用柴油的大型车是排放 PM10 的"重犯"，包括大公交、各单位班车，以及大型运输卡车等。第二，北方冬季烧煤供暖产生的废气。第三，工业生产排放的废气，比如冶金、窑炉与锅炉、机电制造业，还有大量汽修喷漆、建材生产窑炉燃烧排放的废气。第四，建筑工地和道路交通产生的扬尘。第五，可生长颗粒，细菌和病毒的粒径相当于 PM0.1—PM2.5，空气中的湿度和温度适宜时，微生物会附着在颗粒物特别是油烟的颗粒物上，微生物吸收油滴后转化成更多的微生物，使雾霾中的生物有毒物质生长增多。雾、霾会造成空气质量下降，影响生态环境，给人体健康带来较大危害。比如，雾霾天气易诱发心血管疾病、心脏病等、呼吸道疾病。雾霾天气时，由于空气质量差，能见度低，容易出现车量追尾相撞，影响正常交通秩序，增加交通成本。雾霾天气对公路、铁路、航空、航运、供电系统、农作物生长等均会产生严重影响。②

3. 人口趋于过剩

对于某一生物圈而言，数量的大幅度增长通常预示着种群结构的恶化，资源约束和环境压力产生的根源是人口过剩。地球资源和环境的有限性必然限制人口的增长。马尔萨斯早在两百多年前就提出控制人口增速和规模的论断，他认为，生产资料按算术级数增长，而人口按几何级数增长，必定产生矛盾，导致危机。然而，在其论断提出后相当长的一段时期内，人口年平均增长率低于 0.4%，增长速度较缓慢。到 20 世纪初，世界人口也仅仅徘徊于 16 亿—18 亿。直到第二次世界大战后人口才进入真正的高速增长期。世界人口年平均增长率在 1950—1980 年的三十年间达到 1.9%，增加 10 亿人所需要的周期快速缩短。世界人口从 1930 年的 20 亿增加到 1960 年的 30 亿，周期是 30 年；从 1960 年的 30 亿到 1975 年的 40 亿，周期为 15 年；再到 1987 年的 50 亿，周期进一步缩短为 12 年；1999 年世界人口超过 60 亿，2010 年年底人口为 69 亿。联合国人口基金会显示，全球人口在 2011 年 10 月 31 日达到 70 亿，周期维持在 12 年。

---

① 贺丰果、刘永胜：《减少雾霾污染改善大气环境质量政策建议探讨》，《经济研究导刊》2014 年第 1 期。
② 严俊乾：《论国家治理视域下的雾霾问题》，《世纪桥》2014 年 4 月 20 日。

德国世界人口基金会指出，地球人口正以每秒 2.6 人的速度增加，到 2025 年，世界上的人口将达到 80 亿；到 2050 年，全球人口将再增加 22 亿。① 当然，随着经济的发展，人们的生育观正在发生改变，人口增长可能趋于缓和，也有人预计 2040 年世界人口将达到 80 亿。然而当前及未来一段时间内，人口惯性仍然存在，加之经济社会发展带来人的需求层次的变化，存量人口和增量人口加剧了生态、资源和环境等各方面的压力，成为全球性问题。

（二）我国经济增长巨大的生态环境资源代价

我国作为主要经济大国和政治大国，在全球经济和政治中的话语权和影响力日益增加。经济持续快速发展，国家综合实力、人民生活水平和质量显著提高。30 多年 GDP 的高速增长让世界瞩目，奠定了我国在国际社会的优势地位。但是，我国经济高速增长和巨大规模背后出现了严峻的生态、环境、资源问题。从规模而言，我国拥有世界上最多的人口，巨大的消费市场意味着巨大的消费规模，由此造成资源短缺的压力。我国的人口密度是世界的 3 倍，人均自然资源占有量却只有全球平均值的 1/2；此外，近年来我国的加工制造业迅速崛起，正逐步成为制造业的世界工厂，用巨大的资源消耗换取较低的产业附加值。② 一系列因素都形成了对资源、环境和生态的巨大消费力和压力，并同时严重威胁我国的生态—资源—环境—经济体系。目前，我国万元 GDP 能耗比发达国家平均水平高出 6 倍左右，每单位产值排污量超过全球平均值的 10 倍左右（根据统计口径不同数字略有区别）。联合国环境规划署报告指出，中国已成为全球最大的资源消耗国，2005 年消耗了世界 7.4% 的石油、31% 的原煤、30% 的铁矿石、26% 的粗钢、32% 的稻米、37% 的棉花，以及 47% 的水泥③，而 2005 年我国 GDP 占世界的比重仅为 4.6%，很显然，我国资源的消耗与其对全球 GDP 所做的贡献不成正比。据国家环保总局潘岳称："2006 年中国环境形势更为严峻，全年发生严重环境污染事故 161 起，平均每两天一起；环境投诉比 2005 年增加 30%，已达 60 万人次，国务院年初提

---

① 曹凤中：《可持续发展城市判定指标体系研究》，《中国软科学》1998 年第 3 期。

② 张效莉：《人口、经济发展与生态环境系统协调性测度及应用研究》，博士学位论文，西南交通大学，2007 年，第 20 页。

③ 以上相关数字均来自世界守望组织（World watch Institute）所编写的《世界现状 2006》（State of World 2006），www.worldwatch.org。

出的能耗降低4%、污染物排放降低2%的目标未能实现，环境问题成为制约我国经济社会发展的主要瓶颈。"① 在全球视我国为投资热土、我国傲视全球 GDP 增长率的背后，我国二氧化硫排放量世界最大，二氧化碳排放量也遥遥领先，与美国难分伯仲。2009 年，中国二氧化碳排放量达27 亿吨，是全球唯一在排放量上最接近于美国的国家（当年美国二氧化碳排放量达到28 亿吨，俄罗斯位居第三，其排放量为 6.61 亿吨）。②《全球碳预算》显示，2012 年化石燃料排放量的最大排放源包括中国（27%）、美国（14%）、欧盟（10%）及印度（6%）。从资源再生化角度看，我国资源重复利用率远低于发达国家，水资源循环利用率比发达国家低 50% 以上。同时资源再生利用率也普遍较低，我国正进入汽车社会，然而大量废旧轮胎再生利用率仅有 10% 左右，远低于发达国家。如果依照传统模式继续发展，我国经济必然走进资源能源短缺、生态环境失衡的死胡同，生态、环境、经济、社会矛盾重重，可持续发展目标难以实现。

伴随我国工业化进程的是城镇化的快速推进，农村人口转移变成市民的过程必然带来更多的资源消耗，加剧生态环境压力。改革开放以来，我国大多数地区城镇化的快速推进建立在资源高消耗、"三废"高排放、土地高扩张基础上，我国的城镇化率每提高 1 个百分点需消耗煤炭 87.58 万吨标准煤，石油 21.44 万吨标准煤，天然气 8.08 万吨标准煤，城市建设用地 1283 平方千米。全国城市地区消耗的水资源由 1978 年的 78.1 亿立方米，增长到了 2010 年的 507.9 亿立方米，年均耗水增加 13.4 亿立方米。目前我国接近 400 多个城市缺水，200 个城市严重缺水，大部分的缺水城市过度地开采地下水，造成了地面加速沉降。我国用全球 7% 的耕地、7% 的淡水资源支撑全球 21% 人口的城镇化。随着我国资源环境约束的进一步加强，粗放式城镇化发展模式不可长期持续。③

从我国区域发展角度来看，各地区经济如火如荼发展现象的背后，是各种招商引资措施等行政手段的推动，存在产业结构雷同、产业低端化、以资源换市场等短期行为，大多仍是小规模、高消耗、高污染支撑下的生

---

① 潘岳：《说说我们的"环保民生指数"》，《人民日报海外版》2007 年 1 月 20 日，http://news. xinhuanet. com。

② 资料来自全球能源网，http://www. bioon. com/bioindustry/ep/423625. shtml。

③ 根据 2013 年 9 月中国社会科学院副院长李培林研究员在"转型期的城市化：国际经验与中国前景"国际学术会议上的发言整理而成。

产方式，这种落后的发展模式对于目前已经存在的资源和环境制约，乃是雪上加霜，势必影响未来发展战略的制定和发展目标的实现。即使是先行先试、较为发达的长三角、珠三角和京津冀地区，其经济发展方式也只是处于刚刚转变的阶段，而其资源消耗性、污染性产业的外延转移，远期产生的经济效益与环境成本尚不得而知。

无论从生态环境角度还是从资源消耗角度看，伴随工业化、城镇化推进，我国整体及区域发展的可持续性都令人担心。随着环境和资源问题日益显现以及区域经济发展中问题的出现，生态、环境、资源问题已经引起中央、地方各级政府的高度重视，并致力于出台相关政策以期实现生态、环境、资源与经济、社会发展的良性、和谐、协同发展。

（三）生态环境问题日益提上日程

1962 年美国生物学家卡尔逊《寂静的春天》的出版，标志着"生态学时代"的开端和人类生态意识的觉醒；1972 年美国麦迪斯为首的研究小组撰写的《增长的极限》的出版进一步激发了人们的环境意识，指出了人口和污染指数增长与有限的地球资源及环境自净能力之间的矛盾；1972 年 6 月在瑞典斯德哥尔摩召开联合国人类环境会议，《联合国人类环境会议宣言》文件和《只有一个地球》报告的通过表明，各国政府对环境问题尤其是环境污染问题的觉醒；1981 年美国世界观察研究所所长布朗出版《建立一个持续发展的社会》一书，提出必须从速建立一个"可持续的社会"；随后，1983 年第 38 届联大通过决议，宣布成立联合国"世界环境与发展委员会"（WCED），并负责制定"全球的变革日程"；1987 年第 42 届联大通过 WCED 的报告《我们共同的未来》，首次提出"可持续发展"的概念，并定义了可持续发展："在不损害后代人满足其自身需要的能力之前提下，满足当代人需要的发展"；1992 年 6 月联合国环境与发展大会在巴西里约召开，通过了《里约环境与发展宣言》、《21世纪议程》、《联合国气候变化框架公约》、《生物多样性公约》等；2009年哥本哈根世界气候大会召开，就未来应对气候变化的全球行动签署新的协议，具有划时代意义，进一步说明生态、环境、经济、社会的协调、可持续发展正式成为全球发展战略。

在全球性生态与环境保护运动中，我国一直以负责任的大国形象积极参与。1992 年 8 月，《中国环境与发展十大对策》正式获得中共中央和国务院的批准，成为指导我国生态环境战略发展的重要纲领性文件，其第一条就明确规定"实行可持续发展战略",继而在这一战略的指导下编制了《中国21世纪议程》。进入21世纪,伴随着经济增长与资源环境冲突日益加剧,探索新的发展道路,转变经济增长方式的任务更为紧迫。为此,一系列用以规范我国经济增长、缓解生态环境压力的政策法规由中央政府研究出台。2002年中共十六大正式提出:"坚持以信息化带动工业化,以工业化促进信息化,走出一条科技含量高、经济效益好、资源消耗低、环境污染少、人力资源优势得到充分发挥的新型工业化路子。"随后,十六届三中全会提出科学发展观,即"坚持以人为本,树立全面、协调、可持续的发展观,促进经济社会和人的全面发展"及"五个统筹",其意义在于转变效率优先的片面发展观,在发展中实现各系统的协调与平衡。十六届四中全会提出"和谐社会",进一步引入生态文明等理念,以技术创新、产业升级促进资源、环境与经济、社会系统的良性循环发展。十七大指出:"必须坚持全面协调可持续发展观,走生产发展、生活富裕、生态良好的发展道路,建设资源节约型、环境友好型社会。"十七届五中全会进一步提出:"加快建设资源节约型、环境友好型社会,提高生态文明,积极应对全球气候变化,增强可持续发展能力。"2012年中共十八大报告中作为独立的一部分强调"大力推进生态文明建设,把生态文明建设放在突出地位,融入经济建设、政治建设、文化建设、社会建设各方面和全过程,努力建设美丽中国,实现中华民族永续发展"。2013年党的十八届三中全会进一步指出,"紧紧围绕建设美丽中国深化生态文明体制改革,加快建立生态文明制度建设,健全国土空间开发、资源节约利用、生态环境保护的体制机制,推动形成人与自然和谐发展现代化建设新格局"。生态文明、美丽中国被提到了新的高度,生态环境问题在受到政府重视的同时,其学术层面的研究也日益深入,研究深度和广度的发展将在第二章研究综述,此处不再重复。

二 选题意义

鉴于全球面临日益严峻的生态、环境形势,生态环境与经济社会的协同发展成为全球性第一要务。而我国适逢工业化、城镇化双推进,经济转型、产业调整与升级的关键时期,生态环境与经济社会发展问题面临着尤其复杂的局面，本书针对区域生态—环境—经济—社会（Ecology-Environment-Economy-Socity，EEES）耦合系统协同发展研究，旨在从理论上对生态、环境、经济、社会耦合机理进行分析，并测度、评价生态—环境—经济—社会耦合系统的协同发展程度，丰富和拓展其耦合协同发展相关理论；从实践上为我国实现生态、环境、经济、社会效益的多赢，攫取国际贸易中的主动权，满足生态经济、低碳经济发展及人的生态需求探索路径。主要意义概括为以下四点。

（一）实现发展模式由彼此割裂走向耦合统一

生态、环境与经济、社会发展本应是相互促进、共同发展的关系，但工业化阶段传统的经济社会发展模式人为割断了生态、环境与经济、社会发展的关系，生态、环境、资源一度遭到人类疯狂、无所顾忌的掠夺，最终出现一系列生态与环境问题，反过来成为人类经济社会发展的制约因素。直到 20 世纪 70 年代，在我国才有人士逐渐认识到，生态、环境与经济、社会的协调发展是经济、社会持续稳定发展的基础。到 20 世纪 80 年代，生态环境与经济社会协调发展的观点在决策层取得共识，这一观点逐步被经济管理层和广大生态、环保工作者接受。但是，从观念指令到高效行动之间、从政策法规到实施措施之间还存在很大的距离，现实实践中依然没有把生态维护、环境保护与经济发展、社会和谐结合起来，生态维护、环境保护与经济建设、社会发展仍然是各行其道的"四张皮"：一方面国家和地方投入大量的人力、物力治理和保护生态环境；另一方面经济社会发展又不断产生新的生态环境问题。如此往复，出现经济规模越大→发展越快→生态环境问题越多的恶性结果。这些生态环境问题最终制约经济的进一步发展和社会和谐正向演进，并可能会出现生态环境失衡→经济发展停滞→社会发展畸形的恶性"锁定状态"。

本书通过对区域生态—环境—经济—社会系统耦合演化机理及协同发展的研究，力图打破生态、环境、经济、社会彼此割裂的局面，实现生态目标、经济目标、社会目标的有机衔接；生态效益、经济效益、社会效益的整体统一；生态利益、经济利益、社会利益的相互结合。

（二）促进"经济人"到"生态经济社会人"的身份融合

几千年的人类文明史正是人类在生产劳动和社会实践中对客观世界认识与研究的结果，这一认识通常从局部开始，最终形成枝叶繁茂的不同自然科学、社会科学的分枝。伴随认识深度的加深和广度的扩大，人类对客观事物整体架构的把握更加全面、翔实和具体。如同马斯洛的研究对人的需求层次的划分，随着物质基础等经济层面的满足，人们开始转向追求生态需求和社会责任的满足，例如，美国加利福尼亚州曾围绕汽车尾气导致大气污染的问题，开展过一次关于公众环境意识的调查，对调查者提问"你个人想为改善大气污染做些什么"时，有91%的被调查者愿意经常更换汽车的发动机，80%的被调查者愿意每周坐一天公共汽车，64%的被调查者愿意支付汽车尾气排烟费，58%的被调查者愿意经常接受汽车排烟检查。① 同时，据统计，约70%的荷兰人在购物时会选择有绿色标志的产品；约80%的美国公民十分关心其购买产品的环境影响，约78%的人愿意多支付5%的费用而选择购买绿色生态产品。由此可见，生态需求与生态满足以及随之而来的社会责任感正逐渐成为世界范围内普遍存在并且不断增长的需求热点。新古典经济学中单纯追求自身经济利益的"经济人"假设已有局限，区域生态—环境—经济—社会耦合系统中的主体人既追求经济利益，同时也追求生态利益和社会利益，应该兼具"生态人"、"经济人"、"社会人"等多重属性。

通过本书耦合系统的研究及相关启迪，促进人从经济系统的"经济人"假设到生态经济系统"生态经济人"假设，再到耦合系统的"生态经济社会人"假设的身份转变。

（三）注重国际贸易中市场和生态"双重竞争"模式

目前，生态环境问题成为国际贸易中最大的非关税贸易壁垒。发达国家凭借"环境标志"、"生态标志"，利用技术和环境优势，以保护生态环境、自然资源、人类健康为由采取限制进口的措施，那些出口方（多为发展中国家）则被相关环境法规与环境指标挡在国际主流市场门槛外，成为竞争的失败者。由于达不到欧盟和日本严格苛刻的标准，我国茶叶在这些传统市场的出口优势地位也日益减弱；我国每年有近亿美元损失于欧盟对我国禽肉类产品的进口限制上；由于受环境技术壁垒影响，我国农产品出口在1997—2002年的五年间下降24多亿美元；与此同时，机电类产品作为我国工业制成品中附加值相对较高的产品，受环境等因素影响也未

① 深圳新闻网：《联合国报告称2011年世界人口将破70亿》，http：//www.sznews.com，2011年1月4日。

有效扩大我国的对外贸易，提高我国国际贸易竞争力，发达国家在噪声、污染、节能、安全和回收等方面设置重重壁垒限制，成为限制我国机电产品出口的"指挥棒"，一时间美国、加拿大等国纷纷效仿欧盟的 CE 标志认证制度；同时，环境和生态标签的限制也普遍存在于我国纺织品和服装出口中。总之，从农产品、纺织品到机电产品，发达国家无不利用从产品研发到废物回收、循环利用各环节的环保规定及其严格的环境技术标准和措施，在某种程度上制约了我国的出口贸易。

笔者通过本书的研究希望将生态、环境、经济耦合的思想引进国际贸易中，至少在理念和目标上，推进我国在国际竞争中由单一的市场竞争模式向市场竞争和生态环境竞争"双重竞争"模式转变。

（四）丰富和拓展生态—环境—经济—社会系统耦合协同理论的研究

系统论作为一种重要的哲学思想，已渗透工程、非工程等诸多领域，针对社会、政治、经济、生态各系统的建模、分析和控制以前所未有的规模发展，并日趋具体、详尽。随着人们对区域生态、环境、经济、社会协调发展活动所蕴含复杂性认识的不断深入，以及复杂系统科学理论发展的深入推进，国内外许多学者开始尝试用系统理论、系统科学研究探讨区域生态经济的协调发展问题。本书在前人这些研究成果的基础上，从生态、环境、经济、社会耦合系统生成论和构成论两个角度，结合信息论、协同学、突变论、耗散结构，以及复杂系统科学理论，引入耦合熵、耦合介质、耦合界面等概念，分析了区域生态—环境—经济—社会耦合系统的演化机理，并进一步构建了区域生态—环境—经济—社会耦合系统协同发展的评价模型，从纵向、横向两个维度评价内蒙古自治区、河南省等中西部省份生态、环境、经济、社会耦合、协同发展程度。实现区域生态、环境、经济、社会定性与定量相结合，实证与规范、理论化分析与工程化建模相结合的研究，力求丰富和拓展区域 EEES 耦合协同发展理论。

三　研究思路、方法和技术路线

（一）研究思路

本书研究思路及结构如图 1 - 1 所示。

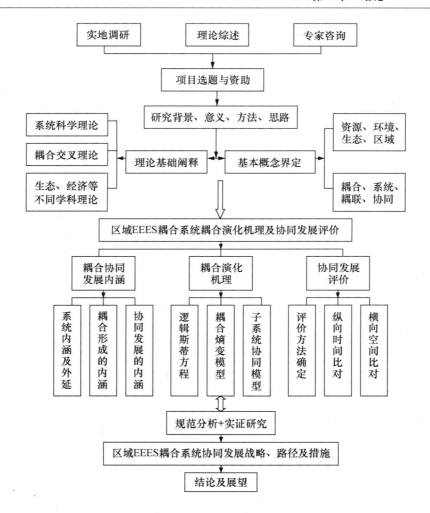

图 1-1　本书研究框架

（二）研究方法

本书涉及区域经济学、环境经济学、资源经济学、生态经济学、制度经济学、可持续发展理论、政策学、地理科学、系统科学等多学科知识，属于边缘性、交叉性的研究课题，其研究需要广泛借鉴各门学科的相关研究方法。

1. 以多学科理论和技术为支撑开展研究

运用区域经济学、生态经济学、环境经济学、资源经济学、可持续发展理论、复杂适应系统理论、协同学、突变论、耗散结构理论等多学科理论进行综合性分析。将区域经济学、生态经济学、环境经济学、资源经济学、可持续发展理论相结合构筑生态、环境、经济社会之间的耦合与协调发展的理论基础。将复杂适应系统理论、系统学、协同学、突变论、耗散结构等系统理论相结合，分析区域生态—环境—经济—社会耦合系统特征、要素、结构、功能及演化机理。

2. 文献查阅与实地调研反馈相结合

在广泛查阅文献资料，对前人已有研究成果进行归纳总结，综合分析与梳理，把握生态、环境与经济、社会协同发展，系统耦合机制及演化机理等相关问题的研究动态和前沿基础上，深入广东、福建、河南、山东、内蒙古等东部、中部、西部省市调研。对内蒙古、河南的调研则更加翔实，2008 年至今，先后到内蒙古自治区呼和浩特、包头、鄂尔多斯、乌海、乌兰察布、锡林郭勒、赤峰、通辽等地，河南省的郑州、新乡、安阳、鹤壁、南阳等地调研，每到一地都采用问卷调查法、座谈会法、入企入户交谈法，获取一手信息资料。

3. 定性分析与定量研究相结合

从质的规定性方面进行客观的定性分析，从量的规定性方面进行量化研究。对区域生态—环境—经济—社会耦合系统的要素、特征、结构和功能从质的规定性方面进行定性探讨。运用协同学、耗散结构、自组织理论等系统学方法论对区域生态—环境—经济—社会耦合系统演化机理进行量的演进分析。同时结合数据包络分析（DEA）、复合系统协调性评价等方法对内蒙古、河南等省份的生态—环境—经济—社会耦合协同发展从质和量两个角度进行了剖析与评价。

4. 实证研究与规范研究相结合

规范分析研究的出发点在于确定是非标准，并用这些标准去衡量、评价生态环境、经济社会运行状态，讨论其运行"应该是什么"。实证分析研究出发点是"现实是什么"，而不涉及是非、善恶等价值判断和主观感情。本书对区域生态—环境—经济—社会耦合协同问题进行了规范分析，对内蒙古自治区、河南省生态—环境—经济—社会发展中存在的问题及其耦合协同程度等方面进行了实证分析。同时在整个研究过程各章节中将实证研究与规范研究相结合，将战略定位、现状分析、标准设定相结合。

5. 纵向比较和横向比较相结合

纵向研究是对事物在不同时点上的情况进行分析，多用于分析时间序列的演进状态。横向比较是对不同事物在相同节点上情况的比对，多用于分析空间上不同主体的差异状态。区域生态、环境、经济、社会的耦合协同发展，大多需要经历一个较长时期的过程，为了深入探索其内在联系及其变化趋势，本书从纵向演进角度对内蒙古、河南等中西部省份生态、环境、经济、社会的协同发展加以考察、评价分析。同时将内蒙古生态、环境与经济、社会耦合协同发展置于全国各区域的大背景下，与其他地区进行了横向比较。

6. 整体性和局部性相结合的方法

本书综合运用系统论、系统工程理论和方法，把生态系统、环境系统、经济系统、社会系统看成生态—环境—经济—社会耦合巨系统的一个子系统，强调子系统适应母系统，局部服从整体的发展理念，即区域生态、环境、经济、社会子系统要动态适应耦合巨系统的耦合演进与协同发展，实现整体性和局部性研究的结合。

四　研究的主要内容及创新点

（一）本书的主要内容

本书分为十一章，主要内容如下：

第一章为结论部分，总体上阐述问题提出的背景、选题的意义、研究的思路、研究方法及技术路线、主要内容和创新点；第十一章为结论与展望，重在梳理研究的重要结论，指出本书研究的不足和下一步研究计划。

第二章从认识论——生态环境与经济社会协调发展理论研究进展，耦合观——系统间耦合衍生的复合生态型理念及其运行，方法论——生态环境、经济社会耦合协调的测度等，时空性——快速城镇化区域生态、环境、经济耦合协同发展研究四个角度对区域生态环境与经济社会耦合协同发展的相关研究进行综述。在分层分类综述的基础上，对国内外研究成果进行了述评，指出国内外研究中存在的构成论研究多，生成论研究少；概念界定不一，研究方法重叠；理论成果难以与实践对接等问题。

第三章界定并明晰本书研究中区域、生态、环境、资源等概念，具体比对几个概念之间的区别和联系，追溯耦合、系统耦合及协同等概念的形成、内涵的深化及外延的扩展；阐述耦合系统已有的存在形式，环境—经济系统、生态—经济系统、可持续发展系统的要素、结构与功能；最后，总结了耦合系统研究中的方法论指导，即系统论、控制论、信息论、耗散结构、突变论、分形论、超循环论等系统科学理论体系。

第四章具体包括耦合关系的确定、耦合效益的分析、耦合原则和耦合系统运作模式；区域生态—环境—经济—社会耦合系统的组成结构、生成要素、特征和功能；区域生态—环境—经济—社会耦合系统协同发展的含义、特征、条件和目标。

第五章从 Logistic 方程的引入、耦合系统熵变模型的建立、耦合系统协同发展模型的建立三个角度展开区域生态—环境—经济—社会耦合系统演化机理论述。运用逻辑斯蒂曲线方程将区域耦合系统分为倒退型、循环型、停滞型和组合 Logistic 曲线增长型。引入耦合熵的概念，将耦合熵进一步分为耦合规模熵、耦合速度熵和耦合结构负熵，建立了区域生态—环境—经济—社会耦合系统熵变模型。最后构建了四个子系统多个序参量的协同演化模型，以两个序参量为例建立了系统演化模式和方向。

第六章通过分析区域生态—环境—经济—社会耦合系统协同发展评价方法，指出数据包络分析 DEA 适合进行区域生态—环境—经济—社会耦合系统纵向和横向决策单元的多输入、多输出、多目标评价。定义生态—环境—经济—社会耦合系统四个子系统内部、两个子系统之间、多个子系统之间、耦合系统的协同效度、发展效度和协同发展效度，围绕区域生态环境、经济、社会子系统建立了 DEA 输入、输出指标集。

第七章选择 DEA 模型、模糊数学理论，从时间序列和空间序列上评价了河南省生态—环境—经济—社会耦合系统协同发展状况。时间序列上评价结果表明河南省 1990—1993 年、1998—2004 年、2007—2008 年、2010 年几个时间段内耦合系统的发展效度、协同效度、协同发展效度均为 1，而 1995 年、1996 年、1997 年、2009 年几个年份是协同有效、发展非有效，1994 年、2005 年、2006 年几个年份是协同非有效且发展非有效。空间序列上评价结果将河南省 18 个地市的耦合系统协同发展分为四类，第一类地区有郑州、开封、鹤壁、漯河、周口、济源，其 DEA 效率值等于 1，表明此类地区生态、环境与经济、社会耦合、协同发展状况很好。第二类地区商丘、许昌、平顶山 DEA 效率值介于 0.9281—0.9382，此类地区协同发展良好。第三类地区有焦作、南阳、安阳、濮阳、洛阳，属于中级协同区域，第四类地区有信阳、驻马店、新乡、三门峡，属于初级协同区域。

第八章提出河南省 EEES 耦合系统协同发展的对策。经济系统坚持"三化协调战略"、"产业带动战略",三化协调的关键点是农村劳动力的转移,顺利转移农村劳动力的关键是构筑创业就业、培训、安居"三位一体示范区"。产业带动战略主要实施路径有构建现代产业新体系,促进传统产业和新兴产业的融合发展,推动产业承接与产业创新融合发展,推动产业聚集区转型升级。社会系统协同发展的关键是推动河南省社会保障改革。资源系统、环境系统协同发展的关键是制定具体的、可操作的措施。

第九章综合运用 DEA 模型和模糊数学理论,从纵向和横向两层面入手,评价了内蒙古生态—环境—经济—社会耦合系统协同发展状态。纵向结果表明内蒙古 1990—1992 年、1995—1996 年、1999 年、2001—2004 年、2007 年、2009—2010 年几个时间段内耦合系统发展有效、协同有效、协同发展有效;而 1993 年、1996 年、1998 年、2000 年几个年份是协同有效、发展非有效;1994 年、1997 年、2005 年、2006 年、2008 年几个年份是协同非有效且发展非有效;横向结果表明内蒙古生态—环境—经济—社会耦合系统协同发展状况在全国 31 个地区中居第四类,协同发展综合效度仅为 0.5146,处于初级协同状态,资源投入、环境投入冗余率高,未来应积极采取协同发展模式。河南生态—环境—经济—社会耦合系统协同发展状况在全国 31 个地区中居第四类,协同发展综合效度仅为 0.4857,处于初级协同状态,环境投入、经济投入冗余率高,社会、生态系统产出不足率高,未来应积极采取协同发展模式。

第十章从战略层面、路径选择和实施措施三个层次阐述了内蒙古生态—环境—经济—社会耦合系统协同发展对策。战略层面应构建科技支撑下的生态经济功能区,导入耦合分区原则进行治理;路径选择上应立足产业的生态化转型,耦合生态旅游和产业旅游,构建"大金三角"和"小金三角"产业旅游区;实施层面提出生态移民过程中创业园、安居园、培训园的"三园互动"机制,避免落后地区产生习得性困境。

(二)本书的创新点

本书在已有研究基础上,试图从以下几个角度进行创新性探索:

第一,研究重点从构成论走向生成论,研究区域生态—环境—经济—社会耦合系统诸要素及多个子系统间的耦合关系、耦合效应、耦合原则、耦合介质、耦合运行模式等,探索耦合形成的内在机理。国内外较多文献对生态经济系统的研究多停留在构成论层面，缺乏生成论透析，从构成论的角度侧重于对系统要素、组成结构的分析，而缺少对系统内在机制、运行机理、要素与要素结合界面、介质等内容的探讨。同时，对两两或者三系统之间的耦合度、协调度研究较多，多系统（三个以上系统）研究较少，即使部分文章考虑了多个子系统之间的相互影响，在实际操作中也往往侧重于其中某两个系统或者以两个系统间的研究进行替代。

第二，引入耦合熵的概念，进一步细化为耦合规模熵、耦合速度熵和耦合结构负熵。在区域生态—环境—经济—社会耦合系统演化机理分析中，导入熵的概念，将"耦合熵"作为一个尺度衡量区域生态—环境—经济—社会耦合系统耦合演化过程的有序程度，建立了耦合熵计算公式。具体考虑耦合系统形成时的规模、速度、结构，将耦合熵进一步细化为耦合规模熵、耦合速度熵和耦合结构熵，耦合规模熵衡量系统规模在内外环境中的适宜度，耦合速度熵反映耦合过程中速度不同产生的无序度，耦合结构熵也称耦合结构负熵，反映结构的有效性及其对有序度的影响，相应给出了具体的计算公式，建立了包括系统内部、系统与环境之间熵流的区域生态—环境—经济—社会耦合系统熵变模型。

第三，提出构筑科技支撑下的内蒙古生态经济功能区、"大金三角"、"小金三角"产业旅游区、生态移民的"三元互动"机制，力求理论与实践创新，并已在内蒙古乌兰察布市进行试点。生态经济功能区不同于生态功能区，在内蒙古建立生态经济功能区旨在解决生态、环境、经济、社会发展中生态经济结构失衡、生态型无碳化、零排放生产问题和技术进步下产业高端化的"三个问题"，完成内蒙古资源经济，向生态型经济、追随型经济，向先导型经济、资源供给地向资源吸附地和环境保护向环境生产的"四个转化"，最终实现构筑中国北方绿色长城、打造东北亚经济网络中心、建成国家生态型能源重化工高端产业基地"三个目标"；界定了产业旅游的概念，提出构建"呼—包—鄂"大金三角产业旅游区和"乌海—阿拉善—蒙西"小金三角生态产业旅游区；提出在生态移民过程中尝试构建创业园、培训园、安居园的"三园"，实现安居、培训与创业的结合等彻底消除生态贫困的有效途径；提出内蒙古等落后地区要谨防发展过程中的"习得性困境"。

第二章 国内外研究综述

学术界通常将 1962 年美国学者卡逊（Carson）《寂静的春天》（*The Silent Spring*）一书的发表视为人类关注生态环境问题的起点。此后，国内外学者对生态环境与经济社会发展关系展开了持续深入的研究和探讨。围绕研究需要，本书主要从认识论角度——生态环境与经济社会协调发展研究进展、耦合观——系统间耦合衍生的复合生态型理念、方法论——生态环境与经济社会耦合协调的测度、特定时空域下——快速城镇化地区生态、环境、经济社会耦合协同发展研究四个层面进行综述。

一 认识论——生态环境与经济社会协调发展研究进展

时至今日，协调发展思想已被全社会广泛接受，生态环境与经济社会发展中存在的对立统一性也被广泛认可。其统一性表现为经济发展、社会进步要与生态维护、环境保护同步推进，生态维护、环境保护又建立在经济的发展与社会的进步基础上；其对立性则表现为经济社会发展对资源需求的无限性与资源环境承载力的有限性之间的矛盾，经济社会发展必然耗损容量固定的资源环境，而生态治理与环境保护又必然耗费有限资源与资金。生态环境与经济社会的协同发展是人类实现可持续发展的充要条件。协同观点和思路的形成不是一蹴而就的，是人类对生态环境与经济社会发展关系这一认识论不断深入的过程。

（一）传统的财富追求观

1776 年，亚当·斯密的《国富论》描述了经济增长的源泉，视国民财富为经济增长的中心，书中论述了国民财富的性质、影响国民财富增长的原因及其增长的条件等。其后直到 20 世纪 60 年代这一相当长的时期，无论是古典经济学还是新古典经济学，无论是哈罗德—多马的经济增长理论、索洛的经济增长理论，还是内生增长理论以至新制度经济学、新经济地理理论，研究的核心问题无一不是如何促进经济的增长，生态环境因素完全被排斥在西方经济学研究领域之外，更谈不上作为经济增长中的主要问题加以研究。即使是 20 世纪 30 年代诞生于经济危机现实困境中的凯恩斯经济学，也只是强调经济发展中国家的宏观干预，几乎没有涉及经济发展与生态环境之间的关系。这一单纯的财富追求现象有其产生的客观原因，当时情况下全球生态环境容量相对于人类"落后"的生产力而言，很是巨大，生态环境不必提上日程，成为"问题"，追求财富和促进增长才是全球面临的核心问题。因此，20 世纪 60 年代以前，西方经济学单纯追求财富和探索经济增长的源泉主要受制于客观条件下的社会实践和社会需求，不必过于微词。

（二）悲观的零增长论

随着工业化的迅猛推进，先发国家的生态、环境问题日益严重，尤其是美国、日本等国在 20 世纪 60 年代中期出现了震惊世界的公害事件，警醒人们在经济社会发展中必须重视生态、环境问题。美国蕾切尔·卡逊（Rachel Carson）于 1962 年发表了《寂静的春天》，开始唤醒人类的现代生态、环境意识。[①] 之后，1966 年英国经济学家博尔丁（K. E. Boulding）将系统方法用于经济与生态环境的分析，根据地球上资源、能源、环境容量的有限性，将地球视为闭环式经济系统，即著名的"宇宙飞船理论"，与之对应必须建立"循环式"经济体系来取代过去"单程式"经济体系，在不导致资源枯竭、不造成环境污染和生态破坏的基础上循环利用各种物质。"宇宙飞船经济理论"很大程度被视为西方经济学界关注生态、环境问题的开端，而真正让社会各界关注生态环境问题的当属 1972 年罗马俱乐部发表的《增长的极限》一文，此文由美国麻省理工学院的梅多斯（Meadows）等人撰写，以时间序列 1900—1970 年共 70 年的数据为基础，采用系统动态模型模拟研究方法，提炼了影响经济增长的五大主要因素，即人口增长、粮食供应、资本投资、环境污染和资源耗竭，并进一步指出五个因素的指数增长特性必将导致不可再生资源短缺，人口和资本的指数

---

① 胡鞍钢、王亚华：《从生态赤字到生态建设：全球化条件下中国的资源和环境政策》，《中国软科学》2000 年第 1 期。

增长必将导致世界经济体系的崩溃，技术进步的作用仅仅是延缓增长极限的到达时间而非消除极限，最终数百年后经济增长将趋于停滞。① 梅多斯等人观点的实质是以"零增长"达到均衡状态，避免世界体系崩溃。此外，"零增长论"还以米香（Mishan）和戴利（Daly）为典型代表。米香于1967年在《经济增长的代价》（*The Cost of Economic Growth*）中指出，经济增长在满足人类物质享受的同时，带来更多的副产品和污染物，直接导致环境质量下降；1977年又在其著作《经济增长论争》（*The Economic Growth Debate*）中进一步指出当人民生活的最低需求满足后，继续追求经济增长将不会促进社会福利的增加，还可能产生人类健康和幸福等层面极具灾难性的负效应。对米香的观点，戴利（Daly）积极赞成，认为应控制人口、保持一定的投资水平从而低速消耗不可再生资源，建立"稳态经济"模式，其观点更加深入地阐述了"零增长"理论。此外，20世纪70年代联合国斯德哥尔摩大会出版的《只有一个地球》，迈沙诺维奇著的《人类处于转折点》，英国戈德斯密斯撰写的《生存的蓝图》等著作，均从不同角度对资源、环境问题提出了预警。无疑，经济增长悲观派的学说相对于单纯的财富追求论着实向前跨了一步，一度成为各类生态环保运动的指导思想和理论基础，警示人们在经济社会发展中保护生态环境，但它也存在相当的局限性，视生态环境资源为简单的保护对象，提倡"零增长"，割断了经济社会发展和生态环境资源保护之间的内在联系，导致其推行时困难重重，无论是急需摆脱贫困的发展中国家，还是仍想增加财富的发达国家都难以拥护和支持它。

（三）乐观的经济发展论

认识在辩论中深化，国外学术界在与梅多斯等人"零增长论"的激烈争论中形成与之对立的观点。典型代表是美国卡恩（Kahn）博士，卡恩在分析总结了人类1万年发展历程的基础上，得出社会、政治和文化的力量能缓解或正向中和资源环境危机，经验值显示通常在世界遭遇不能控制的资源短缺和环境污染问题时，社会、政治和文化的力量能够减缓人口和生产的增长；同时，他还指出，长期效应上技术进步可以中和生态环境极限阻滞经济增长这一短期负效应；最终得出"经济增长不仅是好事，

---

① 叶子青、钟书华：《美、日、欧盟绿色技术创新比较研究》，《科技进步与对策》2002年第7期。

而且是所有人类获得美好生活的先决条件"，"近两百年来的经济增长，已增进了人类的福利"，"对发展中国家来说，环境质量是放在第二位的目标，富裕时再考虑环境"等一系列乐观的结论。① 此外，赞成经济增长的乐观派学者还有里昂剔夫（Leontief）、佩斯托（Pestel）、默萨罗维克（Mesarovic）等，里昂剔夫以世界 50 个地区、每个地区 45 个产业数据为样本，运用投入产出模型通过各地进出口将经济与生态环境关系联结起来，得出在现有经济增长模式下，可以通过环境经济政策和人类自身行为改变来转换经济增长方式，解决生态环境问题。乐观派的典型代表们认为：麦多斯等人"零增长"论及其世界将面临"灾难性崩溃"结论在于没有充分考虑技术进步等因素对经济发展的影响。对此，1981 年乐观派出版了《没有极限的增长》，阐述的主要观点包括人类的认识和创造能力是无限的、不断向前发展的，科学技术的持续进步将极大地促进当前经济增长中人口、资源、环境等方面问题的解决，最终人类福利和社会的发展必将持续改善和优化。比较之下，乐观派已经意识到科学技术等因素对经济社会发展的强大推动力，但其缺点在于容易忽视科技的副作用，传统的经济发展模式得以继续维持，生态环境资源问题没有受到重视。

（四）辩证的耦合协调发展观

在认识生态环境与经济社会发展的关系上，悲观的零增长论和乐观的经济发展论都存在缺陷，如世界未来学会主席爱德华·柯林斯（Edward Collins）所评价的："乐观主义者和悲观主义者都以不同形式暗示我们放弃努力，我们不能上当，世界的好坏要靠我们自己努力。"悲观派与乐观派的争论并没有阻止和化解种种生态环境问题，相反，温室效应和酸雨演变成为 20 世纪 80 年代全球性环境问题。单纯的污染末端治理方式未能有效遏制环境污染加剧的步伐，迫切需要寻求兼顾生态维护、环境保护、资源有效利用与经济增长、社会进步的发展模式，在此背景下诸如"同步发展"、"有机增长"、"全面发展"和"协调发展"等新的经济发展模式被先后提出。生态环境保护与经济发展、社会进步之间紧密的耦合协同关系逐渐得到认识和深化，1980 年 3 月 5 日，联合国面向全球呼吁：必须研究自然、生态、经济、社会间的以及自然资源开发利用过程中的多种关系，确保全球持续发展；三年后世界环境与发展委员会（WECD）成

---

① Dennis L. Meadows, *The Limits to Growth*, New York: Universe Books, 1972.

立；1987 年联合国大会主题报告题目为《我们共同的未来》，其中，"可持续发展"模式的明确提出标志着世界各国对生态环境与经济社会发展关系的认识和研究上升到新的台阶。1992 年在巴西里约热内卢召开的联合国环境与发展国家首脑会议通过了《21 世纪议程》，作为重要的纲领性文件标志着生态环境与经济社会关系的协调发展理论在世界取得广泛认同。

与国际社会同步，我国社会各界在应对与反思生态环境经济问题及借鉴国外先发国家生态环境与经济发展经验教训基础上，形成和丰富了生态环境与经济社会协调发展理论。早在 1973 年国发〔1973〕158 号文件中就体现了生态环境与经济社会协调发展的观点，文件明确指出："经济发展和环境保护同时并进，协调发展。"但遗憾的是，这一论断在当时并未被大多数决策者和环保工作者所广泛接受，更谈不上付诸实践。先发国家"先污染后治理"的道路似乎成为经济发展的规律之一，这一时期内经济发展与生态环境保护之间的关系被认为是矛盾体。正因为如此，各层次群体就"能否协调生态环境与经济发展之间关系"展开了十多年的激烈争论。生态环境与经济社会协调发展才是最优选择的观点直到 20 世纪 80 年代初才取得共识，逐步在管理层和实践层推广。生态环境与经济社会的协调发展指出无论是"先污染后治理"的老路，还是纯粹极端的环保主义者都不是应该提倡的。此后，生态环境与经济社会协调发展的内涵和外延逐步深入与扩展，第四代党的领导人胡锦涛总书记深刻阐述科学发展观，提出要彻底改变以消耗资源、牺牲环境与生态为代价的粗放型经济增长方式。习近平总书记提出，建设生态文明、美丽中国的"中国梦"，都为我国经济增长、环境保护、生态建设、资源开发利用的耦合、协调确定了方向。

二 耦合观——系统耦合衍生的复合生态型理念及其运行

经济发展、社会进步将生态平衡和环境优化提上日程，迫切需要寻求经济、社会、环境、生态四系统共生、共盛、共赢的和谐发展道路。生态、生态型、生态化理念也渗透经济、管理、社会系统的方方面面，与之耦合，形成许多新的、有价值的概念范畴和理论体系，并进一步在实践层面影响、约束和指导人类的行为。因此，立足系统耦合角度，梳理生态系统与经济、管理、社会系统耦合形成的生态型理念具有一定的必要性，理论上回顾已经形成的概念体系，实践上警示人类的活动。①

（一）生态系统与经济系统耦合衍生的经济学新概念

20世纪中期以后，经济生活中出现了诸如资源经济、环境经济、生态经济、循环经济、绿色经济等一系列新的提法，这些新提法均融合了生态型理念，是经济系统与生态系统耦合的产物。②

1. 资源经济新论

资源经济新论与传统的以资源为基础的经济对立，指随着资源经济概念的延伸，出现的零资源经济、排泄资源经济等提法。所谓"零资源经济"，是指区域内某种自然资源相对稀缺，但域内能广泛利用外部资源、外部市场，资源配置能力比较强，从而使区域获得持续快速发展的市场型、科技型和智慧型经济发展模式。③ 排泄资源经济是20世纪90年代伴随着资源经济学和环境科学的兴起而发展起来的一种新型经济，排泄资源经济是指经济、合理、有效地开发利用各种排泄资源，并服务于整个社会财富的生产、分配、交换和消费活动的总体过程。④

2. 环境经济

环境经济是一个比较宽泛的概念，包含几重含义：第一是指与自然环境要素有密切关系的一系列经济活动，这一重含义主要可以理解为"环境与经济"，涉及不同利益主体间的相互作用以及由此引起的政策问题，可称为"制度层面的环境经济"；第二指环境这一自然要素进行货币化计量和价值核算的那一类经济活动的总和，这一重含义的环境经济可以理解为"环境的经济"，它抽象掉人与人的利益关系，主要研究人类对自然的价值评价，可以称之为"技术层面的环境经济"。如果讨论的是在政策、管理等"实务性"操作层次上进行，则得到"环境经济政策"等概念；如果讨论是在学科、学术等层次上进行，就是在谈"环境经济学"。⑤

---

① ［美］戈德史密斯：《生存的蓝图》，中国环境科学出版社1987年版，第3页。
② 牛文元：《中国水资源管理的战略思考》，《中国水利学会2003学术年会特邀报告》，2003年，第1—4页。
③ 姚建：《环境经济学》，西南财经大学出版社2001年版。
④ 《中国环境年鉴》编委会：《中国环境年鉴（1990）》，中国环境科学出版社1990年版。
⑤ 杨玉珍、许正中：《系统间耦合衍生的复合生态型理念及其运行综述》，《科技管理研究》2009年第12期。

3. 循环经济

循环经济理念 20 世纪 90 年代在国际上形成，1998 年引入我国并广为流行。国内学者已就循环经济的以下四个方面达成共识：首先，确立了"3R"即减量化（Reducing）、再利用（Reusing）、再循环（Recycling）为循环经济的操作原则；其次，把循环经济视为环境与发展关系的第三阶段，它不同于以前传统的线性经济发展模式和末端治理模式；再次，从可持续生产的角度出发，对企业内部、生产之间和社会整体三个层面的循环进行整合；最后，从新型工业化的角度审视循环经济的发展意义，认为循环经济是经济、环境和社会三赢的发展模式。①

4. 生态经济

生态经济是指在生态系统承载能力范围内，运用生态经济学原理、市场经济理论和系统工程方法改变生产和消费方式，挖掘一切可以利用的资源潜力，发展经济发达、生态高效的产业，建设体制合理、社会和谐的文化以及生态健康、景观适宜的环境。其本质就是把经济发展建立在生态可承受基础上，在保证自然再生产的前提下扩大经济的再生产，形成产业结构优化，经济布局合理，资源更新和环境承载能力不断提高，经济实力不断增强，集约、高效、持续、健康的社会—经济—自然生态系统。②

5. 绿色经济

绿色经济是由经济学家皮尔斯于 1989 年出版的《绿色经济蓝皮书》中首先提出来的。国内外学者从不同角度进行的探讨，可以概括为以下几个方面：基于深绿色思想的绿色经济理解；等同于可持续发展的绿色经济含义；环境资源约束的绿色经济解释；环境保护为基础的新经济形态和生产方式。③ 赵斌认为，绿色经济具备以下特征：是以人为本的经济；始终强调经济发展生态化；绿色经济努力追求高层次的社会进步；绿色经济是效率最大化的经济。④ 绿色经济不但包含循环经济和可持续发展的基本科学理论，还扩展了创新和效率最大化内容。

---

① 舒良友、杨玉珍：《从经济生活中的新提法看经济研究对象的扩张》，《经济问题探索》2008 年第 8 期。

② 王仁庆：《零资源经济与县域经济发展：中国银都永兴现象透析》，《湘南学院学报》2006 年第 27 号第 3 期。

③ 欧阳培、欧阳强：《新的研究领域：排泄资源与排泄资源经济》，《长沙大学学报》2004 年第 1 期。

④ 夏光：《新时期环境经济面临的理论与现实问题》，《环境保护》1999 年第 3 期。

6. 低碳经济与碳汇经济

2003 年英国政府发表了《能源白皮书》，题为"我们未来的能源：创建低碳经济"，首次提出"低碳经济"概念。英国政府为低碳经济发展设立了一个清晰的目标：2010 年二氧化碳排放量在 1990 年水平上减少 20%，到 2050 年减少 60%，到 2050 年建立低碳经济社会。表面上低碳经济是为减少温室气体排放所做努力的结果，但实质上，低碳经济是经济发展方式、能源消费方式、人类生活方式的一次新变革。其实质是能源效率和能源结构问题，其核心是能源技术创新和制度创新，目标是减缓气候变化和促进人类可持续发展，特征是低能耗、低物耗、低排放、低污染。碳汇经济是低碳经济的延伸，"碳汇"是指自然界中碳的寄存体，森林植被是地球上存在的巨大碳汇。通过植树造林、生物固碳、扩大碳汇，成功打造碳汇经济与低碳经济。[①]

（二）生态系统与管理系统耦合下的管理学新理念

生态型理念与管理系统的融合产生了诸如生态型领导、生态型服务、生态型管理、生态型供应链等管理领域新理念，一定程度上推进了管理理论和管理学科的发展和繁荣。

1. 生态型领导

美国学者彼得·圣吉提出的"生态型领导"模式是一种新的领导理念。知识经济社会，整个世界呈现出高度开放和高速发展的态势，立足个人能力和权位的"英雄"、"救星"式、传统式领导模式已不再适应社会发展的需要。生态学的领导模式是把组织和社会发展与变革寄托在所有社会成员和组织成员身上，使处于不同位置上的人们都参与对组织和社会的共同领导，而在组织中拥有职位和权力的少数英雄人物的职责，是为大多数组织成员提供指导、帮助、服务，从而不断地提高组织的整体创新能力。[②] 这样，社会组织才能不断适应环境并自我重组，具有持久的生机和活力。

2. 生态管理

生态管理就是运用系统工程的手段和生态学原理去探讨这类复合生态系统的动力学机制和控制论方法，协调人与自然、经济与环境、局部与整

---

① 诸大建、朱远：《生态效率与循环经济》，《复旦大学学报》（社会科学版）2005 年第 2 期。

② 许涤新：《生态经济学》，黑龙江人民出版社 2004 年版。

体间在时间、空间、数量、结构、序理上复杂的系统耦合关系，促进物质、能量、信息的高效利用，技术和自然的充分融合，人的创造力和生产力得到最大限度的发挥，生态系统功能和居民身心健康得到最大限度的保护，经济、自然和社会得以持续、健康的发展。①

生态管理的前身是20世纪六七十年代以末端治理为特征的应急环境管理。70年代末到80年代兴起的清洁生产促进了环境污染管理向工艺流程管理过渡。90年代发展起来的产品生命周期分析和产业生态管理将不同部门和地区之间的资源开发、加工、流通、消费和废弃物再生过程进行系统组合，优化系统结构和资源利用的生态效率（见表2-1）。

表2-1　　　　　　　　　　生态管理的四个发展阶段

阶段	I 应急环境管理	II 工艺流程管理	III 产业生态管理	IV 系统生态管理
优化目标	最小污染	最小排放	最优结构	最适功能
主要行动者	环保部门	生产部门	行业和地区	全社会
管理理念	被动响应	内部整改	部门调控	系统综合
管理方法	末端治理	过程控制	结构耦合	功能整合
管理对策	污染防治	清洁生产	生态产业	生态社区

资料来源：王如松：《资源、环境与产业转型的复合生态管理》，《系统工程理论与实践》2003年第2期。

复合生态管理旨在倡导一种将决策方式从线性思维转向系统思维，生产方式从链式产业转向生态产业，生活方式从物质文明转向生态文明，思维方式从个体人转向生态人的方法论。通过复合生态管理将单一的生物环节、物理环节、经济环节和社会环节组装成一个有强大生命力的生态系统，从技术革新、体制改革和行为诱导入手，调节系统的主导性与多样性，开放性与自主性，灵活性与稳定性，使生态学的竞争、共生、再生和自生原理得到充分的体现，资源得以高效利用，人与自然高度和谐。

3. 生态型服务

近年来，生态型服务作为一种全新理念和现象进入学者们的研究领

①　王如松、李锋、韩宝龙等：《城市复合生态及生态空间管理》，《生态学报》2014年第1期。

域，并引起了企业的重视和政府部门的关注。生态型服务属于服务中的一个重要组成部分，它强调在不损害满足程度的前提下，通过服务来补充、替代产品对人们需要的满足，以减少原材料和能源的消耗，促进生态的良性发展。生态型服务可以分为三类：一是产品服务，即通过对已出售产品提供附加的服务，以达到延长产品使用寿命的目的；二是使用服务，即企业不再通过出售产品实体，而只出售产品使用权而形成的服务；三是结果服务，即企业不向消费者出售产品，消费者既不购买、拥有，也不使用产品，而通过企业提供服务，确保消费者达到满足需要的结果。①

4. 生态供应链及生态型设计

生态供应链是在系统观和整体观指导下，运用生态思维把经济行为对环境的影响凝固在设计阶段，确保经济活动过程中供应链内的物质流和能量流对环境的危害最小，既追求经济效益，又追求社会效益和生态效益。相对于传统供应链中物资流动的"开路循环"，生态供应链的优点在于它是一个"闭环回路"，不仅供应链中上游企业的产品能作为有用的输入提供给下游企业，上游企业排放出的废弃物也能回收后被本企业或其他企业再利用。而生态型设计的灵感来自工业生态学、工业共生和环境经济学，设计的出发点是内化企业经济活动引致的外部成本，设计的内容包括对供应链的设计和对供应链组成元素的设计两大块。②

（三）生态系统与社会系统耦合在运行层面的反映

生态系统与社会巨系统耦合产生的生态型理念的运行需要不同层次的组织架构，需要政府、企业、社区、城市等社会各阶层不同主体的共同努力。

1. 生态型政府

生态型政府是指服务于人与自然之间自然性和谐的政府。生态型政府在遵循经济社会发展规律的同时必须遵循自然生态规律，积极履行促进自然生态系统平衡的基本职能，积极协调地区与地区、政府与政府、政府与非政府组织、国家与国家之间生态利益与生态利益、生态利益与非生态利益的关系。它既要实现政府对社会公共事务管理的生态化，又要实现政府对内部事务管理的生态化；既要追求政府发展行政的生态化，又要追求政府行政发展的生态化。具体来说，生态型政府追求政府的目标、法律、政

---

① 余春祥：《对绿色经济发展的若干理论探讨》，《经济问题探索》2003 年第 12 期。
② 赵斌：《关于绿色经济理论与实践的思考》，《社会科学研究》2006 年第 2 期。

策、职能、体制、机构、能力、文化等诸方面的生态化。①

2. 生态型企业

生态企业是按照生态经济，建立起来的对自然资源充分合理利用、废弃物循环再生、能量多重利用、对生态环境无污染或少污染的现代化企业。建设生态型企业的基本途径主要有：一是确立生态企业的经营思想和理念；二是选择先进的生态型生产形式；三是强化环境管理和加强环境建设；四是大力推进绿色服务；五是创建生态型企业文化；六是健全法制、完善标准②；七是搞好协调和示范推广工作。

3. 生态型社区

生态社区的实践首先需要着眼于整体的、系统的策略，大多数生态社区实践都致力于所谓"3E"问题的平衡，即兼顾环境（Environment）、经济（Economy）和社会公平（Equity）三个方面，努力使三者相互关联、彼此协调，实现整体发展；其次，生态社区并不是一个终极产品，而是一个不断演进的、追求可持续发展的过程；最后，大多数生态社区实践中都强调了广泛的社区参与，参与者包括普通民众、企业、学术机构、政府、环保和社区组织等各个方面。从类型上生态社区实践可以分为城市型生态社区、郊区型生态社区和村落型生态社区。③

4. 生态型城市

生态型城市的概念是在20世纪70年代提出来的。生态城市建设的根本目标是促使城市生态系统结构合理、功能协调，变高投入、高消耗、高环境影响、低效益的"三高一低"型增长方式为低投入、低消耗、低环境影响、高效益的"三低一高"新增长方式；以新的增长方式实现城市规模扩张和内涵优化，以集约化方式调整城市地域空间结构，营建开放空间系统，以自然恢复方式为主实现城市人工环境与自然环境的高度融合，推动城市进入可持续的发展状态。建设生态城市的关键是城市地域空间的优化，通过开放空间系统的营建来加强生态城市建设，进而推动城市的可

① 鲍健强、苗阳、陈锋：《低碳经济：人类经济发展方式的新变革》，《中国工业经济》2008年第4期。
② 刘兰芬：《"生态型领导"模式与领导科学建设》，《理论前沿》2004年第6期。
③ 王如松：《资源、环境与产业转型的复合生态管理》，《系统工程理论与实践》2003年第2期。

持续发展。生态城市建设是当前我国全面建设小康社会的一项新课题。①
目前,上海市正向着生态型城市的目标迈进,预计到2020年可基本建成
经济社会环境相协调、人与自然相和谐的现代化生态型城市。

5. 生态省

生态省建设以提高经济效益为重心,面向国内外两个市场,依托现代
科学技术,把生态经济建设与生态环境建设、社会人文建设有机结合起
来,使生态资源优势转化为经济优势和市场竞争优势,将生态环境潜在的
巨大经济价值转化为丰厚的经济效益。2001年12月,江苏省人大常委会
作出《关于加强环境综合整治推进生态省建设的决定》,提出到2020年
左右基本建成生态省。江苏生态省发展战略在三大层面上实施:宏观尺
度,即经济国际化战略及长江三角洲一体化,把江苏建设成为区域生态系
统的优势子系统;中观尺度,即江苏全省协调发展,实现苏南、苏中和苏
北整合化;微观尺度,即建设生态社区和环境友好企业。②

6. 生态经济功能区

生态经济功能区是指在生产过程中选取适当的生态要素、环境要素、资
源要素和经济要素加以判断、分析,综合考虑生态学、环境科学、资源开发
利用理论和经济学、管理学相关理论进行的区域规划和定位。例如,黑龙江
省生态功能区划分为西部、中部、东部、山地、城市、旅游6个生态区(1级
区)和6个生态经济区。根据各生态区的资源特点,发展生态产业。

7. 低碳城市

低碳城市,指以低碳经济为发展模式及方向、市民以低碳生活为理念
和行为特征、政府公务管理层以低碳社会为建设标本和蓝图的城市。开发
低碳能源是建设低碳城市的基本保证,清洁生产是建设低碳城市的关键环
节,循环利用是建设低碳城市的有效方法,持续发展是建设低碳城市的根
本方向。③ 至今,我国已确定广东、辽宁、湖北、陕西、云南和海南6个
碳试点省区低,36个低碳试点城市,至今中国31个省、市、自治区当中

---

① Frank Van Der Zwan, Tracy Bhamra. Services Marketing: Taking up the Sustainable Develop-ment Challenge [J]. *The Journal of Services Marketing*, 2003, Vol. 17: 341 –354.

② M. Polonsky, M. J. Greener, *Eco-efficient Services Innovation*, *Increasing Business Ecological Effi-ciency of Products and Services*, Sheffield: Greenleaf Publishing Ltd. , 1999.

③ 《中国发展低碳经济和低碳城市现状》,http://www. cusdn. org. cn/news_ detail. php? id = 203603,2012年7月24日。

除湖南、宁夏、西藏和青海以外，每个地区至少有一个低碳试点城市。换句话说，低碳试点已经基本在全国全面铺开。[①]

（四）生态系统与社会系统耦合在操作层面的反映

生态系统与社会巨系统耦合的结果还反映在具体操作层面上，诸如生产方式变革和产业的生态转型。

1. 清洁生产

清洁生产是对工艺和产品不断运用一体化的预防性环境战略，以减少对人体和环境的风险；对于生产工艺，清洁生产包括节约原材料和能源，消除有毒原材料，并在一切排放物和废弃物离开工艺之前削减其数量和毒性。对于产品，战略重点是沿产品的整个生命周期，即从原材料获取到产品的最终处置，减少其各种不利影响。将综合预防的环境战略持续地应用于生产过程、产品和服务中，以提高生态效率，降低对人类和环境的危害。对于我国不仅工业清洁生产很重要，农业清洁生产也应引起足够重视。

2. 生态型生产

生态型生产是人类依照生态规律和自然规律，向生态系统注入外力，增加生物数量和生物种类，扩大和完善生态系统，改善生态循环，取得经济效益的生产或生产方式。其生产过程或者产品对生态环境具有改善作用。作用对象是生态系统与生产系统相耦合的复合多功能系统，既紧密连接生态系统（包括构成生态系统的一个方面或一个环节），按照生态系统、生态规律运行；又作为生产系统，有投入，也有产出，满足人类的需要，取得经济效益。通过生态系统与生产系统两者直接耦合，实现两者的共同发展，促进生态系统转向良性循环的同时带来经济效益的现代生产方式。[②]其涵盖的内容较为广阔，广义的生态型生产应包括清洁生产、环境经营和生产、生态工业、生态农业、环保产业等相关内容。

3. 环境经营

环境经营是企业经营以环境为基础，以生态为中心，以环境为导向，以保护环境为目标，实现经济效益、社会效益和环境效益的统一。企业的

①《第二批低碳试点名单下发》，http://jjckb. xinhuanet. com/2012 - 12/04/content_416290. html，2012 年 12 月 4 日。其中包括 29 个城市和省区。

② Linda, C. , Robert D. Klassen, Integrating environmental issues into the mainstream: An agenda for research in operations management [J]. *Journal of Operations Management*, 1999, 17: 575 - 598.

环境经营是将解决环境污染、能源危机和资源枯竭等环境问题纳入企业经营战略、决策和过程，使之成为经营活动的重要组成部分，并贯穿于企业整个经营活动之中。企业的环境经营包括环境生产、环境管理、环境营销等内容，涉及企业所有经营活动，包括导致环境问题的活动和能够解决环境问题的活动。①

4. 生态产业

生态产业遵循生态建设的基本原则，坚持以协调人与自然的关系为基础的发展目标，实现多目标综合决策；坚持遵循"整体、协调、循环、再生"的基本原理，保证自然资源的循环再生利用；遵循地域分异与生态适宜性原理，充分开发具有生态优势的名优特产品，形成生态优势产业。生态产业的实质包括：产业结构的绿化；消费结构的绿化；技术结构的绿化；就业结构的绿化。生态产业包括生态工业、生态农业、生态旅游业、环保产业等内容。②

事实证明，粗放式的能源经济、资源依赖型区域发展模式是不可持续的，未来的经济应该是生态循环型经济，未来的管理模式应该是复合型生态管理，未来的社会应该是生态整合型社会，未来的系统应是生态、环境、经济、社会高度耦合形成的巨系统。因此，生态型理念的研究深度应从浅层的环境污染、资源耗竭、生态破坏、健康影响等环境问题向深层的生态管理、生态服务、生态城市、生态规划等生态问题过渡，研究跨度应从单一系统、单一学科向多系统耦合、多学科交叉融合推进，研究的广度也应覆盖经济、管理、社会、文化及其操作运行等多维层面。

三 方法论——生态环境、经济社会耦合协调的测度

国内外在生态环境与经济社会耦合协调的方法论研究上各有侧重，国外学者较多运用综合指数加成法，关于协调度的测算较少；而国内研究却主要集中在刻画和测算协调度。本节从以下几个方面对国内外耦合协调测

① 陈杰、熊炜：《生态供应链与生态型设计》，《城市环境与城市生态》2003年第2期。
② 黄爱宝：《生态型政府理念与政治文明发展》，《深圳大学学报》（人文社会科学版）2006年第2期。

度的研究进行了分类，具体包括基于指数综合加成的耦合协调评价、基于功效系数的耦合协调性测度、基于变异和距离的耦合协调性测度、基于动态变化的耦合协调性测度、基于模糊理论的耦合协调性测度、基于灰色理论的耦合协调度测定、基于 DEA 方法的耦合协调性测度、基于系统演化及系统动力学理论的耦合协调度测量。

（一）基于指数综合加成的耦合协调评价

国外研究多采用指数法，步骤是首先建立指标体系，然后采用参照比对、加权平均、综合核算等数理统计方法得出反映协调性状态的指数，根据指数计算方法不同可做不同分类：第一类是参照指数设定法，如联合国可持续发展委员会（CSD）和经济合作与发展组织（OECD）通过建立生态环境"压力—状态—响应"指标（简称 DSR 指标），设定参照标准，与实际值比对评价资源环境的持续性与协调性，并受到研究者的推崇。[①] 第二类是核算综合价值的协调发展指数，如真实增长指标从社会发展角度描述持续协调发展的经济社会综合福利[②]；生态足迹指数、生态承载力指数、环境空间指数从生态环境角度描述资源环境的协调发展[③]；绿色净国民产出指数和真实储蓄率指标从经济学角度描述协调发展。[④] 第三类是协调发展综合加成指数，即分别选取生态、环境、资源、经济、社会等多层次的指标，采用无量纲化处理、功效系数法、加权平均等统计方法求得协调发展的综合指数，如绿色人文发展指数、社会生态指标体系。[⑤]

指数综合加成法也称多变量综合评价方法，其基本思想是运用数理统计将多个指标转化为能够反映综合情况的总指标来进行评价。评价关键点是在指标重要性分析的基础上进行赋权，被评价单位的"综合状况"（即评价结果）用以反映并描述协调性，具体以指数或分值的形式表示。具体步骤首先是构建各子系统协调指标体系，然后利用主成分分析、因子分析、层次分析法等统计方法计算各子系统协调发展指数，按照子系统各自权重计算出综合指数（国内很多学者定义为协调度）。例如李华利用层次

---

①　李建明：《走生态型企业之路》，《企业管理》2004 年第 12 期。

②　程世丹：《生态社区的理念及其实践》，《武汉大学学报》（工学版）2004 年第 3 期。

③　王发曾：《我国生态城市建设的时代意义、科学理念和准则》，《地理科学进展》2006 年第2 期。

④　倪前龙：《上海生态型城市建设研究》，《上海经济研究》2005 年第 4 期。

⑤　朱晓东、李杨帆、陈姗姗：《江苏生态省建设理念与实践》，《环境保护》2006 年第2 期。

分析法确定了经济（D）、资源（R）、人口（P）和环境（E）子系统的权重（分别为30%、30%、20%和20%），通过建立指标体系计算出各子系统协调水平，构建协调度函数为[1]：

$$C = 0.3D + 0.2P + 0.3R + 0.2E \qquad (2-1)$$

刘志亭建立了能源（E_e）、经济（E_c）、环境（E_v）子系统指标体系，求出子系统协调值，构建了能源—经济—环境（3E）协调度函数[2]：

$$C = \{E_e \cdot E_c \cdot E_v\}^{1/3} \qquad (2-2)$$

张彩霞通过建立人口、环境、资源、社会、经济、外部子系统的指标体系结构，测量了区域人口环境资源与发展（简称 PERD）综合协调度。[3] 范士陈将可持续发展能力视为城市化承载力、市场架构力和新型工业化充盈力的合力，建立指标体系，分别测度承载力、架构力、充盈力的综合发展水平，构筑了县域可持续发展能力的耦合模型[4]：

$$C = \alpha C_M + \beta C_N + \zeta C_U \qquad (2-3)$$

其中，α、β、ζ 是系数。

（二）基于功效系数的耦合协调性测度

吴跃明以协同学为基础，利用协同论观点，并引入序参量概念，将环境—经济系统发展过程中序参量之间协同作用的强弱程度定义为环境经济协调度，通过计算序参量对系统有序的功效系数构建协调度函数，协调度函数具体可以用线性加权和法与几何平均法求的，线性加权和法协调度函数为：

$$C = \sum_{i=1}^{n} W_i U_A(u_i) \qquad (2-4)$$

几何平均法协调度函数表示为：

$$C = \sqrt{\prod_{i=1}^{n} U_A(u_i)} \qquad (2-5)$$

① Christian Azar, "Social-ecological indicators for sustainability". *Ecological Economics*, Vol. 18, No. 2, 1996.

② 李华、申稳稳、俞书伟：《关于山东经济发展与人口—资源—环境协调度评价》，《东岳论丛》2008 年第 5 期。

③ 刘志亭、孙福平：《基于 3E 协调度的我国区域协调发展评价》，《青岛科技大学学报》2005 年第 6 期。

④ 张彩霞、梁婉君：《区域 PERD 综合协调度评价指标体系研究》，《经济经纬》2007 年第 3 期。

A 为系统稳定区域，U_A （u_i）通过临界点上的序参量的上下限值求得，表示变量 u_i 对系统有序的功效。[1] 由于此模型简单易行，此后的学者杨世琦等以此方法为理论基础，从生态子系统、经济子系统、社会发展子系统的指标体系中共筛选出 21 个代表性指标，对湖南省益阳市资阳区这一生态经济系统的协调度进行了研究。[2]

（三）基于空间变异和距离的耦合协调性测度

变异系数测度法，即离散系数协调性测度，主要是运用数理统计中变异系数、协调系数的概念和性质反映变异程度，从而求得两个子系统之间协调性测度指数。[3] 杨士弘、廖重斌等界定了协调度、发展度、协调发展度的概念，用变异系数法对环境与经济协调发展状况进行了定量评价，并根据评价值大小进行了协调度等级分类，其协调度及协调发展度计算公式见（2 − 6）式和（2 − 7）式[4]：

$$C = \{f(X)g(Y)/[f(X) + g(Y)/2]^2\}^k \qquad (2-6)$$

其中，$f(X) = \sum_{i=1}^{m} a_i X'_i, g(Y) = \sum_{j=1}^{n} b_j Y'_j$。

C 值越大则越协调，$C \in [0, 1]$；k 为调节系数且 $k \geq 2$，$f(X)$、$g(Y)$ 为环境、经济两子系统综合水平评价函数；X'_i、Y'_j 由初始数据经过标准化（或初值化、无量纲化、功效系数法）处理得到，作为描述子系统特征的指标：

$$D = \sqrt{C \cdot T} \qquad (2-7)$$

其中，$T = \alpha f(x) + \beta g(y)$，$D$ 为协调发展度，T 为综合评价指数，α、β 为待定权数。

张福庆等借鉴物理学中容量耦合系数模型，推广得到多个系统或要素相互作用的耦合度模型见（2 − 8）式，实证分析了鄱阳湖生态经济区产

---

① 范士陈、宋涛：《海南经济特区县域可持续发展能力地域分异特征评析——基于过程耦合角度》，《河南大学学报》（自然科学版）2009 年第 39 卷第 5 期。

② 吴跃明：《环境—经济协调度模型及其指标体系》，《中国人口·资源与环境》1996 年第 2 期。

③ 杨世琦、王国升、高旺盛等：《区域生态经济系统协调度评价研究》，《农业现代化研究》2005 年第 4 期。

④ 王成璋、张效莉、何伦志：《人口、经济发展与生态环境协调性测度研究综述》，《生产力研究》2007 年第 6 期。

业生态耦合度。[1]

$$C_n = \{(u_1 \cdot u_2, \cdots, u_m)/[\prod(u_i + u_j)]\}^{1/n} \qquad (2-8)$$

也有学者运用两系统离差刻画耦合关系，如袁榴艳等运用与以上协调度测量相同的公式反映生态经济系统耦合度。[2] 张晓东进一步将协调度定义为[3]：

$$C_{xy} = (x + y)/\sqrt{x^2 + y^2}, \text{从而} -1.414 \leqslant C_{xy} \leqslant 1.414 \qquad (2-9)$$

变异系数法模型简单、原理清晰，故在此后测度生态与经济、环境与经济、人口与经济等两两系统间协调度的问题上得到较为广泛的应用，用相似的方法学者黄有钧测度了安徽省近年来的环境与经济发展协调度的动态变化[4]；张竟竟用此方法测度了乌鲁木齐市城乡系统之间的协调度[5]；张青峰用此方法对黄土高原各县域生态与经济系统协调发展状况进行了研究，将黄土高原生态经济系统之间的相互作用分为严重失调发展、轻度失调发展、低水平协调发展和高水平良好协调发展四个阶段[6]；刘新平用类似的定义构筑了土地资源持续利用与生态环境的耦合评价模型，测度了塔里木河流域状态。[7] 柴莎莎等用此方法建立了山西省经济增长与环境污染水平二者之间的耦合发展度模型。[8]

汪波、方丽给出了基于变异系数的另一个协调度测度公式：

$$C = 1 - S/Y \qquad (2-10)$$

式中，S 为标准差，Y 是子系统所得综合评价值的平均数。C 越大，则各

① 张福庆、胡海胜：《区域产业生态化耦合度评价模型及其实证研究——以鄱阳湖生态经济区为例》，《江西社会科学》2010 年第 4 期。

② 杨士弘：《广州城市环境与经济协调发展预测及调控研究》，《地理科学》1994 年第 2 期。

③ 袁榴艳、杨改河、冯永忠：《干旱区生态与经济系统耦合发展模式评判》，《西北农林科技大学学报》（自然科学版）2007 年第 11 期。

④ 张晓东、池天河：《90 年代中国省级区域经济与环境协调度分析》，《地理研究》2001 年第 4 期。

⑤ 黄友均、许建、黎泽伦：《安徽省环境与经济发展协调度的初步分析》，《合肥工业大学学报》（自然科学版）2007 年第 6 期。

⑥ 张青峰、吴发启、王力等：《黄土高原生态与经济系统耦合协调发展状况》，《应用生态学报》2011 年第 6 期。

⑦ 刘新平、孟梅：《土地持续利用与生态环境协调发展的耦合关系分析——以塔里木河流域为例》，《干旱区地理》2011 年第 1 期。

⑧ 柴莎莎、延军平、杨谨菲：《山西经济增长与环境污染水平耦合协调度》，《干旱区资源与环境》2011 年第 1 期。

个子系统之间协调度越好，即配合得越好；反之亦然。[①] 此后，张佰瑞构筑了资源、环境、经济、社会系统指标体系，运用此方法测算了"十一五"初期，我国 31 个省级行政单位以及全国与四大区域的协调发展系数。[②]

叶敏强、张世英运用空间描述方法定义了区域经济社会资源环境（ES-REn）系统两两之间及四个子系统间的协调度，这一协调度的本质也是对于变异或者距离的刻画，其中 X、Y 两两子系统的静态协调发展定量测算为：

$$I_{XY}[C(t)] = 1 - \sqrt{\alpha_1[I_X(t) - I_{XY}(t)]^2 + \alpha_2[I_Y(t) - I_{XY}(t)]^2} \quad (2-11)$$

式中，$I_X(t)$、$I_Y(t)$ 为两子系统发展度；$I_{XY}(t)$ 为两子系统发展的平均水平；α_1、α_2 为权值；同理，四个子系统的定量测算公式为：

$$I[C(t)] =$$
$$1 - \sqrt{\alpha_1[I_1(t) - I(t)]^2 + \alpha_2[I_2(t) - I(t)]^2 + \alpha_3[I_3(t) - I(t)]^2 + \alpha_4[I_4(t) - I(t)]^2}$$
$$(2-12)$$

联加得到 $t - T + 1 \sim t$ 时期的协调度：

$$I(t) = \sum_{i=1}^{T} \beta_i I[C(t - T + i)] \quad (2-13)$$

其中，β_i 为权值。[③] 樊杰研究了我国经济与人口重心耦合度，计算经济重心与人口重心在空间分布上的重叠性及其变动轨迹的一致性，并从静态和动态的角度考察两个重心空间耦合的态势。空间重叠性用两者间的距离表示，变动轨迹的一致性则以经济重心和人口重心相对上一时间点产生位移的矢量交角 θ 来体现，θ 越小则变动越一致。[④]

（四）基于序列动态变化的耦合协调性测度

序列动态变化也称作弹性系数法，基本思想是用微分法反映序列时间或空间的动态变化。纵向时间序列的比对维度上，寇晓东等在运用序参量功效系数测度系统协调度的基础上，综合考虑系统随时间的动态变化，将系统协调度划分为绝对协调度和相对协调度，其中复合系统绝对协调度的

① 张竟竟、陈正江、杨德刚：《城乡协调度评价模型构建及应用》，《干旱区资源与环境》2007年第2期。
② 汪波、方丽：《区域经济发展的协调度评价实证分析》，《中国地质大学学报》（社会科学版）2004年第6期。
③ 张佰瑞：《我国区域协调发展度的评价研究》，《工业技术经济》2007年第9期。
④ 叶民强、张世英：《区域经济、社会、资源与环境系统协调发展衡量研究》，《数量经济技术经济研究》2001年第8期。

计算公式为[①]：

$$cc_a = \omega \sqrt{\left| \prod_{j=1}^{2} (c_j^i - c_j^0) \right|} \qquad (2-14)$$

$$\omega = \frac{\min\{c_j^i - c_j^0 \neq 0\}}{|\min\{c_j^i - c_j^0 \neq 0\}|}, \quad j = 1, \ 2$$

其中，c_j^i 为 t_i 时刻子系统 j 的有序度，c_j^0 为初始时刻 t_0 时子系统 j 的序参量有序度，此方法可用以测度相对于考察基期复合系统协调度特征及变化趋势。

复合系统相对协调度公式为：

$$cc_r = \frac{(c_1^{t+1} - c_1^t)/c_1^t}{(c_2^{t+1} - c_2^t)/c_2^t} \qquad (2-15)$$

其中，$c_j^t (j=1, \ 2)$ 为 t 时刻子系统 j 的有序度，c_j^{t+1} 为 $t+1$ 时刻子系统 j 的有序度，此公式反映并比对了系统逐年的协调度特征和变化趋势。

横向系统之间比对上，赵涛等将能源、经济、环境各系统协调度定义为：

$$H_i \begin{cases} = \exp\left(\dfrac{dE_i}{dt} - \dfrac{dE}{dt}\right) & \dfrac{dE_i}{dt} > \dfrac{dE}{dt} \\[2mm] = 1 & \dfrac{dE_i}{dt} = \dfrac{dE}{dt} \\[2mm] = \exp\left(\dfrac{dE}{dt} - \dfrac{dE_i}{dt}\right) & \dfrac{dE_i}{dt} < \dfrac{dE}{dt} \end{cases} \qquad (2-16)$$

其中，$\dfrac{dE}{dt}$ 表示 3E 系统整体的发展速度，$\dfrac{dE_i}{dt}$ 是 3E 系统内各子系统的发展速度，$i=1$、2、3。当 $\dfrac{dE_i}{dt} < \dfrac{dE}{dt}$ 时，说明系统 i 落后于系统整体发展速度，系统 i 发展速度过慢；当 $\dfrac{dE_i}{dt} = \dfrac{dE}{dt}$ 时，系统 i 的发展速度等于 3E 系统整体发展速度，系统 i 处于协调发展状态；当 $\dfrac{dE_i}{dt} > \dfrac{dE}{dt}$ 时，系统 i 的发展速度大于 3E 系统整体发展速度，系统 i 发展过速，其中 3E 系统整体协

---

① 樊杰、陶岸君、吕晨：《中国经济与人口重心的耦合态势及其对区域发展的影响》，《地理科学进展》2010 年第 1 期。

调度为[①]:

$$H_S = \sqrt[3]{\prod_{i=1}^{3} H_i}$$

叶民强运用弹性分析方法描述两系统之间的协调关系，即

$$E_{I_X I_Y} = \frac{\Delta I_X}{\Delta I_Y} \cdot \frac{I_Y(t)}{I_X(t)} \tag{2-17}$$

（2-17）式通过描述 X 系统综合评价值受 Y 系统综合评价值变化的影响程度来刻画 X、Y 两系统运行中的协调性。[②]

（五）基于模糊理论的耦合协调性测度

曾珍香等认为，协调发展内涵明确，但其外延模糊不清，故协调发展本身属于模糊概念；同时系统的协调发展状况处于协调到不协调再到协调的动态变化中，所以，系统的协调发展指数更适合用模糊数学中的隶属度进行描述，其计算公式为:

$$U_S = \exp\left\{\frac{-(x-x')^2}{S^2}\right\} \tag{2-18}$$

其中，x' 为协调值，x 为观察值或实际值，随之二子系统相互协调发展程度的状态协调度可定义为[③]:

$$\mu_{1,2} \text{ 或 } \mu_{2,1} \text{ 为 } \mu_{1,2} = \frac{\min\{\mu_1, \mu_2\}}{\max\{\mu_1, \mu_2\}} \tag{2-19}$$

μ_1 与 μ_2 的值越接近则两子系统相互协调程度越高；相反，μ_1 与 μ_2 的值差别越大则两子系统相互协调程度越低，当 $\mu_{1,2}=1$，即 $\mu_1=\mu_2$ 时，表明两子系统完全协调。此后，学者戴西超等设计了指标体系，分析了系统之间的关联度，运用该方法测度了技术、经济、社会系统的协调性。[④]祝爱民等描述了三个系统间的相互协调程度，其中任意三个系统间相互协调程度用 $u(i, j, k)$ 表示，$u(i, j, k)$ 的值是以 $u(j, k)$ 为权重对 $u(i/j, k)$ 进行加权平均求得，然后利用模糊数学隶属度函数、协调度公式和模糊综合评价法对辽宁市葫芦岛连山区科技进步与经济发展的协调性进行

① 寇晓东、薛惠锋：《1992—2004 年西安市环境经济发展协调度分析》，《环境科学与技术》2007 年第 4 期。

② 张佰瑞：《我国区域协调发展度的评价研究》，《工业技术经济》2007 年第 9 期。

③ 赵涛、李晅煜：《能源—经济—环境（3E）系统协调度评价模型研究》，《北京理工大学学报》（社会科学版）2008 年第 2 期。

④ 李艳、曾珍香：《经济—环境系统协调发展评价方法研究及应用》，《系统工程理论与实践》2003 年第 5 期。

了实证研究。[①] 刘晶等用模糊数学方法计算出重庆北碚区作为试验区成立以来经济、社会和资源环境的协调发展度。[②]

于瑞峰、齐二石运用模糊数学中贴近度的概念定义协调系数，具体采用相对海明距离（Hamning）来测度协调系数，即[③]：

$$\omega(A, B) = 1 - c[\delta(A, B)]^a \qquad (2-20)$$

其中，A、B 是论域 U 上的模糊子集；a 和 c 是恰当选取的参数。

$$\delta(A, B) = \frac{1}{n}d(A, B) = \frac{1}{n}\sum_{i=1}^{n}|u_A(x_i) - u_B(x_i)| \qquad (2-21)$$

（六）基于灰色理论的耦合协调度测定

在客观世界中，大量存在的不是信息完全明确的白色系统，也不是信息完全不明确的黑色系统，而是灰色系统。灰色系统理论主要研究"外延明确，内涵不明确"的"小样本、贫信息"问题。刘艳清根据区域人口、资源、环境与经济发展系统的特征及协调发展的含义，利用灰色系统理论的建模方法，建立区域人口、资源、环境、经济系统发展协调度模型：

$$H = \left(a\sum_{i=1}^{n}\cos\frac{\pi}{2}\frac{M_i}{M_{i0}} + b \right)\left(\sum_{j=1}^{l}\frac{G/m_j}{G_0/m_{j0}}e^{\frac{G/N}{G_0/N_0}} - e^{\sum_{k=1}^{m}\lambda_k\frac{p_k}{p_{k0}}} \right) \qquad (2-22)$$

其中，N 和 N_0 分别表示某区域当年与参考年的总人口；G 和 G_0 分别表示当年与参考年的国内生产总值；M_i 和 M_{i_0} 分别表示某资源的开采量与储存量；p_k 和 p_{k_0} 分别表示某种污染物的当年实际浓度与国家标准允许浓度；m_j 和 m_{j_0} 为某种不可再生资源的当年消耗量与存储量。a、b、λ 等均为权系数，且 $a + b = 1$。

陈静、曾珍香等认为，协调度概念除具有模糊性外，本身也具有很大的灰色性，因此应引入灰色模型，并通过各指标综合发展水平值的计算，应用灰色系统理论中的 GM（1，N）模型建立了社会、经济、资源、环境之间的动态协调发展模型[④]：

---

① 戴西超、谢守祥、丁玉梅：《技术—经济—社会系统可持续发展协调度分析》，《统计与决策》2005 年第 3 期。

② 祝爱民、夏冬、于丽娟：《基于模糊综合评判的县域科技进步与经济发展的协调性分析》，《科技进步与对策》2007 年第 11 期。

③ 刘晶、敖浩翔、张明举：《重庆市北碚区经济、社会和资源环境协调度分析》，《长江流域资源与环境》2007 年第 2 期。

④ 刘艳清：《区域经济可持续发展系统的协调度研究》，《社会科学辑刊》2000 年第 5 期。

$$x_1^{(0)}(k) + \frac{a}{2}\left[x_1^{(1)}(k) + x_1^{(1)}(k-1)\right] = b_2 x_2^{(1)}(k) + b_3 x_3^{(1)}(k) + \cdots + b_m x_m^{(1)}(k)$$

$$(2-23)$$

其中，系数 b 反映各指标对系统协调发展的作用，$x_i^{(0)}$ 是原始数列初值化，$x_i^{(1)}$ 为累加生成数列。张晓东等运用灰色系统 GM（1，1）模型对 20 世纪 90 年代我国省级区域的经济与环境协调度进行了计算，并用此模型对我国 2005—2010 年区域协调度进行了预测。[①]

毕其格等运用灰色关联分析方法计算出关联系数 δ_{ij}，得到灰色关联系数矩阵，在关联系数矩阵基础上分别按行或列求其平均值，得到系统耦合的关联度模型，进而两系统关联系数的连乘得到耦合度。[②] 郭伟峰用相近的方法测度了关中平原人地系统要素结构与区域发展的耦合关联。[③] 张晓棠用灰色预测——GM（1，1）模型对陕西省城市化与产业结构耦合发展水平进行了预测，预测结果显示直到 2013 年，陕西省城市化与产业结构耦合均处于中级水平。[④]

（七）基于 DEA 模型的耦合协调性测度

数据包络分析（Data Envelopment Analysis，DEA）方法已逐渐运用于可持续发展评价，测算系统之间协调度的相对效率。樊华通过确定评价单元、选取输入输出指标，运用 DEA 的 C^2R 模型，分别以子系统 s_1 的各指标作为输入、子系统 s_2 的各指标作为输出，计算出 s_1 对 s_2 的协调度；同理以 s_2 子系统的各指标作为输入，s_1 子系统的各指标作为输出，测出 s_2 对 s_1 的协调度，后用隶属度公式计算出两系统相互之间的协调度。[⑤] 穆东用系统间或系统内部各要素间的"协同有效"作为 DEA 评价中的"技术有效"，系统之间或系统内部的"发展有效"则以"规模有效"反映，定义系统"协同发展的综合效度"为"协同效度"与"发展效度"的乘

---

① 陈静、曾珍香：《社会、经济、资源、环境协调发展评价模型研究》，《科学管理研究》2004 年第 3 期。

② 张晓东、朱德海：《中国区域经济与环境协调度预测分析》，《资源科学》2003 年第 2 期。

③ 毕其格、宝音、李百岁：《内蒙古人口结构与区域经济耦合的关联分析》，《地理研究》2007 年第 5 期。

④ 郭伟峰、王武科：《关中平原人地关系地域系统结构耦合的关联分析》，《水土保持研究》2009 年第 5 期。

⑤ 张晓棠、宋元梁、荆心：《基于模糊评价法的城市化与产业结构耦合研究》，《经济问题》2010 年第 1 期。

积，即 DEA 评价单元的综合有效；且进一步指出系统 A 对系统 B 的协同度即是 DEA 规划中分母为系统 A 的输入，分子为系统 B 的输出，A 系统对 B、C 系统的协同度是分子用 B、C 系统的输出组合表示，分母为系统 A 的输入，A、B、C 三系统协同度 he（A，B，C）是以 B、C 间的协同度 he（B，C）为权重对 he（A/B，C）进行加权平均得到（发展效度类同）。[①] 柯健等选取反映环境投入、资源投入的输入指标和反映经济状况的输出指标，利用 DEA 理论及 DEA——最优分割聚类分析方法横向评价了 2003 年中国各地区资源、环境与经济的协调发展状况。[②] 武玉英等综合选取了反映能源、环境、经济、社会系统的输入输出指标对北京 1994—2003 年 10 年间的协调发展能力进行了评价。[③] 杨玉珍、许正中等运用复合 DEA 的方法评价区域资源、环境、经济社会协调发展状况，查找重要投入要素，测度投入产出绩效，并提出改进措施。[④]

（八）基于系统演化及系统动力学的耦合协调度测量

乔标等借助系统论中系统演化的思想来分析复合系统的动态演变及耦合状态，建立两系统之间的动态耦合模型。其演化方程为：

$$\frac{dx(t)}{dt} = f(x_1, x_2, \cdots, x_n) \qquad (2-23)$$

$f(\cdot)$ 为 x_i 的非线性函数，首先保证运动稳定性，后将其在原点附近按泰勒级数展开，略去高次项，得到（2-24）式的近似表达：

$$\frac{dx(t)}{dt} = \sum_{i=1}^{n} a_i x_i \qquad (2-24)$$

由此系统变化过程的一般函数可得：$f(R_1) = \sum_{j=1}^{n} a_j x_j$，$f(R_2) = \sum_{i=1}^{n} b_i y_i$，$a$、$b$ 为对应权重，x、y 为系统的元素，则复合系统 R_1 与 R_2 的演化方程为：

---

① 樊华、陶学禹：《复合系统协调度模型及其应用》，《中国矿业大学学报》2006 年第 4 期。

② 穆东、杜志平：《系统协同发展程度的 DEA 评价研究》，《数学的实践与认识》2005 年第 4 期。

③ 柯健、李超：《基于 DEA 聚类分析的中国各地区资源、环境与经济协调发展研究》，《中国软科学》2005 年第 2 期。

④ 武玉英、何喜军：《基于 DEA 方法的北京可持续发展能力评价》，《系统工程理论与实践》2006 年第 3 期。

$$A = \frac{\mathrm{d}f(R_1)}{\mathrm{d}t} = \alpha_1 f(R_1) + \alpha_2 f(R_2) , V_A = \frac{\mathrm{d}A}{\mathrm{d}t}$$

$$B = \frac{\mathrm{d}f(R_2)}{\mathrm{d}t} = \beta_1 f(R_1) + \beta_2 f(R_2) , V_B = \frac{\mathrm{d}B}{\mathrm{d}t} \qquad (2-25)$$

式中，A、B 表示内外环境影响下两子系统的演化状态，V_A、V_B 分别为自身与外界条件影响下两子系统的演化速度。因此，两子系统的耦合关系可以通过整个系统演化速度 V 来反映，V_A 与 V_B 的演化轨迹投影在二维平面上形成的 V_A 与 V_B 的夹角 α 则为耦合度[①]，可通过反正切值求得夹角，并根据 α 的取值确定整个系统的演化状态与耦合度。此后，梁红梅运用此方法以广州市为例，对沿海地区土地利用效益的耦合规律进行实证研究。[②] 李海鹏建立了城市化与粮食安全协调发展的动态耦合模型，测度了 1980—2006 年我国城市化与粮食安全协调发展的耦合度。[③] 王继军等运用相似的模型对陕西省纸坊沟流域 1938—2008 年 70 年来的农业生态经济系统耦合度进行了测度[④]；曹堪宏运用相近的方法建立起土地利用的社会经济效益与生态环境效益的耦合模型，以广州和深圳为例，对沿海地区土地利用效益的耦合规律进行比较研究。[⑤] 吕晓、刘新平运用相似方法对塔里木河流域农用地生态经济系统耦合发展进行了评价分析。[⑥] 同样，江红莉运用此方法对江苏省经济与生态环境系统的协调发展进行了研究。[⑦]

系统动力学（System Dynamics，SD）是认识和解决复杂巨系统演化与发展问题的综合性交叉学科，其提供了分析研究非线性复杂系统的建模分析方法。SD 研究方法真正实现定性与定量、系统思考与主观分析、归

---

① 杨玉珍、许正中：《基于复合 DEA 的区域资源、环境与经济、社会协调发展研究》，《统计与决策》2010 年第 7 期。
② 乔标、方创琳：《城市化与生态环境协调发展的动态耦合模型及其在干旱区的应用》，《生态学报》2005 年第 11 期。
③ 梁红梅、刘卫东、林育欣等：《土地利用效益的耦合模型及其应用》，《浙江大学学报》（农业与生命科学版）2008 年第 2 期。
④ 李海鹏、叶慧：《我国城市化与粮食安全的动态耦合分析》，《开发研究》2008 年第 5 期。
⑤ 曹堪宏、朱宏伟：《基于耦合关系的土地利用效益评价——以广州和深圳为例》，《中国农村经济》2010 年第 8 期。
⑥ 吕晓、刘新平：《农用地生态经济系统耦合发展评价研究——以新疆塔里木河流域为例》，《资源科学》2010 年第 8 期。
⑦ 江红莉、何建敏：《区域经济与生态环境系统动态耦合协调发展研究——基于江苏省的数据》，《软科学》2010 年第 3 期。

纳综合与演绎推理的结合。SD 建模使实际系统具有可 "实验性"，尤其适用于社会、经济、生态等非线性复杂系统问题的研究。闫军印运用系统动力学方法分别建立了经济发展子系统、矿产资源开发子系统、生态环境子系统仿真模型，在此基础上对河北省矿产资源开发生态经济系统进行了SD 仿真实证研究。[①] 曹明秀建立资源型城企物流耦合系统的系统动力学模型，并将耦合程度评价的人工神经网络模型应用于山东省著名的资源型企业——兖州矿业集团及其所在的资源型城市济宁市，进行实证分析。[②]

（九）基于结构方程模型的耦合协调测度

王继军等认为，农业生态经济系统耦合是一个复杂过程，是潜变量与潜变量、潜变量与可测变量及可测变量之间相互作用的结果，结构方程模型的建立很好地描述了这一复杂关系，选定了耦合关系研究的 5 个潜变量及 12 个可测变量，生态环境、农业资源、农业产业态势、经济效益、耦合状态构成了农业生态经济耦合系统 5 个潜变量，潜变量所包含的 12 个可测变量分别是，生态环境包含人口密度、林草面积率；农业资源包含人均基本农田、牧草地比重；农业产业态势包含农业劳动力/非农业劳动力、农产品商品率、工副业贡献率；经济效益包含人均纯收入、粮食潜力实现率、农业产投比；耦合状态包含农林牧土地利用结构、农业产业链与资源量相关度。通过建立测量方程、结构方程模型，运用 AMOS 7.0 探讨了陕北黄土丘陵区及其各个区域农业生态经济系统的耦合关系及差异。[③] 李慧等也基于结构方程模型对黄土丘陵区商品型生态农业系统耦合关系进行了分析。[④] 苏鑫等基于 2008 年吴起县农户调查资料，利用结构方程模型对吴起县农业生态经济系统耦合关系进行了分析。[⑤]

（十）基于计量分析的耦合协调评价

张子龙运用协整检验、格兰杰因果检验和向量误差修正模型

① 王继军、姜志德、连坡等：《70 年来陕西省纸坊沟流域农业生态经济系统耦合态势》，《生态学报》2009 年第 9 期。

② 闫军印：《区域矿产资源开发生态经济系统及其模拟分析》，《自然资源学报》2009 年第 8 期。

③ 王继军、李慧、苏鑫等：《基于农户层次的陕北黄土丘陵区农业生态经济系统耦合关系研究》，《自然资源学报》2010 年第 11 期。

④ 李慧、王继军、郭满才：《基于结构方程模型的黄土丘陵区商品型生态农业系统耦合关系分析》，《经济地理》2010 年第 6 期。

⑤ 苏鑫、王继军、郭满才等：《基于结构方程模型的吴起县农业生态经济系统耦合关系》2010 年第 4 期。

（VECM）等计量经济模型，通过分析人均 GDP 与环境压力指标变量之间在时序维度上的因果关系和相互影响程度，阐述经济与环境系统的耦合关系及其动态特征。[①] 李坚明等以 Eview 计量软件进行指标项目与架构之单根、共整合与因果检验，建构了中国台湾可持续能源发展指标长期稳定关系与各方面耦合性。[②] 王远等以能源消费与经济增长间的"脱钩"、"复钩"模型和协整理论为基础，依据江苏省 1990—2005 年能源消费和经济发展的相关数据，开展能源消费与经济增长的耦合关系研究。[③] 薛冰以能值分析计算结果为基本依据，采用广义脉冲响应函数、结构分解分析等计量分析方法，研究了宁夏经济发展对环境压力的影响，以及生态环境对经济增长的反馈影响。[④] 周忠学等通过回归分析和典型相关分析法，对 1988—2004 年陕西土地利用变化与经济发展之间的耦合关系进行了分析。[⑤]

（十一）其他相关方法补充

石月珍等用同异反分析态势度概念来表达协调度，定义呈现生长曲线形式的协调发展指数：

$$I = 1/(1 + kle^{-mn}) \qquad (2-26)$$

式中，k、l、m、n 分别为给定评价标准下环境、资源、社会、经济发展的损害态势度。

张效莉等从人口、经济、生态系统各子区域的所有正向指标值中选择最大值、负向指标值中选择最小值，并以此最大值和最小值的组合作为这些子区域的正理想解，即最理想协调状态，而从所有子区域的正向指标值中选择最小值、负向指标值中选择最大值作为负理想解，即最不理想协调状态，定义各子区域的相对协调度为各子区域距负理想解的相对接近度，

①　张子龙、陈兴鹏、焦文婷等：《庆阳市环境—经济耦合系统动态演变趋势分析：基于能值理论与计量经济分析模型》，《环境科学学报》2010 年第 10 期。

②　李坚明、周春樱、曾咏恩、许纭蓉：《台湾可持续能源发展指标建构与耦合性分析》，《太原理工大学学报》2010 年第 5 期。

③　王远、陈洁、周婧等：《江苏省能源消费与经济增长耦合关系研究》，《长江流域资源与环境》2010 年第 9 期。

④　薛冰、张子龙、郭晓佳等：《区域生态环境演变与经济增长的耦合效应分析——以宁夏回族自治区为例》，《生态环境学报》2010 年第 5 期。

⑤　周忠学、任志远：《陕北土地利用变化与经济发展耦合关系研究》，《干旱区资源与环境》2010 年第 7 期。

用此方法计算了全国 30 个省区相对协调性测度值。[①] 刘耀彬将城市化随经济演化的 S 形发展曲线和生态环境的倒 U 形曲线进行逻辑复合，得到耦合曲线：

$$Z = m - n\{[-\ln(1 - Y)/aY]/k - p\}^2 \qquad (2-27)$$

同理，选取不同年份我国城市化水平与工业废水排放总量进行回归拟合。[②] 何绍福将物理学中多变量动态耦合度测度方法引入农业耦合系统的研究中，定义子系统 A 与子系统 B 间的耦合度为：

$$\Omega_{AB}^m = \frac{\left(\dfrac{F_{AB}}{E_{AB}} + \dfrac{F_{BA}}{E_{BA}}\right)}{m} \qquad (2-28)$$

式中，m 表示发生耦合的次数，F_{AB} 为子系统 B 接受子系统 A 提供的自由能数量；E_{AB} 为耦合系统中自由能 F_{AB} 同质能的总量，同理 F_{BA} 和 E_{BA} 是系统 B 对 A 的能量。耦合系统的总耦合度为：

$$\Omega_n^m = \frac{\sum\limits_{i=1}^m \dfrac{F_i^m}{E_i^m}}{m} \qquad (2-29)$$

其中，E_i^m 为系统第 i 次耦合时系统中自由能 F_i^m 同质能的总量，F_i^m 为系统第 i 次耦合时流动的自由能数量。[③]

齐振宏等基于微观视角，采用博弈论"囚徒困境"模型，分析了低碳农业生态产业链主体间的耦合机理，研究了低碳农业生态产业链的共生耦合机制。[④] 肖光进基于耦合前后利益变动设计了一个理论模型，从耦合效益的角度探讨了循环经济体耦合行为的有效激励模式及约束条件。[⑤]

（十二）国内外研究评价

比对国内外相关研究发现，总体而言，建立指标体系对于持续、协调发展评价较多，对耦合机理、耦合测度、耦合评价等方面的研究较少。然

① 曹明秀、关忠良、纪寿文等：《资源型城企物流耦合系统的耦合度评价模型及其应用》，《物流技术》2008 年第 6 期。

② 张效莉、王成璋：《人口、经济发展与生态系统协调性测度研究——基于逼近理想解排序的决策分析方法》，《科技管理研究》2007 年第 1 期。

③ 刘耀彬：《中国城市化与生态环境耦合规律与实证分析》，《生态经济》2007 年第 10 期。

④ 齐振宏、王培成：《博弈互动机理下的低碳农业生态产业链共生耦合机制研究》，《中国科技论坛》2011 年第 11 期。

⑤ 肖光进：《耦合效益约束下循环经济体耦合行为的激励机制研究》，《科技进步与对策》2010 年第 18 期。

而耦合是持续、协调发展的前提，没有系统之间的耦合，协调、持续、发展无从谈起。

首先，在研究方法方面，国外相关研究大多在进行实际调查的基础上进行统计分析和实证分析，以数据为基础，采用指数法的较多，即建立指标体系或者基于价值综合加成测算。国内研究在起步阶段主要是思辨的结果，偏重于概念的推演、阐释和论证，而后期逐渐注重人口、社会、经济和生态环境的调查、统计分析等。

其次，较多地停留于构成论层面，缺乏生成论透析。本书所指的构成论与生成论和自然观、哲学观中的概念不完全一致。构成论指侧重于对系统要素、组成结构的分析，而生成论侧重对系统内在机制、运行机理、要素与要素结合界面、介质、结合机理等内容的探讨，当前国内外研究中分析系统组成、要素、结构的文章较多，而针对生态、环境、经济、社会等系统间内在耦合机理、渗透作用、制约机制等关系的综合研究较少。两两系统之间的耦合度、协调度研究较多，三系统尤其是多系统研究较少。即使考虑了多个（三个以上）系统之间的相互影响，在实际操作中也往往侧重其中某两个系统或者以两两系统间的研究进行替代。

再次，耦合、协调、协同概念界定不一，研究方法重叠。众多学者从不同学科、不同角度对耦合及耦合系统的内涵、原理和运行机制进行了探讨，一定程度上促进了耦合及系统耦合理论研究在不同学科、不同领域的广泛应用和相关研究的进步，但从不同学科背景出发对耦合协同概念的界定及耦合协同发展原理的阐述存在较大的差异，甚至出现矛盾，有的学者甚至在概念的书写上出现错误，将"耦合"写为"藕合"。此外，在耦合程度测量与评价上存在概念的简单置换，比如将"协调度"测量方法直接用于"耦合度"测度，将"关联度"的测量直接用于"耦合度"，未作认真比对与分析。在今后的研究过程中需要对经济学、管理学、社会科学领域耦合系统演化发展的内在机理进行探讨和梳理，提炼出规范一致的区域耦合系统、协同发展原理，在此基础上寻求翔实、科学的研究方法。

最后，理论研究与实践未能对接，割裂的倾向较为严重。国外相当部分围绕生态环境与经济社会的理论研究能够在实践中运用，相比之下，我国生态环境与经济社会协调发展研究中却始终存在着理论与实践割裂的问题，理论研究未能有效与社会需求对接，或者是理论研究的思想和方法未能在实践中运用。因此，围绕生态、环境、经济、社会系统，紧密结合区域实际的综合性研究有待进一步加强。例如，综合考虑区域产业支撑、经济实力、资源存量、资源配置、人口规模、土地利用、生态保护、环境改善、基础设施、信息共享、制度创新、政策设计等因素，展开对区域耦合协调发展深入扎实的研究与攻关。

四 时空域——快速城镇化地区生态—环境—经济耦合协同述评

当前时空域下，城镇化是经济发展、社会进步的必然路径，是我国经济增长的巨大引擎和扩大内需的最大潜力。2013 年中央经济工作会议更是把城镇化作为经济工作的主要任务。2013 年，我国城镇化率达53.73%，按户籍人口计算为 35%，进入快速城镇化阶段，处于"城市病"集中爆发期，积极稳妥推进城镇化的同时，需要切实提高城镇化质量，寻求城镇化与生态、环境、经济的协同发展路径。

国内外不乏城镇化与生态、环境双向作用关系研究，一方面关注城镇化、城市经济增长对资源、生物多样性、水文系统、区域气候、风向及生物地球化学循环、环境污染等的影响作用及系数；另一方面关注土地、水、能源资源、环境容量、生态安全等对城镇化进程的约束机理和制约效应。基于这一双向作用关系寻求包容性绿色增长、低碳城市、精明增长等城市可持续发展路径。然而，由于英美等发达国家城市化进程相对较长，总体上稳步推进，国情不同于我国当前快速城镇化阶段，因此，国外鲜见快速城镇化地区的研究，仅有的研究也是基于日韩城镇化快速发展的特征进行政策建议借鉴。基于此，通过快速城镇化地区生态—环境—经济耦合协同发展的文献综述，查找研究的不足和努力的方向，将生态文明贯彻到城镇化实践中，指导我国城镇化的快速发展与质量提升。[①]

（一）快速城镇化地区的判定及问题

1. 快速城镇化地区内涵、外延的界定

国外学者较多依据城镇化轨迹划分城镇化阶段，判定快速城镇化地

区，国家尺度上，Northam 将一国城镇化轨迹 "S" 形曲线中 30%—70% 的阶段称为快速发展期，对应地区为快速城镇化地区。[①] 30%—70% 的快速发展期在我国又被划分为 30%—50% 的规模数量型增长和 50%—70% 的结构内涵型增长阶段。弗里德曼（Friedmann）将中国界定为城镇化以惊人速度增长（urbanizing at break-neck speed）的地区。[②] 区域尺度上的界定尚没有统一标准，基于城镇化水平和速度，国内一部分学者从状态上进行界定，认为快速城镇化地区是我国城市化进程和现代化进程中的核心区域，发展具有开拓性、实验性、示范性；是大区域的重点开发对象，能够带动其他区域发展。[③] 另一部分学者从速度上衡量，将快速城镇化地区界定为城镇空间扩张迅速、经济超常规发展、区域间联系和影响加大，城市发展呈现区域化态势的地区，具体衡量标准为城镇化水平年均提高 1.5% 以上，经济增速保持在 10% 以上，建设用地年均增长 2% 以上。[④] 区位布局上，快速城镇化地区是在传统城市与乡村地域之间所形成的新型城镇区域，是具有独特特征、结构和功能的地域单元。[⑤]

2. 快速城镇化地区存在问题

由于剧烈的人为扰动和自我调节能力有限，快速城镇化地区生态、环境、经济问题多发。概括为区内问题和区际矛盾，区内问题分为公共绿地不足、城市无序蔓延、土地利用/覆被变化强烈、土地能源等资源短缺与浪费并存、生态环境人工化、生态风险加剧等生态问题[⑥]；水环境污染、空气质量下降、热岛效应明显、人居环境脏乱、环境保护基础设施滞后、环境污染加剧等环境问题；以及人口急剧增加、产业结构不合理、增长方式粗放、产业生态化程度不高、服务业发展滞后等经济问题[⑦]；以及交通

①　Saito, Asato and Andy Thornley, "Shifts in Tokyo's World City Status and the Urban Planning Response", *Urban Studies*, No. 40, 2003.

②　Northam, R. M., *Urban Geography*, New York: John Wiley & Sons, 1975.

③　Friedmann, J., "Four Theses in the Study of China's Urbanization", *International Journal of Urban and Regional Research*, Vol. 30, No. 2, 2006.

④　李庚：《快速城镇化地区的城乡规划研究》，博士学位论文，中国农业科学院，2011 年。

⑤　吴新纪、张伟、胡海波等：《快速城市化地区县级城市总体规划方法研究》，《城市规划》2005 年第 12 期。

⑥　曹珊：《快速城镇化地域生态风险源识别研究》，《中国风景园林学会 2011 年会议论文集》，第 821—824 页。

⑦　王晓岭、武春友、赵奥：《中国城市化与能源强度关系的交互动态响应分析》，《中国人口·资源与环境》2012 年第 5 期。

拥堵、公共服务短缺、农业生产污染、食品安全问题频发、社会结构破碎、文化脉络断裂等社会问题。① 导致生态、环境、经济系统间生态经济系统协调度降低，生态及人居环境与经济发展不协调，存在难以逆转的"建设性破坏"，产生自然生态和经济社会系统的灾变危机。区际矛盾表现为快速城镇化地区借助空间位置关系、政策空洞对周边区域进行生态、文化景观、物质、精神层面的剥夺，或多个快速城镇化区域空间冲突，导致大区域空间开发失调、资源配置失衡、政策调控失控。②

（二）快速城镇化地区生态、环境、经济单一维度研究

1. 生态维度研究

生态维度的研究主要包括基于生态资产价值、生态压力、生态承载力、生态容量等指标的生态系统健康诊断，区域生态风险测度，区域景观变化与景观安全格局，区域生态安全监测与预警，区域生态管理等。快速城镇化地区生态系统健康诊断上，李双江等（2012）选取活力、组织力、恢复力、生态系统服务功能和人群健康状况构建城市生态系统健康评价指标体系，运用模糊数学评价方法对2005—2009年石家庄城市生态系统健康状况进行了评价。③ 荀斌等（2012）利用生物免疫学原理构建了包括自然支撑力、获得性支撑力的城市生态系统支撑力模型和压力模型，分析了城市生态系统承载力—压力响应关系，以深圳市为例对快速城镇化地区生态承载力进行定量化评价。④ 陈明辉等（2012）运用生态资产价值评估理论对快速城镇化地区东莞市进行生态资产价值评估及动态变化分析。⑤ 区域生态风险测度上，张浩等（2006）构建了生态压力比值REP、相对剩余生态容量值RREC及相对生态风险度指数RERI，对珠江三角洲快速城

---

① 姚士谋、陆大道、陈振光等：《顺应我国国情条件的城镇化问题的严峻思考》，《经济地理》2012年第5期。
② 黄勇、王锦：《快速城镇化地区社会系统灾变的理论模型》，《城市发展研究》2010年第8期。
③ 彭佳捷、周国华、唐承丽等：《基于生态安全的快速城市化地区空间冲突测度》，《自然资源学报》2012年第9期。
④ 李双江、罗晓、胡亚妮：《快速城市化进程中石家庄城市生态系统健康评价》，《水土保持研究》2012年第3期。
⑤ 荀斌、于德永、杜士强：《快速城市化地区生态承载力评价研究——以深圳市为例》，《北京师范大学学报》（自然科学版）2012年第2期。

镇化典型城市佛山市进行了生态风险度评价。^① 李景刚（2008）等建立了外部压力、景观暴露性、景观稳定性等多因素景观空间生态风险评价模型，以北京地区为例，对1991—2004年城市快速扩展过程中的自然/半自然景观的空间生态风险水平进行了评估。^② 区域生态安全评价方面，孙翔等（2008）以压力—状态—响应PSR为框架构建厦门港湾快速城镇化地区景观生态安全评价指标体系，研究了快速城镇化影响下景观生态安全变化规律。^③ 龚建周等（2008）以GIS为研究的数字平台，以TM影像为基本数据源，构建源于遥感数据源的区域生态安全评价指标体系，选用空间模糊综合评价模型对快速城镇化地区中心城市——广州城市生态安全进行空间模糊综合评价案例分析。^④ 陈菁等（2010）利用漏斗模型即压力—支撑—响应模式，通过主成分分析法计算压力度、支撑度、响应度指数，对快速城镇化地区海峡西岸的生态安全度进行评价。^⑤

2. 环境维度研究

环境维度主要集中在环境污染、环境安全层面，宋娟等（2012）利用气象观测和经济统计数据，研究了江苏快速城镇化进程中雾霾时空分布和城镇化对年雾霾日的影响。^⑥ 江学顶等（2006）以珠江三角洲快速城镇化区域为对象，模拟地表温度状况和城市热岛的环境效应。^⑦ 刘建芬研究了快速城镇化地区洪涝灾害风险的孕灾环境、致灾因子和承灾体，提出了快速城镇化地区防洪减灾的对策。^⑧ 周军芳等（2012）根据珠江三角洲珠

① 陈明辉、陈颖彪、郭冠华：《快速城市化地区生态资产遥感定量评估——以广东省东莞市为例》，《自然资源学报》2012年第4期。

② 张浩、汤晓敏、王寿兵等：《珠江三角洲快速城市化地区生态安全研究》，《自然资源学报》2006年第4期。

③ 李景刚、何春阳、李晓兵：《快速城市化地区自然/半自然景观空间生态风险评价研究——以北京为例》，《自然资源学报》2008年第1期。

④ 孙翔、朱晓东、李杨帆：《港湾快速城市化地区景观生态安全评价》，《生态学报》2008年第8期。

⑤ 龚建周、夏北成、陈健飞：《快速城市化区域生态安全的空间模糊综合评价》，《生态学报》2008年第10期。

⑥ 陈菁、谢晓玲：《海峡西岸快速城市化中土地利用变化的影响因素》，《经济地理》2010年第11期。

⑦ 宋娟、程婷、谢志清：《江苏省快速城市化进程对雾霾日时空变化的影响》，《气象科学》2012年第6期。

⑧ 江学顶、夏北成、郭泺：《快速城市化区域城市热岛及其环境效应研究》，《生态科学》2006年第2期。

海、中山、东莞、广州、深圳 5 个城市气象站 1973—2008 年常规气象资料，利用滑动平均和 Mann-Kendall 非参数统计检验法研究了珠江三角洲快速城镇化不同经济发展时期（经济发展初期、经济快速发展期、经济发展稳定期）对城市温度、风速、风向的影响。[①] 蒋洪强等（2012）通过建立模型测算了 1996—2009 年城镇化增长引起的污染物产排放变化量，分析了我国快速城镇化地区的边际环境污染效应。[②]

此外，广义环境包括资源。环境的破坏意味着资源的流失。针对快速城镇化地区土地资源的利用及管理研究较多。土地资源利用研究包括土地利用状况，土地利用/覆被变化，土地利用影响因素和动力，土地资源利用对生态、环境的冲突等方面。土地利用总体状况上，叶浩等（2008）提出土地综合质量的概念，从自然资源禀赋、利用效益、生态环境和社会公平四个方面对快速城镇化地区苏州市用地进行了评价。[③] 土地利用/覆被变化模式、趋势、结构研究上，熊剑平等（2006）分析了快速城镇化城郊用地结构性冲突与矛盾，建立了用地结构适宜性评价模型。[④] 邓劲松等（2008）选取杭州市作为我国高速城镇化地区的代表，研究 1996—2006 年耕地、园地、林地、水体、城市用地等变化。[⑤] 土地利用影响因素及动力方面，闫小培等（2009）引入数字地形模型、格网、缓冲区和空间叠加等 GIS 分析技术以及因子分析、典型相关分析和多元回归分析等定量分析方法，阐释了深圳市各类型土地变化的主要影响因素，揭示了自然和人文影响因子对土地利用变化影响作用的大小和方向。[⑥] 潮洛濛等（2010）以呼和浩特市为例，研究西部快速城镇化地区近 20 年土地利用

---

① 刘建芬、王慧敏、张行南：《快速城市化背景下的防洪减灾对策研究》，《中国人口·资源与环境》2011 年第 3 期。

② 周军芳、范绍佳、李浩文等：《珠江三角洲快速城市化对环境气象要素的影响》，《中国环境科学》2012 年第 7 期。

③ 蒋洪强、张静、王金南等：《中国快速城镇化的边际环境污染效应变化实证分析》，《生态环境学报》2012 年第 2 期。

④ 叶浩、璞励杰、张健：《快速城市化地区土地综合质量评价》，《长江流域资源与环境》2008 年第 3 期。

⑤ 熊剑平、余瑞林、刘承良等：《快速城市化背景下的城郊土地利用结构适宜性评价与协调发展》，《世界地理研究》2006 年第 4 期。

⑥ 邓劲松、李君、余亮等：《快速城市化过程中杭州市土地利用景观格局动态》，《应用生态学报》2008 年第 9 期。

变化及驱动因素。① 土地资源利用对生态、环境的冲突方面，袁建新等（2011）以珠三角的佛山为例，研究 1988—2003 年快速城镇化土地利用巨大转变及其对洪灾风险的影响。②

3. 经济维度研究

经济维度关注快速城镇化地区农民市民化过程中的就业问题、收入变化、土地财政、地方财政效率与政府行为及规制等。就业问题上，在调研的基础上针对不同快速城镇化地区农民的就业状况、制约其就业转型的因素进行分析，指出快速城镇化地区就业限制和就业创造并存，从产业结构、社会组织、放松管制、制度变迁等层面提出释放就业机会的建议。③ 收入增长方面，基于不同的研究对象和方法，得出不同的结论，马林靖、周立群等（2012）采用相关分析、贡献率法等描述统计方法的研究结果表明，时间序列数据上城镇化对农民增收的作用不显著，但地区截面数据则明确揭示了快速城镇化地区农民收入明显增加。④ 但也有学者研究得出不同的结论，认为快速城镇化地区农民收入低速增长，并进一步分析了其低速增长的原因。⑤ 财政效率方面，丁圣荣等（2010）以苏南六市为实证对象，对地方财政收支状况和公共财政效率进行研究，探索快速城镇化地区公共财政对城市持续发展的作用力，发现快速城镇化地区财政生产建设性特点逐步淡化，财政公共服务支出刚性和福利性支出增加。⑥ 土地要素与土地财政方面，中国社科院中国经济增长前沿课题组（2011）研究指出，快速城镇化阶段，土地要素成就了政府的"土地财政"，扩张了基础设施，推动了土地城市化和区域经济增长，同时增加了宏观风险，提高了房地产价格，阻碍了人口城市化。当前，在土地城市化不会带来"规模

① 毛蒋兴、李志刚、闫小培：《快速城市化背景下深圳土地利用时空变化的人文因素分析》，《资源科学》2008 年第 6 期。

② 潮洛濛、翟继武、韩倩倩：《西部快速城市化地区近 20 年土地利用变化及驱动因素分析》，《经济地理》2010 年第 2 期。

③ 袁建新、王寿兵、王祥荣等：《基于土地利用/覆盖变化的珠江三角洲快速城市化地区洪灾风险驱动力分析——以佛山市为例》，《复旦大学学报》（自然科学版）2011 年第 2 期。

④ 李英东、赵佳：《快速城市化时期就业机会消长研究》，《当代经济研究》2012 年第 8 期。

⑤ 马林靖、周立群：《快速城市化时期农民增收效果的实证研究》，《社会科学战线》2010 年第 7 期。

⑥ 尚启君：《快速城镇化背景下农民收入低速增长的原因》，《现代经济探讨》2006 年第 7 期。

收益递增"，且政府财政收支结构和筹资方式不变的情况下，城市可持续发展将面临挑战。①

（三）快速城镇化地区生态、环境、经济耦合关联与协同研究

1. 耦合关联研究

要素间耦合关联性研究包括三个方面。城镇化过程与土地利用耦合关联上，生孟宪磊等（2010）以长三角城市群中迅速崛起的中小城市——浙江省慈溪市为例，利用 Landsat – TM/ETM 和中巴资源卫星（CBERS）影像分析了慈溪 1997—2007 年城市化进程与土地利用变化的关系。② 城镇化过程与生态质量退降，赵军等（2006）以深圳市南山区为例进行了快速城镇化地区生态质量退降的自组织临界性研究，揭示了城镇化与生态质量退降的响应关系。③ 土地利用与生态系统服务价值耦合关联上，杨志荣、吴次芳等（2008）采用土地利用生态位模型、土地利用程度综合指数模型和生态服务价值评价方法，研究了快速城镇化地区浙江省生态系统与土地利用变化的响应。④ 土地利用与水循环耦合关联上，郑璟（2009）认为，快速城镇化进程中的土地利用变化影响区域水循环机理，导致降雨—径流与河道发生改变，选择经历了典型快速城镇化过程的深圳市布吉河流域为研究区，应用 SWAT（Soil Water Assessment Tool）模型对土地利用变化影响流域水文过程进行模拟研究。⑤ 杨沛等探讨深圳市 1988—2006 年不同城市化阶段城市生态需水与土地利用之间的关系。⑥ 景观格局与环境要素耦合关联上，黄木易研究了快速城镇化地区景观格局变异对水质、大气环境、城市热环境效应的互动机制。⑦

---

① 丁圣荣：《中国快速城市化地区公共财政效率的实证分析》，《南京社会科学》2010 年第 9 期。

② 中国经济增长前沿课题组：《城市化、财政扩张与经济增长》，《经济研究》2011 年第 11 期。

③ 孟宪磊、李俊祥、李铖等：《沿海中小城市快速城市化过程中土地利用变化》，《生态学杂志》2010 年第 9 期。

④ 赵军、曾辉：《快速城市化地区生态质量退降的自组织临界性——以深圳市南山区为例》，《生态学报》2006 年第 11 期。

⑤ 杨志荣、吴次芳、刘勇等：《快速城市化地区生态系统对土地利用变化的响应——以浙江省为例》，《浙江大学学报》（农业与生命科学版）2008 年第 3 期。

⑥ 郑璟、方伟华、史培军等：《快速城市化地区土地利用变化对流域水文过程影响的模拟研究》，《自然资源学报》2009 年第 9 期。

⑦ 杨沛、毛小苓、李天宏：《快速城市化地区生态需水与土地利用结构关系研究》，《北京大学学报》（自然科学版）2010 年第 2 期。

系统间耦合研究生态系统与经济系统，王振波、方创琳等（2011）选取生态系统服务价值 ESV 和单位面积 GDP，建立了生态经济系统协调度 EEH 模型，揭示了 1991 年以来长三角快速城镇化地区经济发展与生态环境系统的关系及演变特征。环境系统与经济系统，邬彬（2010）建立指标体系和动态协调发展度模型，以深圳市为例，分析了快速城镇化地区人居环境与经济协调发展度。[①]

2. 协同发展研究

要素协同发展研究上，谷荣、刘传江等指出制度、政策作为快速城镇化地区的内生变量，与土地、资本、劳动力等经济要素协同发挥作用；快速城镇化地区的发展由市场机制下自组织过程与制度、政策力的他组织过程耦合推动。[②] 系统协同研究上，王如松（2008）指出快速城镇化地区是经济、社会、生态环境子系统耦合成的巨系统，其发展的关键是子系统间的协同。[③] 区域协同研究上，顾朝林等指出快速城镇化地区应与周边区域分工协作，强化空间管制，共同完善产业体系，优化发展的软、硬环境。[④] 模式协同上，针对区内城市病、亚健康状态和区际的剥夺现象，基于人的发展、城乡互动，建立资源环境约束指标，超越 "A 模式" 和 "B 模式"，走中国特色的城镇化 C 模式。[⑤] 路径协同上，提出了控制城市无序蔓延的边界控制、精明增长、新城市主义、保护生态碳汇空间的低碳城市、推行公共交通优先的 TOD 模式、确保生态安全格局的绿色建筑等生态—环境—经济协同路径，走健康、适度适速、和谐、安全的城镇化道路。

（四）研究不足及努力方向

综上所述，快速城镇化地区生态、环境、经济研究领域涉及区内效应、区际关系等多种生态、环境、经济问题。研究区域涉及珠三角、长三

---

① 黄木易：《快速城市化地区景观格局变异与生态环境效应互动机制研究》，博士学位论文，浙江大学，2008 年。

② 邬彬：《快速城市化地区人居环境与经济协调发展评价——以深圳市为例》，《云南地理环境研究》2010 年第 2 期。

③ 谷荣：《中国城市化公共政策研究》，东南大学出版社 2007 年版。

④ 王如松、欧阳志云：《社会—经济—自然复合生态系统与可持续发展》，《中国科学院院刊》2012 年第 3 期。

⑤ 祁豫玮、顾朝林：《快速城市化地区应对气候变化的城市规划探讨》，《人文地理》2011 年第 5 期。

角等经济发达区及其城镇化水平较高的省份，大城市边缘区的典型县镇，中小城市及其城乡接合部。研究方法主要通过指标选取，因子分析，典型相关分析，回归分析，数学模型方法与 RS、GIS、GPS 等现代信息技术与数据库技术相结合进行评价、分析、预测。

存在的不足有：第一，针对快速城镇化地区生态安全、土地利用等单一维度的分析较多，城市土地扩张与生态安全、城市经济与环境污染等两维度研究次之，多维度、系统性、多学科融合的整体研究缺乏；第二，快速城镇化地区生态、环境、经济系统功能结构、组成要素分析较多，对其耦合协同内在机理透析较少，将耦合协同作为快速城镇化地区发展模式，源头上寻求持续发展路径的研究则更加少见；第三，实证研究对象多集中在经济发达、城市化水平相对较高的珠三角、长三角、京津冀地区及其工业化、城市化水平较高的省份及其区、县，多是对完成快速城镇化地区的状态分析和问题验证，而对正处于加速城镇化过程中的广大中西部区域重视不够，缺乏对其快速城镇化过程的研究与指导。

努力方向主要是以下几方面：第一，应针对微观、中观、宏观不同区域层次界定和研究快速城镇化地区。宏观层面的快速城镇化地区可以借鉴诺桑（Northam）基于一国城镇化轨迹快速发展期的界定，将城镇化率处于30%—70%的国家界定为快速城镇化地区。中观层面的快速城镇化地区指有一定经济基础，发展潜力巨大，人口集聚度高，城镇体系初步形成，有较强的辐射带动作用，能够快速发展成为新的大城市群或区域性城市群的地区。微观层面的快速城镇化地区至少包括活跃的大城市边缘区、中小城市及小城镇城乡接合部等内源激发型快速城镇化区域，高速铁路、高速公路、水利工程等大型建设项目带动下的，撤县设区、撤镇设市等行政区划调整导致的被动推进型快速城镇化区域。

第二，研究重点由单纯注重东部地区状态分析和问题验证转向东部地区经验借鉴和中西部地区过程监督、指导并重。一方面对于已完成或基本完成快速城镇化的珠三角、长三角、京津冀地区进行经验分析和借鉴；另一方面对正处于快速城镇化过程中的中西部中原城市群、关中—天水城市群、武汉城市圈、长株潭城市群、成渝城市群等区域城镇体系进行过程研究、监督和指导。针对中西部地区这一城镇化进程中的后发区、当前城镇化发展速度最快地区的生态、环境、经济问题，寻求新的发展模式，为我国城镇化的平稳、快速推进，城市生态文明的实现探索路径。

第三，研究视角上综合运用经济学、系统学、地理学等多科学知识和方法，引入复杂系统理论、协同学、耗散结构理论中耦合、协同、熵、序参量的概念，分析区域生态、环境、经济问题，运用自组织、他组织、自演化动力机制进行子系统特征辨识、功能分析、演化方向与趋势判断。

第四，研究主要内容从快速城镇化地区生态、环境、经济系统构成论走向生成论。可从静态和动态两个角度进行分析，静态分析耦合实现过程，细化快速城镇化地区生态、环境、经济耦合及多个子系统间的耦合关系、耦合效应、耦合原则、耦合介质、耦合模式、耦合目标，形成快速城镇化地区多元耦合机理的系统知识体系。动态演化上运用协同学、耗散结构理论刻画生态—环境—经济耦合巨系统的演化趋势和方向。

第五，研究方法上借鉴一般性区域生态—环境—经济耦合模式和耦合协同量化测度方法，耦合模式可借鉴农业系统中的时间耦合和空间耦合，生态系统间的水平耦合和垂直耦合；生态经济系统的自然耦合和能动耦合、适应型耦合、改造型耦合和控制型耦合；经济—生态—环境复合系统间的结构耦合、功能耦合、目标耦合；不同主体间的情感型耦合与任务型耦合等不同的分类法。方法上可采用压力—状态—响应 PSR 模型，协整检验、因果检验、ECM 等计量模型，变异系数、协调系数、弹性系数等变异程度模型，模糊数学中隶属度、贴近度、相对海明距离及灰色系统静态、动态协调度模型，复合、三阶段 DEA 模型，系统动力学及系统仿真模型，结构方程模型，博弈论模型等分析测度耦合协同关系。

第六，注重理论研究和实践的对接，实践层面关注快速城镇化地区生态、环境、产业政策的协同，农户、企业、政府、社会组织主体协同，人口、科技、制度、政策等要素协同，土地、规划、建设等管理部门的沟通协调。基于生态—环境—经济的耦合协同发展理念，实现快速城镇化地区城市优先向城乡协调、高耗能向低耗能、数量增长向质量提升、高环境冲击向低环境冲击、放任机动化向集约式机动化的实践转型。

本章小结

本章从认识论、耦合观、方法论、特定时空域角度对区域生态环境与经济社会耦合协同发展相关研究进行了综述。认识论层面，学术界对生态环境与经济社会关系经历了由浅入深、由彼此割裂到耦合协调统一的过渡，经历了传统的财富追求观、悲观的零增长论、乐观的经济发展论直到辩证耦合协调观的形成。

耦合观层面，系统间的耦合产生了许多复合型生态理念。例如，生态系统与经济系统耦合产生了零资源经济、排泄资源经济、环境经济、循环经济、绿色经济、生态经济、低碳经济和碳汇经济等新理念；生态系统与管理系统耦合产生了生态型领导、生态管理、生态型服务、生态供应链及生态型设计等理念；生态系统与社会系统耦合在执行层面产生了生态型政府、生态型企业、生态型社区、生态型城市、生态省、生态功能区等实施方案；生态系统与社会系统耦合在具体操作层面产生了清洁生产、生态型生产、环境经营、生态产业等做法。

方法论层面，分别就国内外生态环境与经济社会评价方法进行了梳理和分类，分为基于指数综合加成、基于功效系数、基于空间变异和距离、基于序列动态变化、基于模糊理论、基于灰色理论、基于 DEA、基于系统演化及系统动力学理论、基于结构方程模型、基于计量分析的耦合协调度测量。本章对国内外研究成果进行了述评，认为国内外存在构成论研究多，生成论研究少，对多个系统耦合介质、耦合关系、耦合模式、耦合效应等内在耦合机理的研究较为缺乏；概念界定不一，研究方法重叠，具体研究中存在将"耦合度"等同于"关联度、协调度"的现象；理论成果难与实践对接等问题，割裂倾向严重。

特定时间和空间下，快速城镇化地区生态、环境、经济、社会耦合与协同研究梳理为三个方面。其一，快速城镇化地区内涵外延界定、现状问题判定；其二，快速城镇化地区生态—环境—经济单一维度的研究；其三，快速城镇化地区生态—环境—经济不同要素、不同维度耦合关联与协同发展的研究。总结出当前研究存在的三个不足，即单维度研究多、两维度次之，多维度、系统性、多学科研究缺乏；结构、功能构成论研究多，耦合生成内在机理研究少；东部发达地区研究多，中西部加速城镇化地区研究少。基于此，提出了快速城镇化地区生态—环境—经济耦合协同在研究层次、研究重点、研究内容、研究视角、研究方法方面的努力方向。

第三章 区域生态—环境—经济—
社会系统耦合理论基础

本章界定了区域、生态、环境、资源，耦合、系统耦合、协同等概念的外延和内涵，辨析了相似、相近概念之间的关系；阐述了耦合形成的环境经济系统、生态经济系统、可持续发展系统的构成与运行的基本知识；总结了区域 EEES 耦合系统研究相关的系统论、控制论、耗散结构理论、突变论、协同论及超循环理论等系统科学理论体系。

一　相关概念界定

（一）区域概念

"区域"（Region）这一空间概念具有客观存在性和抽象描述性双重特性，它一方面是客观存在的，同时又是从认识主体观念上抽象出来的，通常意义上所提到的"区域"一词并没有明确的方位和严格的边界，地球表面上任意部分，小到一座城市、大到一个国家甚至几个国家均可称为区域。但根据研究的需要，不同学科赋予区域这一概念不同的含义：地理学所指的"区域"指具有某种特征的地球表面的地理单元；政治学中的"区域"指便于国家管理而划分的行政单元；社会学中的"区域"指具有相似、相近社会特征的人类聚集区；经济学中的"区域"通常是指便于研究而设定的相对完整的经济单元。

即使是同一学科，由于研究角度不同，其界定区域的内涵也不一致。经济学领域关于区域的定义影响较大和广为承认的主要有两种。其一是全俄经济区域委员会 1922 年所给出的定义，也是最早从经济学角度界定的区域概念，"所谓区域应该是国家的一个特殊的经济上尽可能完整的地区。这种地区由于自然特点、以往的文化积累和居民及其生产活动能力的结合而成为国民经济总链条中的一个环节"①。其二是美国区域经济学家胡佛（E. M. Hoover）1970 年在其著作《区域经济学导论》中所给出的定义，是目前最为权威的定义之一，"区域是基于描述、分析、管理、计划或制定政策等目的而作为一个应用性整体加以考虑的一片地区。它可以按照内部的同质性或功能一体化原则划分"。很明显，两种定义各有侧重，存在明显区别。前者视区域为国家内部的组成单元，确定了国家作为区域空间的上限，后者没有设定区域的空间上限；前者侧重于经济角度，后者经济与政治并重。根据研究所需，本书偏重于前者对区域的界定，同时借鉴南开大学郝寿义等学者的研究成果，认为："区域应具有经济功能，便于从整体上组织、计划、协调、控制经济活动；区域具有行政功能，以行政区划为基础形成一定的空间范围；应具有组织区内经济活动和区外经济联系的能力，通常包括至少一个中心城市、一定数量的中小城镇以及广大乡村地区。"② 需要进一步指出的是"区域"的概念在本书研究中，既作为一种实体的概念，又作为一个抽象的、观念上的空间概念，"区域"是更大区域系统中的一个组成部分，同时"该区域"也由多层次的子区域组成，实证研究部分统计数据的获得以我国行政区划界限而定。

（二）生态、环境、资源范畴及关系梳理

生态、环境、资源概念之间既密切联系又彼此区别，不同的学者根据学术研究的需要，对三者之间的内涵和外延界定不一。本书首先对其关系进行梳理。

1. 生态与环境

生态指一切生物的生存状态，以及生物与生物个体之间、生物群体与环境之间形成的错综复杂的关系。环境通常参照于某个主体，主体自身之外一切客观事物则构成主体的环境。环境随主体事物的变化而变化，随主体的不同而不同。不同的研究角度使得环境的概念也有差异。如生物学意义上的环境是狭义的生态环境，指维持生命体生存的外部条件的总和；环境科学上的环境是通常所说的自然环境，包括生物、土壤、空气、水、岩石及矿物、太阳辐射、风雨雷电等人类周围所存在的各种自然现象；此外，也有学者以人类为主体，环境则定义为人类这一特殊群体的客体，这

---

① 仇保兴：《中国特色的城镇化模式之辨》，《城市发展研究》2009 年第 1 期。
② 郝寿义、安虎森：《区域经济学》，经济科学出版社 1999 年版。

里所称的环境包括自然环境和社会架构、经济制度、产业政策等社会环境；随着环境保护提上日程，环境具体指实现可持续发展应当保护的环境要素，与人类生产生活密不可分，《中华人民共和国环境保护法》把环境定义为"影响人类生存和发展的各种天然的和经过人工改造的自然因素的总体，包括大气、水、海洋、土地、矿藏、森林、草原、野生生物、自然遗迹、自然保护区、风景名胜区、城市和乡村等"①。生态与环境密不可分，结伴而行，无论是生产生活及环保实践还是不同学科的理论研究中"生态环境"这一术语出现的频率极高，内涵更加翔实、具体、充盈，应用日益广泛，并逐渐替代环境概念。本书采用的就是这一概念，环境等同生态环境。

目前，生态环境作用依照需求的不同层次和功能体现在不同方面：第一层次，为人类提供必备的活动场所和生存所需的空间；第二层次，提供人类生产生活、经济发展必需的自然资源；第三层次，通过生态的自我平衡与调适、环境的自净功能消化吸纳人类生产和生活中产生的废弃物；第四层次，满足人类逐渐提高的生态需求和精神享受，为人类提供舒适、愉悦的生活享受。

本书研究的生态环境，旨在充分利用环境四个层次的效用。但生态环境作为一个复杂的巨系统，呈现出自组织性，具有整体性、不确定性、不可逆性等特征。首先，生态环境的整体性体现为要素的不可分性，指某一区域环境的组成要素间存在着能量流动、物质循环和信息传递等复杂的相互作用，相互影响、彼此联系，牵一发而动全身，存在蝴蝶效应，其他多种要素的连锁变化可能仅由某一种生态环境要素改变而引起，大区域甚至全球性生态环境的改变可能是某一局域性生态环境的变化而导致的。其次，生态环境改变具有不确定性，生态环境因素改变对人类的影响效应难以衡量，有的短期是好的，但长远发展中却被证实是坏的，有的短期内效果不明显，但长远是好的。再次，生态环境的不可逆性指生态环境承载能力有限，自我净化与自我调节存在阈值，一旦超过其容量或承受的极限而出现生态破坏、环境恶化现象，短期内恢复和重建几乎难以实现。最后，生态环境危害具有长期性，通常破坏生态环境所导致的不良后果具有较长

---

① 参见《中华人民共和国环境保护法》第一章总则第二条。冉瑞平：《长江上游地区环境与经济协调发展研究》，博士学位论文，西南农业大学，2003年。

的时滞，并且短期内难以消除。因此，必须以审慎的态度，在研究和掌握生态环境演变规律的基础上同步推进经济社会发展、生态环境保护和建设。

2. 生态环境与资源

对资源的内涵与外延，不同经济学分支学科有不同的界定，但总体可分为狭义和广义两类，广义的资源指自然界及人类社会中对人类生存发展"有用的"或"有价值"的要素和条件，可划分为水、气候、光能、土壤等自然资源和资金、人力、技术、信息、管理方法等社会资源。狭义资源主要指自然资源，目前我国资源与环境学界已形成基本共识，资源指可以被人类开发利用的、天然生成的物质和能量，是经济发展的物质基础，是人类社会重要的生产资料和劳动对象。本书所指的资源主要指狭义自然资源。

如同环境概念，资源也具有一定的特性。第一，资源具有整体性，通过物质循环、能量流动和信息传递，特定区域中不同的生物、水、土地、矿藏、气候等资源结合形成有机的整体，彼此联系，对某种资源的开发利用会影响其他资源，如毁林造田、陡坡耕垦导致水土流失，过度放牧导致草场退化、土地沙化。为此，无论是区域内，还是区际资源管理都应关注资源整体性，一方面规避对其他相关资源的破坏，另一方面通过保护相关资源得到保护某种资源的效果，即考虑资源整体性应成为资源开发利用与保护的重要问题之一。第二，依据资源的定义，资源的本质是有用性，必须首先能直接或间接满足人类的生产生活等物质或精神层面的需求。第三，资源具有动态性。一是资源在种类和数量上的动态增加，例如某一种现有资源的探明储量增加，或者随着科学技术的进步，原来不是资源的生态环境要素成为资源，垃圾只是放错地方的资源，过去的"垃圾"变成了"排泄资源"。二是资源在种类和数量上的动态减少，经过人类开发利用与消耗引起资源量的减少或者资源耗竭，如土地沙化、石化导致耕地资源减少，污染导致水资源减少，生态破坏导致生物多样性减少。因此，需寻求环境与经济协调发展，防止资源因动态减少而耗竭，实现资源的动态增加。第四，资源分布具有时空差异性，由于地质、气候等种种因素影响，资源的分布在时空上表现出一定的差异，资源的质量、数量、规模因地域、季节或年份不同而不同，因时制宜、因地制宜应成为人类开发利用资源的重要原则之一。第五，资源具有稀缺性，相对于人类日益旺盛的需求，绝大部分资源呈现出相对不足的状态（只有太阳能、风能等个别资源相对恒定），伴随环境恶化加剧和人口迅猛增长，资源更趋稀缺。第六，资源具有多用途性，多用途性使得同样一片土地可用于植树造林、放牧、打鱼、耕作、建筑业和交通运输业等，同一片森林可作为用材林、薪炭林、防护林，发挥水源涵养和旅游等不同功效。资源的稀缺性和多用途性使得资源优化配置具有必要性与可行性，要求根据经济社会发展的需求度和资源的适宜度，最优化和最大化经济效益、生态效益和社会效益。

上文中基于生态环境与资源概念、特性的分析表明，两者存在极强关联性。很多情况下同指一种物质，区别仅在于研究角度的差异，如土地、森林、河流、草场等既是开发利用中的资源，又是人类生存发展中的环境要素（以人类为主体的客观存在物）。当然生态环境要素不等同于资源，某些生态环境要素当前还未被人类利用或只是作为人类生产、生活中排出的废物形态而存在，尚未转化成资源，但随着社会的发展和科技的进步，此类环境要素有转化为可利用资源的极大可能。一言以蔽之，资源属于生态环境要素，不能脱离环境而存在；反之亦然。

鉴于生态环境与资源之间的紧密联系，在学术研究和社会实践中，视资源与环境为整体，分析生态环境的资源属性，随之出现了"环境资源"或"资源环境"等术语，这一术语的使用表明生态环境与资源的关系日益受人们重视。生态、资源与环境统一性被普遍认识，在实践上也向前迈了一步，颠覆了过去人们将环境的自净能力、生态功能排除在资源之外的"资源有形论"（资源仅是买卖中看得见、摸得着的物质）。本书中将资源与生态环境统一起来，将资源置于生态环境之中，区域生态—环境—经济—社会耦合系统也就包括了资源，并蕴含了传统意义上资源的含义。

（三）耦合、系统耦合及协同相关概念

耦合的概念最早来源于物理学，随着研究的需要，耦合、系统耦合的概念应用越来越广泛，已逐步渗透农学、地理学、生物学、环境经济学、区域经济学等学科以及边缘性、交叉性学科等诸多研究领域。

1. 我国古代的耦合思想

耦合作为自然界中普遍存在的现象，反映了事物之间存在的形式多样的复杂关联性，耦合作为一个描述性概念，有层次和程度上的区别，层次较低的是广义的普通耦合。普通耦合经过量变的积累和特殊的质变形成较高层次的耦合，称为"超耦合"。而耦合概念及耦合思想的产生折射了人们对复杂事物的认识过程，耦合作为一个重要的哲学思想早在我国北宋王安石所著的《洪范传》中就曾提出，即"耦中有耦"，我国古代的五行学说正是"耦中有耦"（超耦合）思想的具体体现，指一切事物的矛盾对立面中仍有其对立面，"耦"即"对"，认为水、火、木、金、土五种基本物质元素构成宇宙万物，五行具有"时"、"位"、"材"、"气"、"性"、"形"、"事"、"情"、"色"、"声"、"臭"、"味"等属性，不同元素的同一属性两两相对，"五行之为物，皆各有耦"、"耦之中又有耦"，由此"万物之变遂至于无穷"①。这一学说与系统科学中的超循环论以及具有无穷嵌套的自相似分形结构理论有异曲同工之妙。超耦合具有自组织性和自随机性等固有属性，反映事物发展进程，正是这种自组织和自随机特征使系统进化过程中产生新结构、新功能。

2. 耦合与系统耦合

单从字面意义上来说，"耦"即二人并耕。"耦合"原是物理学名词，指两个或两个以上的体系或运动之间通过各种相互作用而彼此影响的现象，这种相互作用可以是正向促进，也可以是反向破坏，但由于现实需要，通常针对正向耦合展开研究；如在两个单摆中间连上弹簧或者连上一根线，就会出现此起彼伏、相互影响的振动现象，物理学中称为单摆的耦合；某一电路网络由两个或两个以上的电路构成时，其中某一电路中组件的变化或者电流、电压的变化，使得其他电路也发生相应变化的现象叫做电路的耦合。② 耦合的概念也应用在化学中，《辞海》（1999）中这样解释"耦合反应"："两个化学反应联合后，其中一个亲和势大于零的反应可以带动另外一个亲和势小于零的反应进行反应。在该反应中，一反应的一个产物参与另一反应，可以改变反应的平衡位置，甚至使不能进行的反应得以通过新的途径进行。在生物系统中有许多反应是靠这种反应才得以进行的。"近年来，耦合概念已广泛运用于自然或社会经济系统，具体刻画具有因果关系的两个或两个以上的系统，即通过原系统间的相互作用形成新的整体系统，由此产生了"系统耦合"概念。系统耦合过程蕴藏着复杂的变化，包含着众多错综复杂的因子，伴随着物质、能量、信息等流动与

---

① 百度词条，http://baike.baidu.com/view/1004090.html，耦中有耦。

② 周守仁：《"超耦合—内随机"理论在现代社会经济研究中的应用》，《系统辩证学学报》1997 年第 3 期。

循环。系统耦合通常产生两种效果：一是打破原有子系统之间的条块分割的局面，改变原系统各个主体彼此割裂、独立运作的模式，通过各功能团的有效耦合形成新的有机整体。二是通过运行机制与功能结构的耦合生成新的结构与功能，产生"1＋1＞2"的效果，耦合形成的新的有机整体能够弥补原系统自身运行的缺陷，并有效协调和消除彼此之间的矛盾，构筑一种和谐状态，实现协同发展的目标。

按耦合程度从弱到强的顺序可分为非直接耦合、数据耦合、标记耦合、控制耦合、公共耦合和内容耦合等类型：模块间没有信息传递的耦合称为非直接耦合；模块间通过参数的变化实现基本类型数据的传递称为数据耦合；标记耦合指模块间通过参数实现复杂内部数据的传递结构，且此数据结构的变化会引起相关模块的变化；通过界面上一个模块传递的开关值、标志量等信号实现对另一个模块的控制，且信号值的调整直接引起接收信号的模块的动作变化，称为控制耦合；一个全局数据项由两个以上模块共同引用时则称为公共耦合；当一个模块能够直接转入另一个模块或者直接操作或修改另一个模块的数据，且被修改的模块完全依赖修改它的模块时，称为内容耦合。[1]

3. 系统相悖

系统相悖与系统耦合均用于描述两个或者两个以上系统要素或者子系统之间的组合效应，分别反映正反两面。所谓系统相悖是两个或两个以上子系统或系统要素之间组合时，系统的不协调运行状态，其原因可能是系统的结构不完善所致。系统相悖体现为系统要素之间的彼此干扰、相互破坏的关系，使得系统整体负向发展演化，最终导致系统生产生态功能及性能的降低。系统相悖是系统耦合的对立面和障碍，因此妥善规避系统相悖是系统耦合正向潜力释放的关键。

另外值得指出的是，耦合概念的含义不同于复合的概念，复合是混合、合成的意思，耦合包含联结、配合之意，耦合系统形成的过程指子系统之间发生了密切的、互为联结的关系，而复合系统的子系统之间则未必具有密切的功能与结构关系。

本书把生态、环境、经济和社会子系统通过各自要素、功能、结构产

---

① Friedel, Juergen K., Ehrmann Otto, Pfeffer Michael etc., "Soil Microbial Biomass and Activity: The Effete of Site Characteristics in Humid Temperate Forest Ecosystems". *Journal of Plant Nutrition and soil Science*, Vol. 169, No. 2, 2006.

生相互作用、彼此影响的程度定义为系统耦合。生态、环境、经济和社会子系统耦合关系指彼此间相互作用、相互影响的非线性关系的总和。耦合最理想的发展阶段称为高水平耦合状态，在这一阶段，生态、环境、经济和社会之间实现良性共振，逐步或者快速趋向新的有序结构，整体系统高效率运行。

4. 协同

协同的概念源远流长，英文表述为 Synergism，无论是古老的东方哲学思想与西方哲学渊源，还是现代自然科学系统和社会科学体系，都离不开对人与自然、人与人、自然与自然乃至整个宇宙的协调发展关系的探索，其无一不涉及"协同"这一基本概念。从英文构词法和词源上分析，词前缀"Syn"即"together"，表示共同、一起之意，词后缀"ergism"即"Work"，表示工作之意，前后缀联合组成 Synergism 一词，表示若干事物相互联合、共同工作，即协同合作。协同学将"协同"定义为事物在一起工作所发挥的作用，也指协同作用。本书中的"协同"指各子系统之间、子系统各要素及组成部分之间协调一致、共同合作而形成新的结构、衍生新的功能。

二　耦合形成的交叉学科系统理论

耦合以及系统耦合作为一种开放性、普适性的思想和分析方法已广泛运用到各个学科以及各边缘性、交叉学科研究中，对于指导环境经济系统、生态经济系统以及可持续发展系统的理论研究和实践运行具有重要意义。

（一）环境—经济系统理论

环境经济学研究指出，环境系统和经济系统相互交织、相互依赖，通过物质循环、能量流动、信息传递和价值交换耦合形成具有新结构与新功能的复合巨系统——环境经济系统。环境经济系统具有自然属性和社会属性，受自然规律和客观经济规律双重制约与支配。

1. 环境—经济系统的要素组成

资源、资本、人口和技术被称为环境—经济系统的基本组成要素。资源是环境—经济系统中重要的物质要素，与其他要素结合方式的不同将形成不同的系统结构，从而制约环境—经济系统的运行及发展。只有合理开发利用资源，才能从根本上保证环境与经济的协调发展。环境经济系统中的资源即前文所指的狭义资源，指满足人类生产和生活所必需的自然资源。根据资本的表现形态，资本可划分为物质态的物化资本和货币态的货币资本；其中，物化资本是生产、再生产以及生活的必要条件，是环境—经济系统形成和发展的基础，物化资本由添加了人类劳动的自然资源转化而来，作为生产资料供人类生产生活用，物化资本在附加人类劳动参与生产过程中一部分被还原为自然物质，或以污染物、废弃物等形式存在。货币资本在环境—经济系统的循环运动中发挥价值尺度、流通手段和支付手段等功能，货币资本在不同产业、不同经济社会领域的配置数量、配置比例直接关系到经济结构，决定环境—经济系统的运行方向。人口兼生产者和消费者于一身，是生产关系的主体和构成生产力的主要因素，人作为环境—经济系统的主体，产生正负两面的作用，可以自发地调节或者破坏环境子系统与经济子系统两者的关系，引导环境与经济协调发展或者导致其失衡。一方面人类作为消费者进行生产性消费和生活性消费，其消费品均由资源转化而来，同时将消费产生的废弃物和残存物返回环境中，产生环境污染等对环境子系统的不良影响；另一方面人类作为生产者，直接开发利用环境资源，决定环境资源开发利用的深度与广度，掌控着环境子系统内部平衡及演化方向，促进或抑制经济子系统与环境子系统间的良好耦合关系。技术综合反映人类开发、利用、改造自然的手段，技术在生产生活中推广、改进、运用的过程体现了环境子系统与经济子系统的耦合过程。随着时代的前进，技术在环境—经济系统中作用越来越大，然而技术是一柄双刃剑，科学合理地使用会促进环境、经济协调发展，潜力无限；而使用不当则会导致环境与经济发展失调，后患无穷。

2. 环境—经济系统结构

根据组成要素，环境—经济系统在结构上分为环境子系统、经济子系统、人口子系统和技术子系统。经济子系统是环境—经济系统的主体，提供产出满足人类需求；环境子系统是环境—经济系统运行的基础，满足人类生产、生活所需的资源、能量、环境容量和空间；人口子系统与技术子系统是形成环境—经济系统这一有机整体的中介，实现环境与经济子系统间的相互作用、相互耦合（见图 3 - 1）。

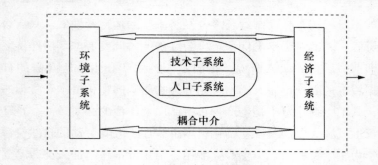

图 3 - 1　环境—经济系统耦合结构

3. 环境—经济系统功能

　　环境—经济系统基本功能是实现物质的良性循环、能量的有效流动、信息的准确传递和价值的持续增值。物质循环与生产、再生产过程紧密结合，支撑环境—经济系统的发展。物质循环的畅通、良性运行是确保环境与经济协调发展的关键。物质循环围绕两个层次进行，两个层次的循环有机结合、相互作用、相互转换，在生产和再生产过程中引入技术手段可促进其结合和转化进程，其一，经济子系统通过生产→分配→交换→消费→……这一过程在各经济社会部门中进行物质循环；其二，环境子系统通过生产者→消费者→分解者→环境→生产者→……这一循环过程在自然环境中进行物质循环。能量流动也从经济能流和自然能流两个层次阐述，自然能流是能量流动的基础，并可转化为经济能流。依据热力学第二定律，能量既不会消失，也不会凭空产生，只能由一种形式转化成另一种形式。能量流动遵循单向性和递减性两个特点，单向即非循环性；递减性即伴随物质循环，能量的传递逐级递减。正是这些转化过程中损耗或丢弃的能量进入环境中产生了环境问题。信息传递是管理环境—经济系统的关键。信息是环境—经济系统的重要特征和"中枢神经"，信息不充分、缺失或者流动不畅将使环境—经济系统失控，最终环境与经济发展失衡、混乱。信息传递以物质循环和能量流动为母体，在物质循环和能量流动中完成接受→存储→转化→再传递的过程。过去很长一段时间，人们重经济信息、轻环境信息，环境资源被掠夺式开发利用，环境经济问题丛生。由此，加强环境监测，系统、全面地获取环境数据信息是实现环境—经济系统有效控制的首要条件。价值增值主要在经济子系统中，人类将自然物或自然能流转变为经济物或经济能流的过程中实现，其增值过程主要是人类劳动的作用。

（二）生态—经济系统理论

生态—经济系统由生态系统和经济系统组成，在人类劳动和技术中介等作用下形成结构统一的整体，承载着物质良性循环、能量有效转化、价值持续增值和信息准确传递等功能；生态经济系统是一切经济活动的载体，任何经济活动离不开生态—经济系统这一母体系统。除在空间尺度、规模和内容上有所不同外，生态—经济系统与环境—经济系统在概念上存在很多相似性。

1. 生态—经济系统的结构及功能

顾名思义，生态—经济系统由生态系统与经济系统耦合形成，是生态系统和经济系统的耦合统一体，这一耦合统一体中生态系统是生产生活的物质基础，满足人类对生态及相关服务的需求，其中狭义的资源，即自然资源，组成生态系统的实体。生态经济系统的运行过程就是人类有目的地开发利用生态系统和自然资源的过程，运行目标是优化配置、合理利用各自然资源要素。与环境—经济系统相似，生态系统与经济系统耦合的过程也必须通过人在劳动过程中对技术的运用，耦合中介也是技术和人类劳动，劳动过程注入的各种形态的技术完成价值的增值。同样，生态—经济系统的功能也体现在物质、能量、价值及信息的输入和输出关系上，以实现物质、能量、价值和信息彼此协调，以形成一个投入产出的有机整体为最终目标，具体内容不再赘述。学术研究和现实实践中生态经济系统及生态经济等客观经济范畴的存在及广泛运用，体现了生态经济循环对人类财富增加、经济发展和社会进步的重要影响。

2. 生态—经济系统基本矛盾

生态经济学研究表明，生态系统内部存在基于物质、能量积累更新的负反馈顶级稳定机制。这一顶级稳定机制在经济学中也有所体现，诸如经济学的边际效用递减规律，越接近顶级稳定状态，生态系统物质能量的积累率越慢。生态系统物质能量积累净增量在未达到顶级稳定状态时为正值，净增量达到顶级稳定状态后为零。经济系统内部却存在经济无限发展的正反馈机制，人类的需求是无止境的，且随着人口数量的增加和经济发展水平的提高而提高。这样，当人口增长、经济发展对资源开发利用的数量和程度低于生态系统顶极稳态阈限时，生态系统与经济系统相安无事、和平相处。但随着人口进一步膨胀和生活水平的大幅度提高、需求的旺盛，经济系统对物质、能量的消耗超过生态系统物质自我更新空间时，生态经济系统之间的矛盾就会爆发，表现为经济需求与生态供给在数量、质量、结构、功能层面的不适应。这一矛盾在人类发展及工业化进程中日益凸显，大工业时代的到来使生态经济系统基本矛盾愈演愈烈，生态系统的负反馈机制被打乱，经济发展破坏生态、污染环境，生态与经济发展关系日益恶化。

认识生态—经济系统的基本矛盾，从而将人类活动控制在生态环境能承受的范围内，使经济系统的正反馈机制主动适应生态系统的负反馈机制。同时，随着经济发展速度的加快和经济规模的增大，生态维护、环境保护力度也应越大，并且不断优化、调节和控制。

（三）可持续发展系统理论

1987 年由布伦特兰夫人提交联合国世界与环境发展委员会，并发表的报告《我们共同的未来》中可持续发展概念被正式提出。[①] 随后的1989 年，《关于可持续发展的声明》由联合国环境规划署第 15 届理事会通过，至此，可持续发展概念得到广泛接受和认同。可持续发展满足公平性、持续性和共同性的基本原则，其权威定义指："既满足当前需要，而又不削弱子孙后代满足需要的能力。"[②]

1. 可持续发展理论研究的不同方向

经过 20 多年的发展，可持续发展理论日臻完善和成熟，依据角度不同已形成针对不同学科的研究方向。

围绕生态学方向的可持续发展研究及成果主要表现形式是国际生物科学联合会和国际生态学联合会联合举行的可持续发展问题研讨会，重在研究如何在环境保护、生态维护与经济发展之间实现良性循环、合理平衡。一方面，维持生态系统的完整性，维持人类生存的生态保障与环境保障，另一方面，满足人类自身需求和发展；基于社会学方向的可持续发展研究主要表现形式是联合国开发计划署的《人类发展报告》及其衡量指标"人文发展指数"，重在研究不超过生态系统容量及承载能力的前提下，人类的生活品质及福利改善和提高路径；面向经济学方向的可持续发展研究的主要代表作是世界银行的《世界发展报告》和莱·布朗在《未来学家》上发表的《经济可持续发展》，其研究重点是保证自然资源存量、功能及其服务

---

① 姜学民、徐志辉：《生态经济学通论》，中国林业出版社 1993 年版，第 52 页。

② 世界环境与发展委员会：《我们共同的未来》，王文佳、柯金良等译，吉林人民出版社1997 年版，137—138 页。

的前提下，如何实现经济发展效益的最大化；基于系统学方向的可持续发展的代表作是中国科学院可持续发展研究组（以牛文元为主要负责人）编写的《中国可持续发展战略报告》，重在探索可持续发展的本源和演化规律，围绕"发展度、协调度、持续度的逻辑自洽"这一中心，建立了阐释人与人、人与自然关系的解释和量化评价标准，围绕发展度、协调度、持续度三者间制约关系及作用机制，按照次序演绎、刻画和建构了可持续发展的时空耦合系统。[①] 相关研究指出，可持续发展系统的本质是实现"社会—经济—自然"三维度的耦合与协调，实现经济发展和社会全面进步的过程。总之，综合不同学科的内涵，本书认为可持续发展是在经济社会发展与生态环境保护之间建立恰当的耦合、制衡关系，不将发展建立在生态破坏、环境污染和资源浪费的代价之上，通过复合系统的建立完成可持续发展的目标，最终实现经济社会的发展、资源环境和生态的良性循环。

2. 可持续经济学理论体系

可持续发展理论在不断继承和发展前人研究成果的基础上，秉承系统耦合与理论集成的思想，相对于环境经济学和生态经济学而言，其内涵和外延有了新的拓展。可持续发展经济学在借鉴环境经济学和生态经济学优点的同时克服了环境经济学和生态经济学研究对于二维系统的局限，立足更加全面的角度对生态、环境、资源、经济发展、社会进步进行了重新审视（见表3－1）。

表3－1　　　环境经济学、生态经济学和可持续发展理论比较分析

项目	生态经济学	环境经济学	可持续发展理论
研究对象	生态经济系统的运动发展规律	环境资源的有效配置与利用	可持续发展系统的结构、功能及其诸要素之间的矛盾运动和可持续发展的规律
理论基础	生态学理论及系统科学理论	稀缺理论和有效价值理论	经济学、生态学、伦理学等社会科学理论与应用生态学、系统工程等自然科学理论的结合

① 钱易、唐孝炎：《环境保护与可持续发展》，高等教育出版社2003年版。

项目	生态经济学	环境经济学	可持续发展理论
理论分析方法	系统论分析方法	一般经济学分析方法	多元化、多学科分析方法
理论分析切入点	生态经济系统基本矛盾	环境资源的稀缺性	生态、环境和资源严重破坏和消耗导致其不可持续性

　　资料来源：徐大伟、王子彦：《环境经济学、生态经济学和可持续发展经济学对循环经济的理论贡献》，《资源环境经济学进展》，湖北人民出版社 2004 年版，第 10—17 页。

　　可持续发展理论体系及可持续发展系统出发点是代际的长远角度，具有前瞻性和战略性，立足生态、环境、资源的整体价值、当前价值及长远价值，构建了可持续发展评价体系及判断标准，奠定了区域生态建设、环境保护与经济、社会发展良性耦合的理论基础，有利于实现区域生态—环境—经济—社会耦合系统的发展目标，全面提升生态效益、经济效益和社会效益。

三　耦合系统研究的方法论体系

　　系统科学被认为是 20 世纪最伟大的科学革命之一，从系统论、控制论、信息论"老三论"到协同论、突变论、耗散结构理论等"新三论"，再到相变论、混沌论和超循环论等"新新三论"，这一庞大的科学体系已被广泛应用到自然、经济、社会等各个领域，取得了一系列突破性进展。本书研究耦合系统正是依靠系统科学理论方法论体系。

（一）系统论

　　早在 20 世纪 20 年代初奥地利生物学家贝塔朗菲就提出了一般系统论的基本思想，1968 年，其专著《一般系统理论——基础、发展与应用》的发表集成、深化了其前期的研究成果，被视为一般系统论的代表性著作。

　　关于系统概念的讨论，贝塔朗菲指出："系统是处于一定相互联系中的与环境发生关系的各个组成成分的总体。"我国著名科学家钱学森指出："系统由相互作用和相互依赖的若干组成部分结合成具有特定功能的有机整体，而且这个系统本身又是它从属的更大系统的组成部分。"① 通常情况下，具有相互联系、相互制约、相互作用关系的若干"部分"组成的某一具有特定功能的有机整体，称为系统，系统论的基本原则和方法可概述为以下几个方面：

1. 系统具有整体性

系统具有整体性。整体性是一般系统论中系统最基本的特征，正如贝塔朗菲基于整体性对一般系统论的定义："一般系统论是关于'整体'的科学。"系统由部分组成，但系统的性质、特点和功能不是部分性质、特点、功能的简单叠加，其整体功能大于各部分之和。

2. 系统具有有序性

无论是特定结构和层次下系统的有机关联性，还是系统运动的方向性，都决定了系统具有有序性特点。随着组织性或组织度的增长，系统从无序走向有序，而系统的组织性体现在诸多层面，受系统要素间的有机联系与关联程度及系统本身动态发展等影响。

3. 系统具有有机关联性

系统的有机关联性是整体性保证，只有系统内部诸因素之间以及系统与外部环境之间存在有机联系，系统才会发挥整体功能。系统内诸因素之间的互相联系、互相作用称为"有机关联性"，是系统论研究的主要内容和重要性质。

系统整体性和有机关联性之间的关系表明任何具有整体性的系统，其构成要素间均存在有机联系，其内部的相互联系、相互作用使系统的整体得以形成；系统的各个因素在不同层次具有不同身份，一方面构成各自独立的子系统，另一方面作为母系统的有机成员；这种有机联系也存在于系统与环境之中。

有机关联性很大程度上划分、区别了整体性概念同总和概念，进一步深化了对整体性的描述，正如贝塔朗菲所阐述的，总和多指简单地复合，即把单独、分离的东西聚集在一起；相反，这一复合体也可以被拆分成分离的独立成分。"有机关联性"的概念建立起来后，系统的发展便不是"总和"概念下机械的汇集，其内部要素之间也不可随意分割。如化学中复杂的化学反应、物理学中原子的衰变、生物体的异化生长有其固有的规律

---

① 牛文元：《可持续发展：21 世纪中国发展战略的必然选择》，《新视野》2002 年第 1 期。

和内在联系，难以割裂。

如前所述，有机关联性原则是对整体性原则的完善和补充，表现为系统内部因素之间的有机关联和系统与环境的有机关联两个层面。后者，系统与环境之间的关联性表明它同外环境间存在物质流、能量流和信息流，有信息和熵的输入与输出，决定了系统开放性（开放系统）的特点。

4. 系统具有动态性

动态是指事物的运动状态，运动是绝对的，静止是相对的，动态是系统保持静态的前提，如新陈代谢是生命体保持平衡的基础。系统随时间变化而发展变化，是动态的，贝塔朗菲运用相当的精力论述一般系统论中系统的动态性，诸如生物体生长、发育、体内平衡等。[①]

动态性与有机关联性各有侧重，动态性强调系统要素时间轴上的变化，有机关联性强调要素在空间轴上的分布。从系统内部的结构看，要素分布随时间变化而变化，不是一成不变的；从系统与外部环境看，动态性强调系统与外界物质、能量、信息传递与交换的存在状态，有时这种传递与交换处于相对稳态，但稳态本质上也包含了运动，绝不是静态。例如，系统由原始统一的整体状态向彼此独立、分裂状态演变的"渐进分异"过程，分裂、发育乃至平衡这些概念均有运动的属性，其过程均体现了物质流、能量流、信息流的持续流动。

5. 系统具有目的性或预决性

系统的有序性遵循一定的方向，这种演进方向由预决性或目的性支配。贝塔朗菲认为：预决性取决于未来，系统的"预决性"决定系统的发展方向，系统的发展在受实际条件决定的同时，更受到未来所能达到状态的制约。即系统的发展具有偶然性和必然性，必然性指实际的状态，偶然性指对未来的预测，预决性正是这两者的统一。贝塔朗菲进一步指出，任何系统都客观存在着这种性质，广义层面的预决性指一般系统论中的目的性；狭义层面讲的预决性主要用于预测和规划系统要达到的未来状态。这样，预决性可以用来替代被经典科学排斥在外的方向性、有序性、目的性等概念的集成。

---

① 宁哲：《我国森林生态与林业产业耦合研究》，博士学位论文，东北林业大学，2007 年。

（二）控制论

控制论这一新兴学科产生于 20 世纪四五十年代，产生的标志是 1948 年美国数学家诺伯特·维纳《控制论》的发表。控制论的基本思想和概念阐述如下。

1. 控制与控制系统

"控制"作为一种特定的作用，是控制论最基本概念之一，从控制产生的机理而言，通常称"作用者"（发出作用指令的一方）为施控装置，"被作用者"（接受作用指令的一方）为受控装置，控制的过程则是施控装置向受控装置发挥作用的过程。施控装置与受控装置之间呈现出典型的因果关系，施控装置是因，受控装置是果，因果作用的存在是控制实现的必要条件。

"控制"与"因果"之间存在联系，因果机理是控制的前提条件，然而控制又不同于简单的因果作用，控制具有目的性，提前设置了可预期的结果，预期结果导向下估计、遴选出能得到预期结果的原因并施加作用，求得结果的实现。因此，控制的条件是可能性的存在，是对复杂的因果关系的驾驭；控制有预期结果的存在（明确的目的）；控制的实施需要从众多可能存在的原因中挖掘出最有利于目的实现的那种因，施加主动性作用以实现目的。总之，因果关系是控制的前提，目的性是控制概念中最本质的属性，控制的实现需要选择、能动作用的发挥。

控制作为一种作用机制，除施控主体、受控主体之外，还需要传导机制，包括作用者、被作用者和作用的传递者（将作用从作用者传递到被作用者）三个必要部分。这三个组成部分使得控制功能得以实现和行为作用得以发挥，而这三者及其作用的发挥需要特定环境。施控主体、受控主体和传导机制相互制约、相互作用，从而成为具有综合行为和整体功能的统一体，这一特定环境下具有控制功能与行为的系统被称为控制系统。根据有无反馈回路可以将控制系统区分为开环控制系统与闭环控制系统，开环控制系统没有反馈回路，闭环控制系统带有反馈回路。控制论的研究对象一般指带有反馈回路的闭环控制系统。

控制系统中，受控方与施控方存在双向作用，施控者对受控者的作用称为控制作用，受控者对施控者的作用则称为反馈作用，通过这些复杂的相互作用实现控制系统的控制功能。由此，控制过程是一种动态调整的过渡过程，控制系统是一种动态系统。虽然很多情况下控制的目的是要达到某种稳态，但这种稳态本身就是一种动态平衡。

2. 正负反馈

根据闭环控制系统中目标值（J）与输出值（Y）差别（U）的变化趋势（计算公式为 $U = J - Y$），将反馈分为两类：正反馈和负反馈。

正反馈过程中输出值与目标值的偏差 U 逐渐增大，且单调上升，呈发散态，即输入一系列值后，系统输出值离目标值越来越远，差距越来越大。

负反馈的 U 值单调下降，且渐趋于零，呈收敛态，因此，负反馈对系统具有重要作用，其目的是查偏、纠偏，实现目标（见图 3 – 1）。

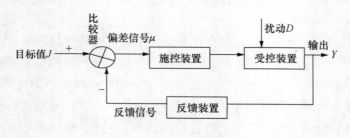

图 3 – 2　控制作用

如上所述，正反馈使得输出越来越偏离目标值，甚至完全失控，相反，负反馈则是实现控制的核心。但这并不意味着正反馈不具有实际价值，在生产、生活等实践中，正反馈作用巨大、难以替代，如火箭发射中需要有巨大的、持续的能量推动，原子弹的引爆需要氢原子一系列的裂变链式反应，这些反应中释放的巨大能量正是正反馈的魅力；农业生产或维持生态环境平衡中，可以运用食物链原理，引入或者大量繁殖害虫的天敌达到灭虫与保护动植物的目的，也是成功利用正反馈的过程。

3. 控制中的信息

反馈是控制的核心概念，控制论及控制系统研究对象必须是闭环控制系统，此外，控制系统中必须有信息的存在，从而指挥、调度、形成反馈。信息的调度与调整是反馈发挥作用和控制实现的关键要素。反馈、控制、目的、信息紧密相关，不可分割。

信息代替传统控制中的"信号"有客观必然性，信号所具有的质量不同、能量彼此独立、形式多样、作用一致等特点呼唤一种新的概念，即信息的概念。信息概念一经形成，便被用于控制系统研究，任意一个控制系统便可以看作信息系统，用信息观点来研究控制系统成为控制论的一个基本理论观点。即使维纳发表的专著《控制论》中，也投入相当的篇幅展开对信息问题的探讨。信源发出的消息可用施控者发出控制指令的信号表示，而经译码后所收到的消息则视为受控者发出的反馈信号。为保证收到的消息与所发出消息的一致性，需要对失真加以控制，提高抗干扰能力，类似于一个因扰动而偏离目标值的系统需要加以控制一样。控制与信息紧密联系，难以区分，一方面，控制系统达到目的必须对信息进行处理；另一方面，信息系统的有效、可靠运行需要控制。由此分析，可知信息是控制论中反馈的主要出发点。即，息反馈是控制论中主要的反馈形式。

（三）自组织理论体系

自组织有其固有的特征、条件、环境和动力学规律，指事物自动、自发、自主形成和完善结构的过程。自组织理论是一个庞大的理论体系，主要包括哈肯（Harken）的协同学理论（Synergetics theory）、普利高津（Nicolis I. Prigogine）的耗散结构理论（Dissipative Structure theory）、托姆（Tom）的突变论（Morphogensis theory）、曼德布罗特创立的分形理论（Fractal Theory），以及舒斯特尔和艾根（P. schuster and M. Eigen）的"超循环"理论（hypercycle theory）。[①]

协同学的研究对象是性质完全不同的大量子系统所构成的各种系统，这些子系统之间存在的合作关系，以及宏观尺度上子系统如何形成时间、空间或功能结构，尤其重视存在自组织现象的结构。哈肯运用协同学理论分析、比对了生物学、生态学、化学、物理学、电子学、计算机科学等自然学科和社会学、经济学等社会学科中存在的现象，得出放之四海而皆准的结论：系统由数量众多的子系统组成，当某一控制条件以特定方式或者非特定方式改变时，系统便演进为更宏观规模上的新模式。

总之，协同学立足体系自身如何保持自组织活力，提出了序参量支配原理、役使原理及协同、竞争等重要概念，对于如何提高系统自组织程度及如何促进系统自组织演化的后续研究奠定了理论与方法论基础，在自组织体系方法论中协同学处于动力学方法论的地位。[②]

---

① 王雨田编：《控制论、信息论、系统科学与哲学》，中国人民大学出版社 1988 年版，第1—10 页。

② 黄思铭：《可持续发展的评判》，高等教育出版社 2001 年版，第 123—129 页。

　　1969 年，普利高津参加国际理论物理与生物学会议，发表了重要文章《结构、耗散和生命》，文中首次提出耗散结构理论。耗散结构作为自组织理论体系中的关键部分，指非线性开放系统在远离平衡态时通过与外部环境间物质和能量的交换，使得系统中变量无限接近或达到一定的阈值。此时，一旦有涨落产生就会使系统发生非平衡相变，或称突变，实现原本混沌、无序状态向空间上、时间上、功能上的有序状态转变。这一非线性开放系统没有领域与学科的限制，可以是化学的、物理的、生物的、社会的、经济的系统，但必须具备非线性和开放性。系统处于远离平衡态的非线性区中，通过与外界物质或能量交换得以维持或形成新的、稳定的有序结构，被称为"耗散结构"。

　　耗散结构理论立足体系稳定性分析，以热力学分析为方法论，通过寻找可能出现自组织的判据与条件证明一条重要科学规律的存在：远离平衡态的开放系统，在一定条件下会出现耗散结构，发生自组织现象。自组织现象发生的条件是：第一，系统与外界环境间存在持续的物质、能量、信息交换，具有开放性，充分开放是驱使系统远离平衡态的前提。第二，系统必须处于远离平衡状态，其他近平衡态和平衡态区域系统不会产生向有序状态的演进；系统内部的各种流和作用力在近平衡态的线性区域中（也即平衡态附近的非平衡态区）是线性关系，此时受"最小熵"原理支配，即使有负熵或者信息的存在，系统也不会走向有序，而是在这个最小熵值临界点上达到"热寂"状态。只有处于远离平衡态的非线性区域时，系统才会实现从无序到有序、从简单到复杂的演进，并表现新的有序结构。第三，系统内部必须有涨落存在，涨落作为原始推动力促使系统由原来的稳定分支向耗散结构分支演化。第四，系统内部要素之间存在自催化等复杂的非线性相互作用。总之，耗散结构理论围绕系统怎样开放、开放到何种尺度以及走向自组织需要创造哪些条件等诸多问题展开研究，构建了自组织产生所需要的条件。耗散理论告知我们自组织演化过程的发生条件，我们可以据此创造自组织的条件。耗散结构理论堪称自组织理论体系的第一原理，是自组织理论的起点。[①]

　　突变论是探讨演化途径的理论，旨在研究系统演化中的可能路径。突变论提出了临界、渐变和突变等概念，采取结构化方法处理问题，关注冲

[①]　哈肯：《高等协同学》，郭治安译，科学出版社 1989 年版，第 35—40 页。

突，解释行动与理解的相互矛盾的关系，为理论研究和解决现实问题提供了重要的方法论启示。①

超循环理论建立的标志是德国生物物理学家艾根在《自然》杂志上发表的《物质的自组织和生物大分子的进化》一文。此后，1973年艾根与舒斯特尔合作发表了一系列文章，对超循环理论进行了系统阐述。指出超循环遵循自然的自组织原理，是具有独特性质的、全新的非线性反应网络，它整合并优化一组功能上耦合的自复制体，起源于某种达尔文拟种的突变体分布中，可以通过趋异突变基因的稳定化，聚集起来则类似于基因复制及进化的过程，超循环将进化到更复杂的程度②；总之，超循环方法立足物质流、能量流和信息流等"流"和"力"的充分利用，围绕事物之间的逻辑关系、作用机制与结合机理，提供了研究方法。

分形理论详细阐述了认识一个具有分形特征物体或事物的方法，立足系统的复杂结构和复杂特性，研究系统从简单到复杂的自组织演化过程及问题。分形学包含非常深刻的哲理，对于复杂世界的结构及其演化过程、复杂事物的模拟和生成、分形与整形的区别、分形特性等问题，都给予了重点剖析和理解。

综上所述，自组织理论这一体系枝繁叶茂，不同理论研究重点不同，但存在共性，即研究对象都是非线性复杂系统的自组织过程。这些理论之间相辅相成，形成集群，又各有分工。其中，协同理论研究系统从平衡状态演进到有序状态的过程及其动力，耗散结构理论研究自组织出现的条件及环境，突变论研究自组织形成的途径，超循环理论重在解决自组织的结合形式。

本章小结

本章界定了区域及生态、环境、资源、耦合、系统耦合及协同等概念。区域具有经济功能和行政功能，既是一种实体概念，也是一个抽象

---

① ［美］G. 尼科利斯：《非平衡系统的自组织》，徐锡申等译，科学出版社1986年版，第10—12页。
② ［美］托姆：《结构稳定性与形态发生学》，赵松年等译，四川教育出版社1992年版，第80页。

的、观念上的空间概念，实证研究中的区域指我国的行政区划；生态指一切生物的生存状态，包括生物个体、生物群体与环境之间的复杂关系；环境指参照于某一主体的一切客观事物；资源指狭义的自然资源；鉴于生态、环境概念密不可分的关系，文中采用生态环境这一提法，同时将资源作为生态环境中的要素；耦合指生态、环境、经济和社会子系统通过各自要素、功能、结构产生相互作用、彼此影响的程度；协同指子系统之间、子系统各要素及组成部分之间协调一致、共同合作而形成的新结构态和功能态。

本章还阐述了环境经济系统、生态经济系统、可持续发展系统的要素、结构与功能。环境经济系统由资源、资本、人口和技术等基本要素组成，具有物质循环、能量流动、信息传递和价值增值的功能，结构上包括环境子系统、经济子系统、人口子系统和技术子系统。经济子系统是主体；环境子系统是运行基础；人口子系统与技术子系统是耦合中介。生态经济系统由生态系统和经济系统通过人类劳动、技术中介等作用所构成的结构单元，也承载物质循环、能量转化、价值增值和信息传递等功能。可持续发展系统理论秉承系统耦合与理论集成的思想，克服了环境经济学和生态经济学研究二维系统的局限，立足更加全面的角度对生态、环境、经济发展、社会进步进行重新审视。

最后，列举了耦合系统的研究基础及方法。系统论、控制论、信息论、协同论、突变论、耗散结构理论、相变论、混沌论和超循环论等庞大的系统科学理论体系为本书研究 EEES 耦合系统提供了理论基础和方法论指导。其中，系统论奠定了认识问题的基础，控制论建立起由因向果转化的桥梁，协同论研究了系统向有序状态演进的动力，耗散结构理论研究了演化发展的条件及环境，突变论研究自组织的形成途径，超循环理论重在解决自发展的结合形式。

第四章　区域生态—环境—经济—社会系统耦合及协同发展内涵

本章阐述区域生态—环境—经济—社会耦合系统及其协同发展的内涵与外延，包括区域生态—环境—经济—社会子系统间耦合关系的确定、耦合效应、耦合原则和耦合运作模式；区域生态—环境—经济—社会耦合系统的构成、要素、特征和功能；区域生态—环境—经济—社会实现耦合基础上系统协同发展的含义、特征、条件和目标。

一　耦合原则与运行模式

（一）耦合关系的确定及耦合效应分析

集合的概念源于数学，集合论作为一种常用的方法论，用于阐述和分析事物间的关系。耦合与集合不同，耦合机理的复杂性及其产生的效应远远大于集合，本节从集合与耦合区别入手，研究耦合关系及耦合效应。假设生态、环境、经济、社会子系统是不同的集合，则它们之间的关系模式可分为以下几种：

1. 相对独立型

生态（A）、环境（B）、经济（C）、社会（D）是相对独立的部分，各自相对独立地演化、发展、发挥作用，它们之间不存在直接的相互作用，用数学上的集合公式表达为：

$$A \cap B \cap C \cap D = \Phi \qquad (4-1)$$

2. 包含型

包含型模式指生态、环境与经济、社会之间存在包含与被包含的关系。也就是说，四个子系统之间，某一个或两个子系统是剩余子系统的子集，可能出现诸如经济、社会是生态环境的组成部分，或者生态环境是经济社会的一个子系统。此外，还有一种特殊情况的存在，即生态、环境与经济、社会子系统之间是完全相等的关系，互相包含、互为子集，用数学集合公式表示为：

$$A \subseteq B \subseteq C \subseteq D，或者其他 \tag{4-2}$$

3. 交叉重叠型

生态、环境、经济、社会不是相对独立的概念，彼此之间存在公共部分且相互影响。区域生态环境优化必然在经济社会发展中实现，经济社会发展必然要求生态环境的参与才能实现目标。用数学上的集合公式表达为：

$$A \cap B \cap C \cap D = E，E 不为空 \tag{4-3}$$

根据集合论中不同关系类型的比较，生态、环境、经济、社会的关系究竟属于哪种模式呢？首先，实际中显然区域生态、环境与经济、社会之间相互影响、相互扰动，子系统两两之间或多个子系统之间不可能是相互独立的关系。生态环境是经济发展、社会良性运转的基础，经济社会的发展又会造成生态环境的压力，出现正向反馈或负向反馈。其次，生态、环境、经济、社会功能不同、发展目标和演进方向不同，它们之间也不可能是包含与被包含的关系。最后，子系统之间的关系能否证明是交叉重叠关系呢？固然，如前文所述，生态环境与经济社会之间相互影响，有交叉与重叠，但又不完全是交叉重叠的关系。由此可见，单纯的集合论思想有一定的局限性，具体表现在以下两方面：首先，集合作为源于数学的一种相对静态的概念，以集合论的方法描述区域生态—环境—经济—社会系统之间的关系有失动态性特征，将几者的关系仅定位于交叉重叠型模式无法揭示之间的互动关系。其次，运用集合论的手段来描述无法反映系统内部错综复杂的关系，也无法体现战略层次差异。

耦合作为描述两个或两个以上体系或两种运动形式之间相互作用、彼此影响以及联合同构的概念，其含义不仅是静态的交叉重叠关系，主要用于刻画子系统成为一个有机整体的过程，蕴含着相互作用、相互促进、互相渗透、互相制约的关系，因此，本书生态环境与经济、社会应该是耦合的关系，这样才能揭示其间的作用机理。

对于耦合效应的分析，美国阿肯色大学的约翰·E. 德莱里（John E. Delery）在对人力资源管理措施之间关系阐释时将耦合效应分为四类[①]：

———————

① 吴彤：《自组织方法论研究》，清华大学出版社 2001 年版。

第一，加总效应，加总效应的要素间是相对独立的关系，措施的总结果是各项单独措施作用的总和，即"1 + 1 = 2"。第二，代替效应，不同措施产生完全相同的结果，同时采取多种措施与只用其中一种措施的结果一样。针对互为替代的措施，如果已经实施其中一种，那么就完全没有必要再采取另外的措施，效果不但不能增加或改善，还会产生不必要的支出，白白浪费财力物力，即"1 + 1 = 1"的关系。第三，正协同效应，措施综合运用产生的结果超过各自效果的加总，即"1 + 1 = 3"的关系，贝克杰等人（Becker et al.）将这种正合作关系很强的结合称为"强力联合"①。第四，负协同关系，综合运用多种措施比只用其中之一的效果更差，即"1 + 1 = 0"的关系，贝克尔等人形象地称此现象为"致命组合"②。

因此，按照耦合效应分析，应力求区域生态、环境、经济、社会之间的耦合效应为正，产生 1 + 1 = 3 或 1 + 1 ≥ 2 的正效应，促进耦合系统的协同发展。

（二）耦合原则

耦合基本原则指在进行区域生态—环境—经济—社会系统耦合时所遵循的客观和主观层面必不可少的准则。

1. 整体效应原则

系统结构、系统功能与系统整体效应之间密不可分，结构决定功能，功能决定效应。区域生态—环境—经济—社会耦合系统是若干互相联系、互相作用、互相依赖又相互制约的四个子系统组成的具有特定功能的整体，耦合系统的整体效应应大于各子系统效应的线性叠加。任何一种只强调个别子系统效应，而忽视系统整体效应的做法都是不可取或错误的，最终也难以实现整体效应的最大化。因此，区域生态—环境—经济—社会耦合系统实现的过程需要同时发挥内力和外力的作用，通过对各个子系统的合理调适、装备、协调取得经济发展、社会进步与生态环境建设的整体协调优化、资源利用与增值。

2. 综合效益原则

综合效益原则要求必须注重各子系统耦合过程中经济效益、社会效益

---

① John E. Delery, "Issues of Fit in Strategic Human Resource Management: Implications for Research". *Human Resource Management Review*, No. 3, 1998, 3, pp. 289 - 309.

② 苑清敏、赖瑾慕:《战略性新兴产业与传统产业动态耦合过程分析》,《科技进步与对策》2014 年第 1 期。

和生态环境效益的统一与协同发展，使得耦合形成的系统综合效益达到最佳，实现生态目标、经济目标和社会目标的有机统一。区域生态—环境—经济—社会耦合系统结构复杂、功能多样，具有多种效益。社会发展中大量生产、生活实践表明，无论是过分强调生态效益忽视经济效益与社会效益的模式，还是偏重经济效益的提高而忽视生态效益和社会效益的发展模式，均有失偏颇，难以为继。

3. 多方兼顾原则

多方兼顾原则是对综合效益、整体效应两原则的进一步深化和明确，具体包括生态利益、经济利益、社会利益相互结合；生态目标、经济目标、社会目标的有机融合；生态效益、经济效益、社会效益整体统一；制度创新、技术创新、生态创新相互推动；市场利润、技术效率、生态安全成功协调；物质文明、精神文明、生态文明相互促进。

4. 国际导向原则

当前国际合作持续推进并不断深化，我国市场经济体制也日渐完善，全方位的参与全球分工与合作是国际、国内及时代发展的要求，国际贸易中我国的工农业产品、生活商品的生产与出口面临全球环境约束与生态管制的严峻考验。同时，我国环境生态压力巨大，成为世界上温室气体的排放大国，紧跟美国位居世界第二。面对全球气候变化、生态环境舆论、国际贸易制约的多重压力，我国节能减排、温室气体排放削减的承诺不可能回避，须持续降低单位 GDP 温室气体排放强度，走"低碳经济"之路，以国际导向为原则，以建立区域生态、环境、经济、社会的耦合系统为主要路径，为全球环境目标的实现勇担大国责任。

（三）耦合模式

1. 协同模式

协同旨在产生"$1+1>2$"的结果，耦合后形成的系统总体表现应大于各子系统（组成部分）简单的线性加总。区域生态—环境—经济—社会耦合系统的协同模式通过系统内部的"自组织"和外界调适、管理、推动的"被组织"作用，使各个组成子系统和谐共存、协同发展。

区域生态—环境—经济—社会耦合系统具有整体性功能，区域生态、环境、经济、社会多元主体组成的各子系统之间通过功能耦合而形成全新的整体效应，这种耦合能够倍增系统整体功能，使整体功效远超过各子系统功能的线性叠加。区域生态—环境—经济—社会耦合系统的协同是多方面的，既包含区域经济发展与社会运行子系统之间的协同，又包含区域子系统内部主体之间，以及关联子系统生态主体、环境主体与生态环境之间的协同。首先，经济发展应与社会发展同步；其次，经济社会发展要与区域资源、环境、生态承载力相适应；最后，经济政策、生态政策、环境政策、社会政策之间要协同。以政策导向、政策性优惠、政策约束和相关法律法规为保障，通过功能有效耦合，一方面有效助推区域产业结构的优化与升级；另一方面加速生态建设和环境维护力度，促进区域经济健康稳定发展、社会良性运转和生态环境的平衡与循环。

2. 整合模式

整合指系统整体优化的实现过程，主要是对区域生态、环境、经济、社会活动与组织进行调整和改进。区域经济发展目标绝对不是盲目扩充资源与增加规模，而是合理、充分地整合和集成既有的资源，重在资源的组织和配置，在不突破环境有限容量下进行有效分工和合作，杜绝低水平的重复建设与盲目建设，集约利用区域系统资源，以实现区域经济社会的可持续发展。除资源占用之外，区域生态建设和环境维护也不应盲目地增加投资，必须结合区域的特点，开发与限制并重，合理开发、整合资源、发挥优势。

整合模式最大化地挖掘系统内部各子系统或要素价值与优势，通过优势互补发挥整体功能效应，推进区域生态—环境—经济—社会耦合系统向有序化过渡。整合模式可以改善甚至突破影响限制系统发展的瓶颈，使主体更好地进行耦合，从而发挥最佳作用，实现系统的整体功能和价值增值，整合的模式和整合程度直接影响各主体所创造的价值和耦合总效应。

3. 利益模式

在区域生态—环境—经济—社会耦合系统中，无论是生态系统中的生物种群之间、种群个体之间，还是经济系统不同产业链之间、企业之间，以实现利益的最大化为目的，往往要建立相互合作、优势互补的联盟。同样，为了获得区域经济利益、社会利益、生态效益的最大化，区域生态—环境—经济—社会耦合系统要制定相应政策与法规。因此，利益模式使得系统内部要素、系统之间的主体联系加强，进而促进区域经济、社会、生态、环境的健康发展。

系统各主体在总目标一致的情况下形成合理的利益分配机制，系统利益模式的核心在于通过有效耦合使系统内各主体实现其单独无法实现的目标，获得更大的利益。对于耦合中的单个主体而言，如果耦合仅有利于实现系统总体目标，却不能合理分配总体所获得的利益，出现了这样一种局面，即系统总体利益的增加没有带来某些主体自身利益的提高，这种耦合不能算作有效耦合。因此，建立利益分配机制，协调耦合系统各子系统（组成部分）之间的利益，建立互利、互惠、双赢、共赢、共发展的利益模式将促进有效耦合的形成，维护系统的稳定与发展。

二　耦合系统的结构与功能

（一）耦合系统的组成与结构

区域生态—环境—经济—社会耦合系统是由生态子系统、环境子系统、经济子系统和社会子系统耦合而成的复合系统，整个复合系统的耦合发展由各子系统内部及子系统之间的相互作用机制共同维持，通过相互作用、相互交织等复杂的作用机理形成一个具有特定结构、功能、目标的巨系统，其内涵用公式表示如下：

$$REEESCS \subseteq \{S_1, S_2, \cdots, S_m, Rel, O, Rst, T, L\}, m = 4, S_i \subseteq \{E_i, C_i, F_i\}$$

$$(4-4)$$

式中，E_i、C_i、F_i 依次表示子系统 S_i 的要素、结构和功能；S_i 表示第 i 个子系统；Rel 是耦合系统中的耦合关系集，为系统耦合集合，既包括子系统之间的耦合关系，又包括子系统内部各要素间的耦合关系；Rst 为系统限制或约束集，O 为系统目标集，T、L 分别为时间、空间变量，m 为子系统的个数。

生态环境系统是耦合系统的物质基础，一定时空范围内生物因素与环境因素相互影响、相互作用构成生态系统，生态系统是生命系统与环境系统在特定空间上的组合，由植物、与植物共同栖居的动物，以及直接作用于生态环境中生物的物理、化学成分共同组成，从生态系统物质循环和能量流动角度可以分为无机环境、生产者、消费者、分解者。

经济子系统的主要功能是保证物质商品的生产和服务的提供，以满足人类物质生活的需要，也是人类从生态环境中获取资源进行物质资料生产、流通和消费的过程。经济子系统是耦合系统的核心，经济发展的成果既可以帮助人类脱离贫困，增进福利；也可以提供资源开发、生态环境问题的资金保障，是生态环境可持续发展及耦合系统良性发展的基础。

社会子系统是耦合系统良性发展的关键。科学合理、适应时代特征、与经济发展相匹配的社会政治体制、良好的社会伦理基础、优良的历史文化积淀以及稳定有序的社会环境是实现系统耦合和社会良性运转的保证，是耦合系统发展的最高目标。

此外，区域生态—环境—经济—社会耦合系统的各子系统也由多因素、多变量组成，具有多种结构，包含着复杂的关联、因果等关系。按照某种或者特定方式，各种要素相互依存、相互作用，耦合成为一个整体，通过彼此间的耦合作用决定耦合系统演进的方向。区域生态—环境—经济—社会耦合系统子系统之间的复杂关系可以用图4-1来表示。

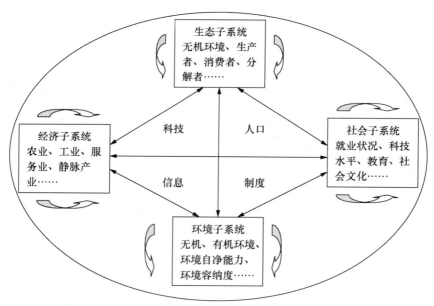

图4-1　区域生态—环境—经济—社会耦合系统的生成与结构

（二）耦合系统的组成要素

区域生态—环境—经济—社会耦合系统是由生态系统、环境系统、经济系统、社会系统组成的一个复合系统，借鉴已有的研究成果①，认为其由人口、环境、科技、信息、制度等基本要素组成。人口是耦合的主体，

———————

① 潘开灵、白列湖：《管理协同机制研究》，《系统科学学报》2006年第1期。

环境是耦合的基础，科技与信息是耦合的重要中介和桥梁、制度是耦合的催化剂。

1. 人是耦合的主体

人是生产力中的主要要素和构成经济关系与社会关系的能动生命实体，是经济社会架构形成的前提条件。人属于生态—环境—经济—社会耦合系统的主体，而其他要素相对处于客体的位置，客体围绕主体发挥作用，即环境与其他自然生态系统等都围绕人类发挥作用，离开了人类这一主体，其他客体在某种程度上就失去了应用价值。离开人类活动的参与也不会有生态经济系统、环境经济系统、生态环境经济系统产生，相应的自然生态系统与人类经济系统之间的区别与矛盾也不会存在。作为区域生态—环境—经济—社会耦合系统的主体，人这一要素最大的特点是具有创造力和能动性，这是人区别于其他一切生物的根本，正是人类能动性的存在才使能动地控制和调节这个耦合系统成为可能，能够及时纠偏并使之改变不良的发展轨迹。

2. 环境是耦合的基础

环境作为一个相对的概念，是客观存在的条件，这一客观条件与位居主体地位的要素相互联系、相互作用。在区域生态—环境—经济—社会耦合系统中，相对于居于主体地位的人口要素，环境要素指除人类之外的其他一切生物和非生物，根据环境与人类间的不同关系，可细分为生物环境、物理环境和社会经济环境。三个亚环境基于不同结构发挥不同功能，以物质和能量为纽带相互联系。

生态环境由植物、动物以及各种微生物组成，在耦合系统中不同生物扮演不同角色，发挥不同作用。绿色植物通过光合作用固定太阳能参与能量流动，同时从土壤中吸收营养元素参与物质循环。绿色植物在耦合系统中承担生产者的重要角色，通过光合作用吸收太阳能进行最初的生产；生物环境中的动物既是消费者也是生产者，与非生物环境以及植物共同组成多姿多彩的生态系统；微生物在生物环境中扮演分解者的角色，微生物分解作用的发挥使系统的物质循环拥有反馈并形成闭环。物理环境由有机生命体之外的自然环境成分组成，有其自身的运动规律，包括地球上的太阳辐射、大气圈、水圈、岩石圈、土壤圈等圈层结构。以各种生物为主体的生物圈、以人类为主体的社会经济系统通过物质循环和能量流动与物理环境中的圈层进行联系，经济社会发展过程不断索取物理环境中物质和能量的同时将废弃物及副产品排放到环境中。因此，物理环境是其他生态系统存在的基础，是各生物圈及人类社会存在和发展的前提。社会经济环境是由人类能动创造的，是人类文明的象征，通过攫取物理环境和生物环境中的资源进行生产、分配、交换和消费，并且获取发展和进步。

3. 科学技术是重要耦合中介

科学技术是耦合生态系统、环境系统、经济系统、社会系统的中介，这种耦合中介效应通过科学技术三大功能得到发挥，即产业定向功能、对资源环境的开发利用功能、对生态环境的修复与重建功能。不同的产业发展方向和水平、不同的资源环境开发利用方式、不同的生态恢复与重建能力与科学技术水平所处的阶段紧密相关。较低的科学技术水平意味着设备陈旧、工艺低级、管理落后和生产力水平的低下，必然造成经济系统中单位产出耗费更多的能源和资源，并产生更多的污染物，受科技水平的制约也会出现资源环境不合理开发、污染防治、生态建设和环境修复裹足不前等问题。反之，伴随科学发现、技术发明等科技进步不断涌现出新兴产业或者被改造、提升的传统产业，使经济结构更趋向合理化和高级化，资源消耗降低的同时附加值得到提高；大幅度提高资源生产利用率，降低经济社会运行的能耗、物耗和污染产生率；使得自然资源的开发利用更趋合理，为环境保护与生态建设提供有力的科技支撑。因此，应加强环境保护与建设相关领域的科学技术研究，研发并推广能从根本上控制污染源的科学技术、治理污染物的科学技术、生态恢复与重建的科学技术。

4. 信息是耦合桥梁

信息主要用于描述事物运动状态以及这种状态的知识和情报。信息是对系统实施干预、控制、调节的基本手段，信息传递在系统的组成、结构和功能实现以及系统的演化过程中起着决定性的作用。在系统内部以及系统之间的相互作用以至实现耦合的过程中，信息的传递是重要内容，作用不亚于物质循环和能量流动。

5. 制度是耦合的保障催化剂

诺贝尔经济学奖得主、新制度经济学派代表人物之一道格拉斯·诺斯认为，制度由国家强制实施的正式约束和社会认可的非正式约束组成，作用在于规制人们的选择空间、约束人们的相互关系。正式约束通常指已形成的一系列政策法规，如经济法规、政治法则、行业法规、合约、契约等正式约束可以采取一种激进的方式来建立或废止，甚至在一夜之间发生变革，也可以采用渐进性方式建立，或者自上而下的激进式和自下而上的渐进式改革相结合。非正式约束形成于人们长期交往的无意识或潜意识下，诸如文化的影响和道德的约束，与正式约束相比，非正式约束的变动是一个缓慢的、渐进的过程。很多情况下正式约束和非正式约束配合使用，正式约束虽然可以在短时间内完成变更，但其实施过程需要和非正式约束结合起来，逐步、渐进进行。因此，制度在区域生态—环境—经济—社会耦合系统的演化与协同发展中具有十分重要的作用，可以保障并催化耦合、引导科技创新、推进生态建设和环境保护。

（三）耦合系统特征

耦合系统兼具一般系统的共性和自身的特性：

1. 整体性和共生共存性

区域生态—环境—经济—社会耦合系统的整体性要求从整体上把握时间、空间两个维度上功能子系统之间、空间子系统之间及各空间系统与功能系统之间的协调，使子系统内部、子系统之间的作用关系必须与系统的总体目标相一致，否则任一子系统的不协同都会限制和约束整个系统的发展。共生性在耦合系统中普遍存在，而非个别现象，系统中要素和各子系统的共生共存保证了系统功能的实现。具体表现为经济的发展需要生态环境系统提供丰富的资源供给和相对平衡的空间；经济的发展和社会的进步为资源环境保护、生态建设提供更多的资金，不断将新的、高效的技术方法用于有限物质资源的开发与综合利用，区域生态—环境—经济—社会耦合系统中人口、生态、资源、环境与经济、社会之间呈现出整体、共生、共存的特征。

2. 开放性和动态性

区域生态—环境—经济—社会耦合系统是一个典型的耗散结构系统，具有开放性、远离平衡态等特征，且存在涨落现象及非线性相互作用。该耦合系统不断将系统内部正熵流向外输出，以维持系统内部的稳定与有序。同时，从系统外环境汲取发展所需的资金、能源、人员、技术、信息等，为系统发展注入负熵流，避免系统熵增而出现无序状态，保持区域熵值最小，促进系统向更高层次正向演化。伴随着物质循环、能量流动与信息传递等的相互作用，耦合系统自身功能子系统、空间子系统及其与外环境之间存在着不同程度、不同形式的相互作用与影响，即具有典型的开放特征。

区域生态—环境—经济—社会耦合系统协同发展过程必然是一个动态演化过程。其动态性表现为两个方面：第一，某一阶段内区域耦合系统总是试图达到均衡，总体上则是从均衡甲状态向均衡乙状态跃迁的非均衡过程；第二，区域耦合系统的结构（包括功能结构与空间结构）处于动态调整过程，系统要素及子系统之间存在着相互适应、相互依赖、相互制约的关系，在动态中达到平衡。处于某一均衡状态的系统，在来自系统内部或外部的扰动作用下，跃迁至非均衡态，并再次转变为新的均衡态。因此，"扰动"在系统发展中至关重要，离开了扰动或是扰动强度不够将使系统在低水平状态徘徊不前，难以跃升至新均衡状态，称为系统锁定。锁定状态下系统的演化受诸多因素的影响和制约，同时产生多种均衡现象，最终导致系统的演化不仅受系统的结构、系统外部环境、扰动的方式和强度影响，更受系统初始选择的制约，即存在路径依赖。

区域生态—环境—经济—社会耦合系统不断进行量变积累，积极准备质变。进入某一稳定状态后，扰动或某些约束条件的出现会打破耦合系统的现有平衡，在协同作用下发生跃进，逐渐调适与环境相适应，以达到新的稳定状态。正是在这样的逻辑上升的动态演化中，耦合系统实现向高层次阶段的演化。积极的、正向的扰动促进区域耦合系统向更高层次跃迁，反之，消极的、负面的扰动导致区域耦合系统失衡甚至崩溃，这种纷繁复杂、难以确定的因素使得区域耦合系统的发展极为复杂。因此，在研究区域生态—环境—经济—社会耦合系统协同发展的过程中必须采取动态的、多元的方法。以动态的、长远的眼光对系统协同发展进行规划并适时调控，从外部积极引进正向扰动的同时避免区域耦合系统被锁定在低水平状态下。

3. 复杂性和不确定性

区域生态—环境—经济—社会耦合系统的复杂性表现在诸多方面，第一，耦合系统存在多种影响因素，作用形式多种多样，演化行为非常复杂。耦合系统子系统内部各要素之间、子系统之间及整个耦合系统与外界区域之间有着广泛的物质、能量、信息等联系。三个层次间都存在稳定与不稳定、线性与非线性、单向与多向等相互交织、彼此依存的复杂关系，使区域耦合系统总体上更加协同有序。第二，从属性上讲，耦合系统属于特殊的人地复合巨系统，具有特殊性，其特有的系统结构及功能与已有一般类型的系统存在不小的区别。第三，随着元素之间、子系统之间、与外界环境之间作用关系及层次结构的变化，系统发展中诸多随机的、模糊的、非线性扰动使系统无时无刻不存在不确定性，同时增加系统的复杂性。

此外，区域生态—环境—经济—社会耦合系统在功能结构上由生态、环境、经济、社会子系统构成，包含人口、技术、资源等诸多要素；空间结构由组成区域的地域子系统、各城乡子系统相互耦合构成。因此，耦合系统的复杂性还表现为不同区域或者同一区域不同空间子系统在区域内分工与合作、资源开发与利用、环境保护与生态建设等方面存在极其复杂的竞合关系（即竞争与合作并存），使得区域功能结构上生态系统、资源系统、环境系统、经济系统、社会系统之间互相作用、互相制约。多种层次下的构成要素、子系统，系统及其与外部环境之间物质、能量和信息的交换难以避免，在如此复杂的、多样化的非线性、耦合作用下，整个耦合系统时而出现混沌、无序与模糊，某种程度上刺激或约束系统的发展，组成元素及对应参数在变化与调整中趋于稳定，耦合系统由此形成其特有的内在结构。同时，人们的世界观和方法论在空间序列和时间序列上的局限性导致区域协同发展中的不确定性。一言以蔽之，耦合系统不确定性因素众多，作用机制繁杂。

4. 自组织性和他组织性

人是区域 EEES 耦合系统中的主体，区域生态—环境—经济—社会耦合系统作为一类介于自然系统与人工系统间的特殊系统，兼具自然系统的自组织性和人工系统的他组织特征，该系统耦合协同发展的实质是自构与他构彼此结合的过程。由于发展受可预期或不可预期、内外部的种种干扰，当满足这一条件时，自我调控和自组织能力大于干扰力时，耦合系统正常运行；反之，当自调控与自组织能力小于干扰力时，耦合系统的功能将遭到破坏，且难以恢复，致使系统的方向和性质发生改变，甚至是根本性改变。

（四）耦合系统功能

区域生态—环境—经济—社会耦合系统是复杂的、开放的、典型的耗散结构，依托物质、能量、信息、人才和价值的流动、转化将生态、环境、经济、社会子系统间及各子系统的内部要素连接为协同发展的统一体。因此，进行系统内外的物质循环、能量流动、信息传递、人口流动、价值增值是区域生态—环境—经济—社会耦合系统的基本功能。此外，耦合系统还要实现经济、生态、社会效益的协同。

1. 保障五大基本功能

系统内的物质流、能量流、信息流、人口流和价值流"五流"的合理高效运转是耦合系统演化发展合理与否的评价标准。物质流、能量流的高效运行是系统价值增值的前提，系统"五流"的协调是结构合理、功能高效的区域生态—环境—经济—社会耦合系统建立的前提。

物质流层面：耦合系统中各子系统间存在复杂的物质流，耦合系统的物质流可分为三大类：自然物质流、经济物质流和废弃物质流，自然物质流以太阳能的利用为起点，指大气、水、土壤矿质元素等地质圈层参与生物学循环中的物质流动；经济物质流以各种采掘业有价值的原料为起点，指经济活动中投入产出或生产至消费过程中各种物质的流动；废弃物质流以各种生产性、生活性废弃物为起点，指废物再利用及循环过程中物质的流动，一般与自然物质流相依附，或以某种形式存在于自然物质流之中。随着科学技术水平的不断提高，废弃物质被称为"排泄资源"，其循环、再生利用程度日益提高。

能量流层面：耦合系统中的物质流与能量流相伴相生，彼此联系、相互依赖。与物质流的分类相对应，耦合系统中的能量流也包括自然能流、经济能流和废弃能流这三类。自然能流构成耦合系统的能量来源，包括太阳能、风能和水能、生物能、矿物能等流动；经济能流发生在投入产出、生产到消费过程中，通常指能源开采业所形成的有用能源；废弃能量流实质上是一种浪费，多指经济能量流动过程中未被利用或浪费掉的能量，多伴随废弃物质循环而参与流动。

信息流层面：耦合系统本身及其各组成要素蕴含大量信息，通过物质、能量、人才和价值转换来提取、接受、贮存、加工、传递和转化信息，即实现耦合系统的信息流动，可将耦合系统的信息流分为自然信息流和人工信息流两类。人工信息流指耦合系统在人为操作下，与外界信息间提取、传递、加工、储存、使用等过程；自然信息流指耦合系统与外界、子系统之间以及各子系统要素间由于相互影响、相互作用、相互适应所发生的自然信息传递与交换的过程。

人口流动层面：区域内人口是系统耦合实现的主体，开展经济社会活动、组织各种再生产需要一定的人口，伴随系统内外巨大的物质、能量、信息和价值的流动必然存在人口的迁移和人才的流动。可具体区别为单纯的人口流动与人才流动，系统人口流动指常住人口的自然增长与减少；人才流动表现为劳动力和人才在区域内外及不同再生产系统间的流入与流出，人才流动使区域耦合协同发展焕发生机与活力。当前我国快速城镇化背景下人口转移与流动将进一步加剧，成为区域耦合协同发展的关键因素。

价值流层面：商品经济和市场经济条件下，围绕使用价值的形成，产生了系统的经济物质流和经济能量流，同样伴随着使用价值必然产生货币的流动与价值的增值，形成耦合系统的价值流。具体而言，系统的价值流可分为投入、物化和产出三个主要阶段。

2. 实现生态、经济、社会"三效益"协同

尽管区域生态—环境—经济—社会耦合系统有功能结构和空间结构之分，由多个子系统及为数众多的要素组成，且子系统内部机制、运行形式和结果是多方面的，但从满足区域持续、全面、协同发展需要出发，运行结果主要反映在经济、社会、生态三个层面，即实现经济、社会、生态效益"三效益"协同是耦合系统区别于一般系统的主要功能之一。

耦合系统中各种生产、生活活动产生的"三效益"应能够在特定条件下相互转化、相互统一。首先，真正追求各种生产生活活动中原料的深层次加工和废弃物的循环利用，降低物耗、能耗，使经济效益的增加、污染物排放的减少与社会福利的增加相耦合，使经济效益、社会效益和生态效益同步提高。其次，提高人口素质与适度减少人口数量相结合，提高整个社会的文明程度，在提高社会效益的同时，以劳动力技能和素质的提升刺激经济效益的提高，并唤起全社会对生态环境的重视，实现生态效益和社会效益的同步提高。最后，实现资源系统、环境系统的合理、高效运行，在提高生态效益、环境效益的同时，保障经济再生产、人口再生产系统充足的自然资源，提高经济效益，为社会系统提供良好的生态环境，满足人类生态需求，提高社会效益。最终，在耦合机理、协同发展条件下实现"三效益"之间的统一与良性循环。

三　耦合系统协同发展的内涵

（一）耦合系统协同发展的含义

1. 区域生态—环境—经济—社会耦合系统的协同性

"协同"既是手段，又是目的，词义上讲是"协调以达到同步发展"。正如协同学创始人哈肯教授指出的，协同强调整合协作过程中的整体性、一致性、合作性与和谐性，重在强调系统或事物发展过程中各子系统及子系统内部各要素之间彼此合作呈现的协调、同步关系与状态，以及在某一发展模式为主的驱动下系统或事物发展状态的质变或跃迁过程。

本书的耦合系统从属于复杂系统的范畴，对复杂系统协同性描述同样适用于该耦合系统。区域生态—环境—经济—社会耦合系统的协同性是指耦合系统中子系统间及其各构成要素之间所呈现出的合作、同步、发展等复杂关系，以及这些关系驱使下耦合系统具有的结构与状态。耦合系统的协同是动态的，旨在实现系统的总体目标。生态、环境、经济、社会子系统之间、子系统构成要素及各项工作推进中的相互关联、彼此适应、相互配合、协作互促是系统目标实现的条件和要求，同时表征系统诸因素和不同属性间的协作程度及其动态调整关系。协同是系统发展的原因和动力，无论是耦合系统还是世界万物都有其特定的内部结构、组成结构及比例，协同是其得以存在和发展的条件。

耦合系统的协同涉及系统的方方面面，围绕多个角度、具有多种形式、包含诸多层次，具体表现在系统目标、内部与外部、构成性、功能性、组织管理等多个方面。

目标协同既是系统协同的表现，也是系统协同目的，通过系统内部复杂的控制与反馈机制，协调系统各子系统目标与总体目标关系，及时纠正或消除不利于总体协同的子目标，实现总目标与子目标的统一，从而最大限度地实现整体目标；内外部协同指任何系统都是特定时间、空间和相关环境之中的系统，与外环境间存在着复杂多样的联系，当联系被阻断或者不顺畅时，系统的正常运转也必将受到影响，由此，系统必须不断地自适应、自调整，使内部发展与外部环境相匹配，充分利用并发挥外部环境的有利作用达到内外协同，促进正向演进；构成性协同是系统功能正常发挥和整体协同实现的基础，原因在于结构联系是耦合系统中诸多联系中的支撑主体，构成性协同表明系统及其要素之间组成方式合理、关联程度恰当，时间上有机衔接，空间上协调统一；功能性协同是总体协同的具体体现，耦合系统的总体功能通过子系统的功能得以实现，尽管子系统特征不一、功能各异、重要程度不等，却在系统整体功能发挥中缺一不可，牵一发而动全身，整体功能最优目标的实现必然依靠子系统功能的彼此协同与最优组合；组织管理协同指系统管理体制的协同一致，直接反映管理工作的效能和效率，是系统整体协同的手段与保证，贯穿于系统管理中，具体要求管理目标与系统目标之间，各项管理制度、方法、措施和手段必须与目标协调一致，根据作用机理的区别将组织管理协同分为自组织协同和被组织协同，结合耦合系统发生自组织的过程，管理者应有效地实施组织控制。

2. 区域生态—环境—经济—社会耦合系统的协同发展

"发展"主要用于描述区域生态—环境—经济—社会耦合系统的行为轨迹，发展意味着耦合系统向更加和谐、均衡、互补的方向演进。区域生态—环境—经济—社会耦合系统发展强调的是生态、环境、经济和社会在质的方面全面、综合、整体、均衡的发展，而非仅仅是单一的、片面的、量的发展，发展过程讲究经济效率、关注生态和谐、注重环境保护、追求社会公平，最终实现多种效益的统一。

"协同发展"集成、拓展、延伸了协同与发展概念的内涵。协同发展耦合区域生态、资源、环境、经济和社会等系统，形成系统之间及其内部诸要素间彼此适应、互相协作和互相推进的正向演进态势，最终实现系统的全面发展。协同发展聚合同步性、综合性、整体性、动态性、互补性和内生性等多个特征；综合反映生态、环境、经济、社会子系统之间关联、互促等复杂关系及其影响程度。任一子系统无论功能如何完备，也无法单独、自发地实现总系统的协同发展，只有在一定的规则下多个子系统形成一个具有耗散结构、自组织特征的整体架构，子系统受同一原理、同一目标支配，才能充分利用耦合和协同机制，总体上产生乘数效应，实现系统全面、协调、持续发展。纵向的协同发展指从量变到质变阶段性过渡过程中呈现的时间序列的良性演进过程，是一种和谐、动态、前进的历史演进过程；横向上的协同发展指全面发展目标导向下系统呈现出的良性发展状态，旨在形成各子系统及其要素间合理、恰当的结构比例关系。

区域生态—环境—经济—社会耦合系统是由区域生态、环境、经济、社会子系统构成的，以自组织方式、受被组织作用而形成的时间、空间和功能上有序的开放巨系统。耦合作用不断地经历对整体系统及原有子系统进行诊断、评价、修正，再诊断、再评价、再修正等反复的过程。该耦合系统协同发展的研究必须首先了解耦合在系统内各子系统间、组成要素间及各项工作的作用和联系，必须以复杂系统的整体性作为出发点。

（二）耦合系统协同发展的特征

1. 自组织特征

系统的自组织是在不存在外界扰动情况下，系统通过开放的物质、能量、信息传递与交换而形成新型结构或呈现整体效应的过程，具体包括时间结构、空间结构或功能结构。系统自组织演进的源泉和动力源自系统内部及其诸要素间复杂的非线性作用，区域生态—环境—经济—社会耦合系统首先具有自适应、自进化、自发展的自组织特征。

自适应指耦合系统自身调适与外界环境相适应的能力，某一区域的生态—环境—经济—社会耦合系统的外界环境指其存在的更大范围的区域，比如"内蒙古生态经济功能区"这一耦合系统，其环境可以是我国东北、华北地区或东北亚乃至更大范围的区域，"河南省、中原经济区"这一区域耦合系统其环境是我国中部乃至中西部更大的背景。按照协同学的观点，开放系统与外界环境之间及其各子系统之间存在着正反馈、负反馈机制，正是耦合系统子系统间及其组成要素间存在的非线性作用和反馈机制成为系统自适应的内在动因，促进系统从原有结构向新的有序结构转变，区域生态—环境—经济—社会耦合系统兼具正反馈的倍增效应和负反馈的限制效应。正负反馈机制的存在使系统成功接收来自外环境的信息并传递到系统内部，以自组织调整并改变系统结构、运行策略或发展方向，适者生存。

自进化指耦合系统实现结构飞跃的过程。根据协同学研究，耦合系统的演化过程存在着为数众多的控制参量，这些控制参量由少数慢弛变量和绝大多数的快弛变量组成。根据支配原理，系统的正向演化由数目较少的慢弛变量的作用决定，主导系统演化的方向，同时慢弛变量支配快弛变量。涨落的产生是系统与外环境相互作用、彼此选择的结果，该耦合系统与外环境进行物质、能量和信息的交换与传递时，随机产生的涨落在临界点处作用于系统内某一微小涨落，并将其放大成为巨涨落，这些涨落使系统作出更优选择，与之形成适应性更强的结构或行为模式，如图 4 - 2 所示。①

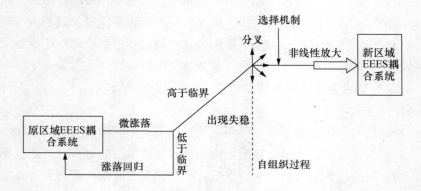

图 4 - 2　区域 EEES 耦合系统的自我进化

自发展指耦合系统进行自身否定的过程。原有模式难以继续维持而呈现出不稳定态时，则需要建立一种新模式。环境条件或自身因素的改变（诸如生态技术创新、环境技术创新的出现、区域环境政策的调整、区域产业结构的优化升级等因素）导致耦合系统原有结构失衡、不稳定、遭到淘汰，此时在其他发展动力驱使下，依靠动态调节机制耦合系统将形成新的有序的、稳定的结构，完成自发展。

2. 被组织特征

首先，人是区域生态—环境—经济—社会耦合系统的基本要素之一，包括经济子系统中三大产业各个行业、各类企业工作人员，社会子系统中各种类型组织与机构人员，环境子系统中相关政策的制定者和实施者等。人类活动具有能动性和目的性，耦合系统中诸子系统的规划者、管理者、建设者、实施者作为主体，直接推动系统的发展，人的能动性和目的性的发挥意味着耦合系统的发展必然同时受到被组织力的控制与推动，如区域生态建设规划、区域环境政策制定、区域经济发展规划等。所以，区域耦

① 张坤民、何雪场、温宗国：《中国城市环境可持续发展指标体系研究的进展》，《中国人口、资源与环境》2000 年第 2 期。

合系统运行兼具自然系统和人工系统的特征，同时具有自组织和被组织作用。这种自组织与被组织复合作用的过程推动系统正向进化，如图 4 – 3 所示。需要指出的是，人的认识论方面的局限性导致自组织和被组织并不总是同向复合，在实际运行与发展过程中多出现分向复合发展的趋势。①

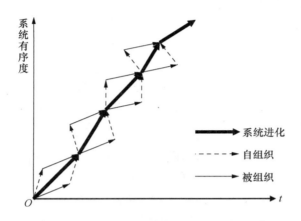

图 4 – 3　系统自组织与被组织的复合演化

其次，区域生态—环境—经济—社会耦合系统有其客观存在的外界环境，本身存在于更大的外围区域之中，与外界存在物质、能量、信息的交换与传递等相互作用。比如，区域经济发展形势、区域生态环境系统规划都受到国际舆论导向、国家相关规划的影响；区域环境措施的落实要在国家环保政策制定的基础上推进。此类外界环境因素及作用影响系统的演化和发展，使系统产生涨落。因此，耦合系统的管理应在认识并充分利用自组织规律的基础上以被组织的方式来实施调控。

最后，区域生态—环境—经济—社会耦合系统的协同发展需要各子系统之间的有效与协调，但系统中各个主体通常具有相对独立的经济、生态或社会利益，因此，子系统中的生产者、消费者并不能也不会恪守自组织这一模式，而是自组织和被组织的协调和相互作用共同推进整个耦合系统的发展。

3. 序参量的支配性特征

协同发展中存在的从无序到有序的动态过程为相变。哈肯通过研究各

---

① 崔晓迪：《区域物流供需耦合系统的协同发展研究》，《科技管理研究》2010 年第 19 期。

类系统相变性质发现，系统相变过程中众多控制参量所发挥的作用大小不一，有的发挥较大作用，有的发挥较小作用；作用较大的参量一方面决定其他控制参量的变化，另一方面决定系统相变的性质和特点。因此，通过了解这类较大作用参量的变化规律可以透视其他参量的发展特点，在综合总结这类现象的基础上，哈肯提出了序参量支配原理。

首先，序参量用以描述系统宏观模式或宏观有序度，具体描述随着时间的变化系统状态的有序度、有序结构、运行模式以及存在和变化的形式等。鉴于序参量在整个系统运行内、外部所起的决定性作用及其主导地位，因此，序参量在系统的宏观、微观描述中发挥双重意义，具有双重作用。其次，序参量也支配和约束各微观子系统的结构性能、有序状态及有序度。同时，少数序参量支配各子系统及其控制参量，并决定整个系统的行为，进而使整个系统有规则、有组织地演化。然而序参量还总是处于支配地位，也受各子系统及其控制参量的反作用，这种反作用主要体现在以下几方面：序参量在集体作用中产生，在子系统及其参量的整体作用中形成；控制参量可以转化为序参量，特定时期、特定条件下经过复杂的作用某些子系统的控制参量会成长或者转化为起支配作用的序参量，决定整个系统的秩序。最后，耦合系统中有控制作用的序参量有多个，而不只有一个。区域生态—环境—经济—社会耦合系统作为生态、环境、经济、社会子系统构成的复杂巨系统，系统发展过程中的关键影响因素有多个。比如区域经济子系统中三大产业的产值和结构比例、资源投入产出效率、废物循环利用率、生态技术创新与环境技术创新；区域生态子系统中的生态足迹、生态承载力、国家生态建设规划；区域环境子系统中的环境规划、环境政策等；区域社会子系统中的人口素质、消费习惯、生态环境意识都是重要变量，在某一时期、特定条件下、特定区域内都有可能成为该系统的序参量。

总之，对于多个子系统构成的生态—环境—经济—社会耦合系统，内部多个序参量间存在复杂的相互协同作用，其中各个序参量均决定着系统相应的微观状态和宏观结构，多个序参量的协同合作最终决定系统形成的结构及有序状态。

（三）耦合系统协同发展的条件

系统的协同发展需要依赖一定内外部环境和内外在条件。

1. 外在条件

区域生态—环境—经济—社会耦合系统是动态开放的、远离平衡态的复杂系统，且存在着复杂的非线性作用，属于典型的耗散结构。根据耗散结构理论的研究，外界负熵流的注入是远离平衡态系统自组织和有序的前提。通常用"熵"的概念来刻画系统有序或无序的程度，熵与信息对应，指系统的混乱程度。熵增表明系统的无序度增大，系统更加混乱；反之，熵减表明系统趋向有序，混乱度越小。

存在负熵流是耦合系统协同发展的外在条件。区域生态—环境—经济—社会耦合系统作为开放系统与外界有着物质、能量、信息等的交换与作用，熵值的变化用 dS 表示，$dS = dS_i + dS_e$，dS_e 是外界环境作用下系统熵的变化，dS_i 是系统内部熵值的变化。在开放性的区域耦合系统中，dS_e 值可以为正值也可以为负值；而按照最小熵原理，dS_i 均为正值。所以，当 $dS_e < 0$，且 $| dS_e | > dS_i$，即 $dS = dS_i + dS_e < 0$ 时才能保证系统总熵减少，即开放系统从外界吸收的负熵流 dS_e 足以抵消系统内部的熵增加 dS_i，此时耦合系统的协同发展机制得到发挥，系统向更加有序的方向发展。反之，随着总熵的增加，系统无序性增强，耦合系统恶性循环、退化甚至崩溃。可见，存在负熵流且值足够大是区域耦合系统协同发展的外在条件，系统总熵减少，有序度增加，且系统有序度增长速度随着负熵流绝对值的增大而加快。

由此可见，外环境对于耦合系统发展的重要作用通过与其外环境持续进行的物质、能量、信息等交换，外界环境不断向区域生态—环境—经济—社会耦合系统输入子系统规划、建设、管理、评价所需的科学和技术以及相关人、财、物、信息，保障区域耦合系统的负熵流。

2. 内在条件

协同与有序紧密相连，协同导致有序，有序指系统组合结构适度、协调，同时系统各要素秩序井然、规则明确。区域生态—环境—经济—社会耦合系统内部复杂非线性相互作用具有双向效应，一方面会产生协同效应、形成良性循环，推动耦合系统更加有序；另一方面可能产生消极影响、导致恶性循环，增加系统的无序性。

区域生态—环境—经济—社会耦合系统协同发展的内在条件是系统内部存在协同作用。内部协同作用是耦合系统结构有序、功能稳定的原因，决定系统相变规律和特征，反映子系统间及其组成要素间的合作能力，是耦合各子系统及其要素的中介。内部协同程度越高，系统越有序，在这种协同作用力推动下，各组成要素及各子系统向着系统的总目标发展，产生耦合系统相关效应，最终系统的整体功能超过局部功能的加总，实现协同发展；反之，内部协同程度低，系统越无序，产生负效应阻止子系统及其组成要素间的协同，负效应被反向放大，最终系统整体功能低于局部加总，导致系统崩溃。用 TF 表示耦合系统的整体功能，F_i 表示子系统 i 的功能，则有 $TF = \sum F_i + \Delta F$。当 $\Delta F > 0$ 时，耦合系统间各子系统的关联与相互作用形成功能全新的整体，且整体功能超出部分功能加总，此时系统结构合理，内部协同程度高；反之，$\Delta F < 0$ 时系统协同程度极低或不协同；视 $\Delta F = 0$ 为临界状态。

（四）耦合系统协同发展的目标

区域生态—环境—经济—社会耦合系统协同发展的目标包括发展的持续性、发展的协调性和发展的效益性，如图 4-4 所示。

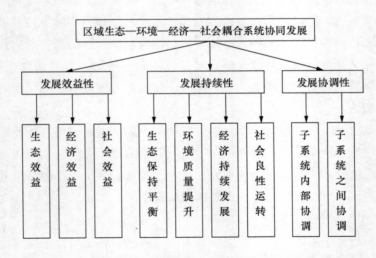

图 4-4　区域生态—环境—经济—社会耦合系统协同发展目标

1. 发展持续性

持续性指系统在受到扰动时恢复其原有效率的能力，持续性立足时间序列描述协同发展规律，反映耦合系统持续发展的时间性和动态性。区域生态—环境—经济—社会耦合系统协同发展的持续性，包括区域经济发展的持续性、区域生态发展的持续性和区域资源环境持续性、区域社会持续性。生态、资源与环境是经济发展、人类社会存在的条件和基础，离开生态、环境与资源，区域经济社会的持续发展便无从谈起，区域生态发展持续性和区域资源环境的持续性是区域经济持续发展乃至区域社会持续发展的基础和保证。区域生态—环境—经济—社会耦合系统持续发展的目的是充分、合理、有效利用区域内有限的生态、环境、资源，提高效率，避免浪费，从而有效促进区域经济持续、稳定、健康的发展和社会的和谐、良性运转。

2. 发展协调性

协调无论是在学术研究中还是在社会实践中其应用都比较广泛，既是管理学中一种管理和控制职能，也是一种调节手段。系统的发展通常存在不同方向上的多个目标，包含密切联系、相互制约的若干子系统，子系统个体和多个因素间存在利益的不一致，子目标和总目标间的评价标准也不相同，此一系列问题的理顺都需要协调。协调作为一种状态参量具体描述和反映系统整体效应，具体表明系统诸项功能之间、结构与目标之间，系统整体、各子系统或子系统要素之间的统一、融合关系。协调性反映了区域生态—环境—经济—社会耦合系统协同发展多目标、多因素的复杂特性。区域生态、环境、经济、社会子系统处于协调状态是整个耦合系统走向有序的保证。这种协调包括子系统之间关系的顺畅及整体系统内主体与主体之间关系的梳理，是效益性和持续性共同作用下的充分协调。

3. 发展效益性

耦合系统中生态子系统中的绿色植物生产者、动物消费者、微生物分解者，需要追求生态效益；经济子系统、社会子系统中各种类型的生产企业（无论是国有企业还是民营企业）、人类消费者、废弃物处理企业等需要获取经济利益得以生存和发展，系统中各主体需要通过彼此的协同作用获得更多的经济效益或社会效益。因此，生态效益、经济效益、社会效益是区域生态—环境—经济—社会耦合系统协同发展的主要目标之一。

系统整体协同发生时，系统内部各子系统及其诸要素之间同向匹配、合作，明显减少或克服非协同产生的负面效应，调动诸系统、各因素积极性，将内耗降到最低，最终提高各子系统及系统整体的效能。围绕产业生态链形成的生态工业园区等都是组织协同的典型，企业通过协同实现资源利用、信息共享、变废为宝，提高了经济效益；实现了单独某一企业无法实现的效果，且整体效应远远大于各企业效益的线性求和，出现了效益的倍增，实现了协同发展；在提升企业经济效益的同时有力地促进了废弃物资源化，增进了生态效益；提高了社会文明度，增进了社会效益。

本章小结

本章阐述了区域生态—环境—经济—社会耦合系统的耦合关系、耦合原则、耦合效应、耦合模式。通过与集合论的比较，指出生态环境与经济、社会应该是动态调整的耦合关系，而非交叉重叠等静态关系，其耦合效应也应是正向"1＋1≥2"的强力协同。区域生态—环境—经济—社会系统耦合应遵循整体效应、综合效益、多方兼顾和国际导向的原则，运作模式包括协同模式、整合模式和利益模式。

本章分析了区域生态—环境—经济—社会耦合系统的结构、要素及功能。该耦合系统由生态子系统、环境子系统、经济子系统和社会子系统构成，包括人口、环境、科技、信息、制度等基本要素，人口是耦合的主体，环境是耦合的基础，科技与信息是耦合的重要中介和桥梁、制度是耦合的催化剂。耦合系统具备整体性和共生性、开放性和动态性、复杂性和不确定性、自组织性和他组织性等特性，在保障物质循环、人口流动、能量流动、价值增值、信息传递"五流"的高效运转基本功能基础上，实现生态、环境、经济"三效益"协同。

本章阐明了区域生态—环境—经济—社会耦合系统协同发展的含义、特征、条件和目标。耦合系统的协同包括目标协同、内外部协同、构成性协同、功能性协同和组织管理协同等多个方面，"协同发展"集成、拓展、延伸了协同与发展概念的内涵。区域生态—环境—经济—社会耦合系统的协同发展具有自组织、被组织、序参量支配等特征。系统协同发展内部条件是结构合理，外部条件是从外环境中引入足够大的负熵流。耦合系统协同发展目标在于最终实现发展效益性、发展持续性和发展协调性，发展的持续性体现为生态保持平衡、环境质量提升、经济持续发展和社会的良性运转；发展的效益性体现为生态效益、经济效益和社会效益的同步提高；发展的协调性包括子系统内部要素、子系统之间协调等方面。

第五章 区域生态—环境—经济—社会耦合系统演化机理

本章从三个角度展开区域生态—环境—经济—社会耦合系统演化机理的论述，运用 Logistic 曲线方程将区域耦合系统分为倒退型、循环型、停滞型和组合 Logistic 曲线增长型。引入耦合熵的概念，将耦合熵进一步分为耦合规模熵、耦合速度熵和耦合结构负熵，建立了耦合系统熵变模型。最后构建了四个子系统多个序参量的协同演化模型。

一 基于逻辑斯蒂方程的耦合系统演化趋势

（一）耦合演化的基本假设条件

耗散结构理论、协同理论、突变理论作为区域生态—环境—经济—社会耦合系统运行机理的重要解释工具，通常以一定的假设为基础，以便分析。前文已经针对该耦合系统及其协同发展特征作了阐述，本节不再赘述，具体将区域生态—环境—经济—社会耦合系统假设条件列举如下：

条件（1）：远离平衡态是区域生态—环境—经济—社会耦合系统有序演化的最有利条件。书中的远离平衡态是指耦合系统内部物质和能量分布是非均衡的，处于动态变化和调整之中，人口的流动与转移、资源禀赋的变化、经济发展状况、社会运行状态都具有非均衡性，且不断调整。这种区域耦合系统的不平衡态与动态调整进一步完善了耦合系统的功能。

条件（2）：开放性是系统耦合并形成有序结构的前提和基础。区域生态—环境—经济—社会耦合系统是一个开放系统，不同耦合系统之间、耦合系统与外部环境之间、耦合系统内部各子系统间存在着物质、信息、能量、价值的交流，同时不同区域及同一区域生态、环境、经济、社会等各功能子系统间也存在着广泛的竞争与合作。

条件（3）："涨落"是耦合系统正向演进和协同发展的动力。在区域生态—环境—经济—社会耦合系统协同发展过程中，随机涨落具有偶发性，国家政策的变动、人们对生态环境质量的关注、行业企业的兴衰变化等都会激发涨落。正向涨落决定耦合系统的发展，促进系统耦合与演化。在耦合系统内部复杂的非线性作用下，涨落被放大形成巨涨落，推动耦合系统向更高层次发展。

条件（4）：系统要素间的非线性复杂作用是形成耦合有序结构的重要依据。区域生态—环境—经济—社会耦合系统演化过程中的非线性作用呈现为正负反馈机制，正反馈加强系统的演化，负反馈弱化系统演化；同时，某一机制所起作用不是固定不变的，一定条件下的加强作用在条件变化时可能变为减弱作用。这一复杂反馈作用使耦合系统出现新的性质，向新的状态跃迁。

条件（5）：熵作为描述系统状态的参量，是判别系统耦合演化的条件，描述系统所处状态、其稳定性、运行方向及运行限度，并预测发展趋势。用熵的变化值 dS 判别系统的可逆性：当 $dS = 0$ 时系统演化是可逆的；$dS > 0$ 时系统不可逆，此时系统演进过程中熵值持续增大，系统的混乱度和无序度增加。按照耗散结构理论和熵增原理，封闭系统由于存在熵增和减序必然走向崩溃。而开放的复杂系统在与外环境交换中有负熵流注入从而维持自组织和有序。同样，区域生态—环境—经济—社会耦合系统演化的实现和有序结构形成也需要开放状态下负熵流的引入。

（二）耦合系统的演化趋势

区域生态—环境—经济—社会耦合系统作为一个由生态、环境、经济和社会子系统组成的、具有特定功能结构和空间结构的复合系统，包含要素多、涉及范围广、结构层次繁杂、功能作用错综。区域生态—环境—经济—社会耦合系统演化发展过程呈现为功能维度上的不可分割与相互依赖、空间维上的差异与借鉴、时间维度上的路径依赖和变化波动。耦合系统运行机理的研究旨在探求规律性和动态演绎模式，揭示生态、环境、经济、社会之间在时间、空间、功能维度上的作用与联系。为研究需要，可将耦合系统的影响因素分为利导因子和限制因子两大类：前者推动和促进耦合系统的发展；后者阻碍和限制耦合系统演化。

用逻辑斯蒂曲线方程来描述耦合系统的整个演化过程，则某一周期内耦合系统的发展演化可以分为三种情况（见图 5 - 1）：

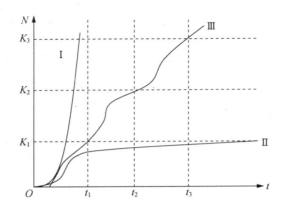

图 5 – 1　区域生态—环境—经济—社会耦合系统演化过程的 Logistic 曲线

情况（1）：当利导因子起主要作用时，耦合系统中各项活动均围绕经济发展速度为主要目标，伴随着人类生产生活各类活动竞争日趋激烈，对生态、环境、资源的开发和利用程度不断加深，使系统的演化轨迹呈现出指数型。如曲线 I 所示，用微分方程表示为：

$$\frac{\mathrm{d}N}{\mathrm{d}t} = rN \tag{5-1}$$

其中，N 表示耦合系统的综合发展水平；t 表示时间；r 表示耦合系统发展的增长率，具体反映科学发明与技术创新等生产力水平提高、生态环境资源与经济社会发展规律认识的深入等多种因素对耦合系统的综合推动作用。

（5 – 1）式的解为 $N = ce^{rt}$，第一种情况下的区域耦合系统只追求经济发展速度，缺乏运用生态、环境、经济、社会综合调控机制，发展速度和规模超出了限制因子的阈值，特定周期内存在经济继续增长的惯性，但这种模式下发展是不可持续的，经历一段时间衰退后会将降低到新的平衡态（见图 5 -2）。

情况（2）：经济社会的发展开发和利用了大量的资源，生态承载力与环境容量不断减小，不可再生资源储量、环境自净能力等短缺因子以及某些原来的利导因子发生变化成为限制因子（如人口数量的猛增使人口红利消失，由初期的利导因子转变为限制因子），从而抑制经济社会发展

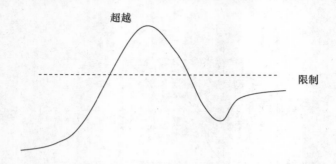

超越

限制

图 5 – 2　区域耦合系统沿曲线 I 发展的后果

的速度，系统最终的发展受到阈值限制。此时耦合系统演化的要务是使经济社会发展与资源的循环利用率、生态承载力、环境自净能力等限制因子相匹配、相适应、相协调，人类生产生活、经济社会发展与资源环境共生共盛。如曲线 II 所示，用微分方程表示为：

$$\frac{\mathrm{d}N}{\mathrm{d}t} = rN\left(1 - \frac{N}{K}\right) \tag{5-2}$$

其中，K 为区域耦合系统发展的生态环境资源限制量，具体反映特定生产技术条件约束下，区域资源承载能力、生态平衡恢复力、环境的污染容纳能力等限制；（5 – 2）式的解为 $N = \dfrac{K}{1 + ce^{-rt}}$，此时的发展过程强调系统发展稳定与平衡，关键在于高效利用利导因子使之与限制因子适应和协调，一旦子系统间的差距拉大，即某一子系统的发展严重滞后必然制约整个区域耦合系统的发展。

情况（3）：耦合系统演化过程中，要使系统不断从低层级向高层次跃迁，需要不断克服、改造、限制因子，同时形成新的利导因子。不断提升或突破系统阈值，使区域耦合系统发生跃迁，如曲线 III 所示，是多条 S 形曲线增长的螺旋上升，在综合调控机制下生态、环境、资源与经济、社会、人类自身发展之间高度统一、协调一致。

（三）耦合系统的演化模式

区域生态—环境—经济—社会耦合系统演化过程是一个量变、质变有机结合过程，包括量变过程中的时空分布规律、高效利用规律、协调共生规律以及耦合系统内部因子自身运动及其相互作用、转化规律的挖掘与运用，这种认识的积累和规律的掌握等量变过程为系统向更高层级跃迁的质变过程做准备，系统的演化与发展是一个时间维度上量的积累和质的飞跃相结合的过程。区域生态—环境—经济—社会耦合系统发展水平在诸如技术进步、政策法规等条件刺激下会超过生态环境资源容量 K 的限制。因此，按照逻辑斯蒂方程，耦合系统演化的过程也是区域系统总体发展水平突破容量限制产生阶段性系列跃迁的过程。

　　区域生态—环境—经济—社会耦合系统发展的初期阶段多会如同 Logistic 曲线的形态过程。由于惯性作用的存在，系统进入顶峰期后的状态会延续一段时间，经过一定时间的停留后，由于不同系统吸收的负熵或者掌控的信息量不同，将沿着不同的发展方向演化，可以分为以下四种类型（见图 5 – 3）[①]：

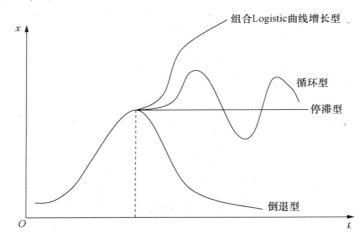

图 5 – 3　区域 EEES 耦合系统演化的四种模式

　　1. 循环型

　　循环型区域生态—环境—经济—社会耦合系统发展到顶峰期后，也会遇到生态失衡、资源枯竭、环境恶化等不良状态，与倒退型不同的是，此时人的调控、组织作用得到一定程度的发挥，采取了相应措施来协调、缓和矛盾，但这些矛盾仍未从根本上解决，故系统只能在原有状态附近徘徊或者循环往复，不能实现质的飞跃。

　　2. 倒退型

　　此类型的区域耦合系统发展达到顶峰期后，由于相应信息输入不足或者

---

　　① 姜克锦、张殿业、刘帆汶：《城市交通系统自组织与他组织复合演化过程》，《西南交通大学学报》2008 年第 5 期。

负熵流吸收不充分，整个系统熵值增加，系统更加无序混乱，最终整个系统走向崩溃。其主要原因在于生态环境严重恶化、资源大量消耗导致的枯竭、缺乏有效经济政策、环境政策、生态政策的约束，整个过程中人的调控作用和组织作用未正常发挥，相应举措缺乏，导致整个耦合系统生态环境失衡、产业链断裂、资金要素外流，系统规模缩小，以致最终崩溃瓦解。

3. 停滞型

该类型区域生态—环境—经济—社会耦合系统达到顶峰后，与循环型基本类同，人类采取了相应的调控措施，但是依旧不能使耦合系统向更高层次跃迁，只能停滞在原有的发展状态。

4. 组合 Logistic 曲线增长型

区域生态—环境—经济—社会耦合系统发展达到顶峰期后，人类充分利用并积极掌控信息，在与外环境交流中及时从外部引入负熵流，区域耦合系统的产业结构得到调整和升级、新技术得以开发和利用、新的资源替代了不可再生资源、生态得到建设、环境进行了治理和保护，系统被注入新的活力，进入了新一轮的发展，完成从量的积累到质的飞跃过程，呈现螺旋上升的趋势。

二 耦合系统的熵变模型

（一）耦合熵的导入

在建立熵变模型分析耦合系统的演化机理之前，需要首先引入耦合熵的概念。克劳修斯（Clausius）从热力学第二定律中引入熵的概念以描述系统宏观过程中的不可逆性，熵揭示了系统能量转化的方向，封闭系统的能量转化是不可逆的、逐步衰减的。由于研究的需要，系统科学也引入了熵的概念，以刻画系统的无序程度，较高的熵值意味着系统无序度、混乱度的增加，较低的熵值意味着系统更加有序。本书中提出"耦合熵"的概念，延伸和拓展了系统科学领域熵的概念，"耦合熵"作为一个尺度度量区域生态—环境—经济—社会耦合系统的有序度，耦合熵越大，耦合系统的耦合性越松散，即越趋向无序；耦合熵越小，耦合系统的耦合程度越强，越趋向于有序，用 S 来标记耦合熵，在耦合熵的概念给定后，为了便于进一步的量化分析，根据热力学中的熵的表达公式可以推导出熵的数学计算式。克劳修斯熵的状态函数为 $S=f(w)$，此后博尔茨曼（Boltzmann）进一步证明函数 f 是对数关系，于是有：

$$S = K_B \ln w \qquad (5-3)$$

其中，w 为系统的微观态数或热力学概率，在概率相等时，第 i 个微观态出现的概率为 $P_i=1/w$；K_B 为玻尔兹曼常数；于是（5-3）式可进一步改写为：

$$S = -K_B \sum_1^w \frac{1}{w} \ln \frac{1}{w} = -K_B \sum_1^w P_i \ln P_i \qquad (5-4)$$

从热力学中熵的数学表达式可以引申出本书耦合熵计算式。区域生态—环境—经济—社会耦合系统内各子系统间以及各耦合要素间复杂的相互作用是耦合熵产生的根源，在（5-5）式中因素 S_j 的不同表现状态与微观态相对应，假设其出现概率是 P_i，即各个状态在 m 个表现态中出现的概率，此处 $\sum_{i=1}^m P_i = 1$，则由此推导出耦合熵的数学表达式：

$$S = \sum_{j=1}^n K_j S_j \qquad (5-5)$$

$$S_j = -K_B \sum_{i=1}^m P_i \ln P_i \ (j=1,2,3,\cdots,n) \qquad (5-6)$$

其中，S_j 为系统内各子系统间及其耦合要素间相互作用产生的熵值；K_j 为耦合系统中不同耦合要素形成熵的权重；确定权重 K_j 的方法有主观赋权法和客观赋权法等多种，主观赋权法如层次分析法、德尔菲法、因素成对比较法等，其依据多是研究者或专家的主观、经验判断；客观赋权法如主成分分析法、因子分析法、关联系数法、熵值权重法等，客观性较强，数据不依赖主观判断，而是来源于评价单元各指标的实际采集数据；K_B 为耦合熵系数，是一个常量，如同热力学中的玻尔兹曼常数。

耗散结构理论指出系统的总熵由系统内部熵和系统外部熵构成，前者指系统处于封闭状态下内部自发运动产生的熵，系统封闭性导致这一熵值始终单调递增；后者指系统与外环境进行物质、能量、信息等交流过程中所产生的熵，系统的开放性使这一熵值可正、可负、可以为零。在后文实际分析与应用过程中，dS 表示 EEES 耦合系统总的熵增加；dS_i 表示耦合系统封闭状态导致不可逆过程中的熵增加，始终有 $dS_i \geqslant 0$；dS_e 表示耦合系统与外环境之间交流导致耦合熵的增加或减少，从而耦合熵的平衡方程有：

$$dS = dS_i + dS_e \qquad (5-7)$$

即耦合熵的总增量等于耦合系统和外环境交流产生的熵增或熵减加上系统内部不可逆的熵增。

（二）耦合熵的分类

借鉴杨红博士对于产业系统耦合熵变的研究成果[①]，本书将区域生态—环境—经济—社会耦合系统的耦合熵进一步分为耦合速度熵、耦合规模熵和耦合结构负熵。

1. 耦合速度熵

生态、环境、经济、社会不同的子系统经过耦合后，生态、经济、社会不同投入产出关系会有所改善，产生两种结果：一方面系统各要素投入产出之间出现正向非线性作用，产出效率提高；另一方面系统各要素投入产出间互相约束形成负向作用，产出效率降低。不同的耦合速度及其耦合过程中复杂的影响因素使耦合对资源的整合利用、废弃物的循环再利用、环境的治理效果不一，从而使区域生态—环境—经济—社会耦合系统具有不确定性，因概率不同而状态不一，这种耦合速度不同产生的无序度用耦合速度熵刻画，用数学公式表示为：

$$S_v = \sum_{i=1}^{n} K_i S_i \tag{5-8}$$

其中，S_i 为不同影响因素产生的熵值；K_i 为引起熵变的各种影响因素的权重；i 为耦合速度不同引起熵变的各种因素，包括经济增长速度、生态恢复率、资源消耗率、环境承载率等。

$$S_i = \pm \alpha \sum_{j=1}^{m} P_j \ln P_j \tag{5-9}$$

其中，P_j 为各因素影响耦合熵变的概率，假设其 $\sum_{j=1}^{m} P_j = 1$；假设 α 为特定的参数，即每单位收益增加而增加的成本；j 为每个导致耦合速度不同进而引起熵变的因素包含的子约束。

2. 耦合规模熵

科学合理的生态—环境—经济—社会耦合系统是由人力、财力、物力、资源供给力、环境承载力、生态恢复力等多元要素按照一定比例形成的整体。区域生态系统、环境系统与经济系统、社会系统耦合带来了产业规模的扩大和产业链条的延伸，原有面向单纯的经济因素、针对单

---

① 王琦、陈才：《产业集群与区域经济空间耦合度分析》，《地理科学》2008 年第 2 期。

一产业的激励机制和政策会逐渐弱化，取而代之的是"生态产业化、产业生态化"理念下亟待建立的生态产业、产业生态链，形成新的激励与约束机制；耦合后原有管理体系因规模的扩大而出现信息、指令的传递障碍，即所谓传导失灵及控制损失；由于是多元主体、多个行业的耦合，还将涉及不同主体、不同行业间的分工合作、同类资源的消耗依存度及竞争等问题，以上种种原因必然导致系统内部的熵值随着耦合系统规模的扩大而增大。相反，耦合过程中存在的规模经济效应可以节省管理运行成本；多个行业、多个主体可以综合利用资源、丰富资金来源、共同循环开发利用废弃物、扩展市场的需求并针对市场特点提供专业化的生产和服务，分享信息、共用销售渠道以大幅节约生产成本。耦合过程中的正效应引入负熵流，一定程度抵消了正熵的负面效应。本书将这一衡量内外环境中耦合规适宜程度的熵值称为耦合系统规模熵，用公式表示为：

$$S_S = \sum_{i=1}^{n} K_i S_i \qquad (5-10)$$

其中，S_i 表示多种影响因素下的熵值；K_i 表示各种影响因素产生熵变的权重；i 表示导致耦合规模扩大从而引起熵变的各种因素，包括自然资源的分配、综合协调管理、废弃物的循环利用、综合污染治理、人力、物力、财力的供给等。上述公式可进一步变形为：

$$S_i = \pm\alpha \sum_{j=1}^{m} P_j \ln P_j \qquad (5-11)$$

其中，P_j 为每个因素影响耦合熵变的概率，并假设 $\sum_{j=1}^{m} P_j = 1$；假设 α 为特定的参数，即每单位收益增加而增加的成本；j 表示每个导致耦合规模扩大进而引起熵变的因素所包含的子约束，例如生态环境系统中自然资源供给层面土地资源、水资源、林业资源、矿藏资源、生物资源等资源子约束，生态环境系统污染控制层面的大气污染、水污染、土壤污染、固废污染、噪声污染、生态污染等子约束。

3. 耦合结构负熵

可以用有序度反映区域耦合系统这一复杂巨系统结构的有效性，而结构负熵这一指标可以用来描述结构的有效性，结构负熵公式的建立关键在于分析系统结构中各子系统间、子系统内部及参量之间的组合次序及位置关系。系统耦合程度越高，结构关系就越复杂，涉及的因素就越多，用数学公式刻画结构熵就越繁杂，因此，结构负熵的量化计算需要编程并借助于计算机进行评价和测算。

（三）耦合系统熵变模型的建立

区域生态—环境—经济—社会系统耦合过程中的熵变因素来自系统内外两个方面：一是系统内部诸因素、各参量在耦合过程中产生的正、负熵流；二是系统与外环境之间物质、能量、信息交换中产生的正、负熵流，因此，该系统耦合过程中熵变模型的构建应该包括内、外两个层面，并考虑耦合的规模、速度、结构等不同维度具体分步实施：

第一步，找出影响耦合速度、耦合规模、耦合结构的各种积极和消极因素，其中积极因素引起熵减，相反，消极因素引起熵增；

第二步，判断耦合程度，用德尔菲法等专家评估法对各子系统中起积极作用的要素指标进行评分，并设置分值区间（分值取正）；对各子系统中起消极作用的要素指标进行评分，同时设置分值（分值取负），用评分反映耦合系统的程度；

第三步，利用第二步中子系统要素指标的评分，得出各子系统发生复杂相互作用中的耦合熵值，在耦合过程中起消极负向效应的子系统的评分越高，即绝对值越小（取值为负），则该子系统导致的熵增越小；在耦合过程中起积极正向效应的子系统评分较高，该子系统熵减越大；反之越小。

$$S_i = -\alpha X_i \ln |X_i| \qquad (5-12)$$

其中，X_i 表示各参量的评分；假设 $\alpha \in [0.8, 1.2]$，其值越小，则该子系统（或要素）对耦合程度的影响越小；值越大，则该子系统（或要素）对耦合程度的影响越大；值为 1 时，表明子系统（或要素）对区域耦合程度的影响近似于零。

第四步，建立生态、环境、经济、社会各子系统的耦合熵值矩阵 S；

$$S = \{S_1, S_2, S_3, \cdots, S_n\} \qquad (5-13)$$

第五步，建立耦合过程中各子系统交互耦合矩阵 μ。耦合系统中各子系统之间存在交互作用，因此各子系统对耦合系统的贡献度一方面取决于自身因素及特性，另一方面受其他子系统的影响。子系统对耦合系统贡献度的测量首先需要测定各子系统彼此间的影响力因子。影响力因子反映各子系统之间相互作用、相互影响的程度，值越大则影响程度越大，$\mu \in [0, 1]$。

$$\mu = \begin{vmatrix} \mu_{11} & \mu_{12} & \cdots & \mu_{1n} \\ \mu_{21} & \mu_{22} & \cdots & \mu_{2n} \\ \cdots & \cdots & \cdots & \cdots \\ \mu_{n1} & \mu_{n2} & \cdots & \mu_{nn} \end{vmatrix} \qquad (5-14)$$

其中：μ_{ii} 表示子系统 i 对其自身的影响力因子，值恒为 1；μ_{ij} 表示子系统 i 对子系统 j 的影响力因子；

第六步，建立 EEES 耦合系统各子系统的权重矩阵 λ，$\lambda \in [0, 1]$，且子系统权重总和等于 1，值越大则所占权重越大。

$$\lambda = \begin{vmatrix} \lambda_1 \\ \lambda_2 \\ \cdots \\ \lambda_n \end{vmatrix} \qquad (5-15)$$

第七步，由公式 $S = S_i \times \mu \times \lambda$ 求得耦合总熵值。

$$S = \{ S_1, S_2, S_3, \cdots, S_n \} \times \begin{vmatrix} \mu_{11} & \mu_{12} & \cdots & \mu_{1n} \\ \mu_{21} & \mu_{22} & \cdots & \mu_{2n} \\ \cdots & \cdots & \cdots & \cdots \\ \mu_{n1} & \mu_{n2} & \cdots & \mu_{nn} \end{vmatrix} \times \begin{vmatrix} \lambda_1 \\ \lambda_2 \\ \cdots \\ \lambda_n \end{vmatrix} \qquad (5-16)$$

计算结果 $S < 0$ 表明耦合正向作用发挥，各子系统在耦合演化过程中起到积极有效作用，潜在的消极影响作用甚微，在耦合行为中有效能被吸纳，而无效能被规避，耦合熵递减；反之，$S > 0$ 表明耦合总熵增加，耦合程度欠佳。具体情况见（5-17）式：

$$Y = Rexp\left[\int_0^s Sdt \right] \qquad (5-17)$$

其中，R 为耦合系统的结构常数，Y 为系统的耦合效率。当 $S < 0$，耦合熵减少，区域生态—环境—经济—社会系统耦合效率提高，$S > 0$，耦合熵增加，区域生态—环境—经济—社会系统耦合效率降低。

（四）基于熵流的耦合演化阶段

区域生态—环境—经济—社会耦合系统作为一个开放系统，其耦合过程中需要熵减机制发挥作用，即对于系统而言，存在负熵流的注入。所以，区域耦合系统从萌芽阶段到强耦合阶段本质是一个熵减的过程，其间有突变产生并维持下来（见图 5-4）。

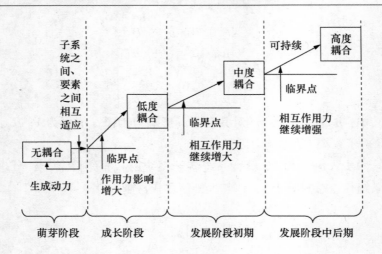

图 5 - 4　基于熵流的区域 EEES 耦合系统演化过程

1. 形成阶段

耦合系统形成阶段初期，子系统与外界环境之间、子系统之间及系统内各耦合因素之间有序结构尚未形成，此时的系统远离平衡，处于混乱、无序状态。这一早期阶段内系统内部的耦合与有序尚没有建立起来，此时系统与外环境间的正向、有利相互作用也尚未形成，因此，此时的耦合熵 S 相当高，熵值为正，系统的总熵值增加，即 $dS > 0$。说明区域生态—环境—经济—社会耦合系统诸多外界因素对系统的影响是非正向的，甚至产生相当的负面效应。具体表现为环境保护、生态建设法规不健全，生态建设、环境保护与经济社会发展存在政策层面的冲突，或者即使有相应法规，但政府、企业等主体行为没有真正发挥，会导致资源过度采伐及过度消耗、环境超载、生态失衡等现象的发生。社会舆论、公众参与和政府规制等外环境影响因素导致正熵的产生，而非负熵流，同时系统本身发展也产生了熵值，无序程度增加，因此，根据内外熵流的值可以判断此时的系统处于高熵状态（见图 5 - 5）。

随着系统耦合程度加深，子系统之间、系统内部各要素间的有序度增加，耦合系统与外界开始形成正向的互动关系，产生了负熵流，即有 $d_eS < 0$，此时外环境各种因素对耦合系统的发展开始产生积极作用，但由于仍是早期阶段，这种正向影响力的值尚不足以抵消系统内部产生的熵，此时仍然有 $dS > 0$，即总熵 S 的值继续增加，增长速度渐慢。随着系统与外环境间正向作用的加强，系统引入的负熵流增大，增速随之增加，系统总熵增长逐渐变为负值，总熵值 S 开始减小，由此耦合系统发生耦合过程中的突变。

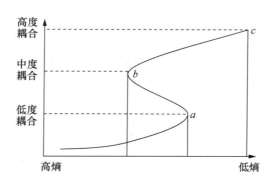

图5-5　基于熵流的区域生态—环境—经济—社会耦合系统演化轨迹（突变过程）

区域生态—环境—经济—社会耦合系统就是如此由无序到耦合、再从新层次的无序到耦合等不断循环、螺旋上升式的运动轨迹。图5-5中，纵轴表示区域生态—环境—经济—社会耦合系统耦合度的变化，横轴表示耦合系统与外环境负熵流引起的熵减，S 曲线表示耦合系统的状态。

2. 发展阶段

随着子系统间、子系统诸要素间耦合作用的增强，耦合系统发展到一定时期后，系统内部组织趋向有序，但如果系统的组织也有可能无序，那么耦合系统的耦合过程便不能完成，在形成初期就会夭折，即经济社会发展与生态环境不协调，不能形成耦合系统。有序结构组织的出现主要得益于系统和外环境间进行着的物质、信息、能量的交换，强化了耦合系统与外环境之间的正向、良性互动关系及相互作用，负熵流的绝对值增大，耦合系统从高熵状态向低熵状态过渡。需要指出的是，学者在对经济社会系统的形成与演化分析中，多注重对系统连续性变化的研究，但实际上经济社会系统的演变不单纯是连续的过程，更是非连续性和连续性相互依赖、彼此交织进行的。正如阿诺德所指出，需要依赖连续性和不连续性的描述，将持续现象和离散现象相结合，从光滑、连续的结构中寻找离散的结构，耦合系统的演化是渐变基础上的突变。

三 耦合系统的序参量演化模型

(一) 演化的理论模型

区域生态—环境—经济—社会耦合系统包含众多变量，高度复杂。根据协同学中的相关论述，众多变量中的绝大部分处于临界点时，由于阻尼大且衰减快对系统整体相变作用不大，只有少数变量不发生衰减从而决定系统演化方向和进程，这些少数变量即为序参量，也即慢弛豫变量。区域生态—环境—经济—社会耦合系统由区域生态、环境、经济、社会等主要子系统构成，而这四个子系统又进一步由更多的子系统组成。不失一般性，假设耦合系统由 n 个子系统组成，则其控制方程组为：

$$
\begin{cases}
\mathrm{d}X_1/\mathrm{d}t = -\lambda_1 X_1 + f_1(X_1, X_2, \cdots, X_n) \\
\mathrm{d}X_2/\mathrm{d}t = -\lambda_2 X_2 + f_2(X_1, X_2, \cdots, X_n) \\
\qquad\qquad\vdots \\
\mathrm{d}X_n/\mathrm{d}t = -\lambda_n X_n + f_n(X_1, X_2, \cdots, X_n)
\end{cases}
\tag{5-18}
$$

其中，$\lambda_i(i=1, 2, \cdots, m, m<n)$ 是小阻尼系数，在分支点时无阻尼，使原本处于稳定状态的子系统呈现为不稳定态，此时 $X_i(i=1, 2, \cdots, m)$ 为慢驰豫变量；$\lambda_s(s=m+1, m+2, \cdots, n)$ 是大阻尼系数，使相应子系统处于稳定状态，此时的 X_s 为快驰豫变量；$f_j(j=1, 2, \cdots, n)$ 是 $\{X_i\}$ 不含常数项和线性项的非线性函数。

当 $\mathrm{d}X_S/\mathrm{d}t \approx 0$ 时，将 (5-18) 式的快弛豫变量 X_S 用慢驰豫变量 X_i 表示为：

$$
X_S = \lambda_S^{-1} f_S(X_1, X_2, \cdots, X_n), \qquad s = m+1, \cdots, n
\tag{5-19}
$$

可求解得，慢弛豫变量决定快弛豫变量 X_S 的值：

$$
X_S = f'_S(X_1, X_2, \cdots, X_m) = f'_S(X_i), \quad i=1,2,\cdots,m; s=m+1,\cdots,n
\tag{5-20}
$$

将方程 (5-20) 代入方程组 (5-18)，求得序参量：

$$
\mathrm{d}X_i/\mathrm{d}t = -\lambda_i X_i + f_i(X_i; X_s(X_i)), i=1,2,\cdots,m; s=m+1,\cdots,n
\tag{5-21}
$$

慢驰豫变量支配快驰豫变量，并决定其变化，这一具有支配地位的慢变量即是序参量。因此，区域生态—环境—经济—社会耦合系统协同发展演化的理论模型为：

$$\begin{cases} dx_i/dt = f_i(X,Y,Z,W) \\ dy_i/dt = g_i(X,Y,Z,W) \\ dz_i/dt = h_i(X,Y,Z,W) \\ dw_i/dt = l_i(X,Y,Z,W) \end{cases} \qquad (5-22)$$

式中，X 为区域生态系统中的序参量，Y 为区域环境系统中的序参量，Z 为区域经济系统中的序参量，W 为区域社会系统中的序参量，它们均是向量；其中 $X = [x_1, x_2, \cdots, x_m]^T$，$Y = [y_1, y_2, \cdots, y_n]^T$，$Z = [z_1, z_2, \cdots, z_k]^T$，$W = [w_1, w_2, \cdots, w_j]^T$；$f_i(\cdot)$，$g_i(\cdot)$，$h_i(\cdot)$，$l_i(\cdot)$ 分别为 X，Y，Z，W 的非线性函数。

（二）演化模型的理论分析

区域生态—环境—经济—社会耦合系统包含多个序参量，本书分别以两个序参量、三个序参量为例对区域耦合系统协同发展的不同演化模式作相关的理论分析。

$$\begin{cases} dx/dt = g(x, y) \\ dy/dt = h(x, y) \end{cases} \qquad (5-23)$$

$g(\cdot)$，$h(\cdot)$ 是 x，y 的非线性函数；x，y 均为区域 EEES 耦合系统的序参量。当 $f(x, y) = g(x, y) = 0$ 时，求得微分方程（5-23）的定态解（x_0, y_0），也即奇点，即：

$$f(x_0, y_0) = g(x_0, y_0) = 0 \qquad (5-24)$$

求得：

$$\begin{cases} x = x_0 + u \\ y = y_0 + v \end{cases} \qquad (5-25)$$

其中，定态解意味着系统处于平衡态，u，v 是微小偏差；将（5-25）式代入（5-23）式，并只取线形项得：

$$\frac{d}{dt}\begin{pmatrix} u \\ v \end{pmatrix} = \begin{pmatrix} a_{11} & a_{12} \\ a_{21} & a_{22} \end{pmatrix}\begin{pmatrix} u \\ v \end{pmatrix} = A\begin{pmatrix} u \\ v \end{pmatrix} \qquad (5-26)$$

其中，$a_{i1} = \dfrac{\partial f_i}{\partial x}\Big|_{\substack{x=x_0 \\ y=y_0}}$，$a_{i2} = \dfrac{\partial f_i}{\partial y}\Big|_{\substack{x=x_0 \\ y=y_0}}$，此微分方程的特征根为以下方程的解：

$$\lambda^2 - \omega\lambda + T = 0 \qquad\qquad (5-27)$$

其中：$\omega = a_{11} + a_{22} = TrA$，$T = a_{11}a_{22} - a_{12}a_{21} = detA.$，则方程（5－27）的解为：

$$\lambda_{1,2} = \frac{1}{2}\{\omega \pm \sqrt{\omega^2 - 4T}\} \qquad\qquad (5-28)$$

（1）当 $\omega < 0$，$T > 0$，$\omega^2 > 4T$ 时，$\lambda_{1,2}$ 皆为负，定态解（x_0，y_0）任意扰动后，x，y 仍会趋于定态解，此时（x_0，y_0）为稳定节点，演化方向趋于定态解，节点附近解随时间变动的具体情况如图 5－6 中（1）所示。

（2）当 $\omega > 0$，$T > 0$，$\omega^2 > 4T$ 时，$\lambda_{1,2}$ 皆为正，定态解（x_0，y_0）的任意扰动均使得 x，y 远离定态解，则此时（x_0，y_0）为不稳定节点，节点附近随时间变动如图 5－6 中（2）所示。

（3）当 $\omega < 0$，$\omega^2 < 4T$ 时，$\lambda_{1,2}$ 是具有负实部的共轭复数，方程（5－26）的解（u，v）为带有三角函数项的负指数形式，随时间的变化 u、v 变小且趋于零，同样具有振动性，此时定态解（x_0，y_0）为稳定焦点，焦点附近的解随时间变动情况如图 5－6 中（3）所示。

（4）当 $\omega > 0$，$\omega^2 < 4T$ 时，$\lambda_{1,2}$ 是具有正实部的共轭复数，方程（5－26）的解（u，v）为带有三角函数项的正指数形式，随着时间的变化 u、v 的值变大，具有振动性，此时定态解（x_0，y_0）为不稳定焦点，焦点附近解随时间的变化如图 5－6 中（4）所示。

（5）$T < 0$ 时，$\lambda_{1,2}$ 两特征根一正一负，方程（5－26）的解（u，v）为正指数与负指数和的形式，在特定初始条件正指数项的系数为零时，u、v 随时间的变化而变小且趋于零，定态解稳定，其余初始条件下负指数项作用逐渐变弱，正指数项作用逐渐变强，u、v 远离零点，定态解（x_0，y_0）不稳定，此时的定态解为鞍点，鞍点附近解随时间的变化情况如图 5－6 中（5）所示。

（6）$\omega = 0$ 时，$\lambda_{1,2} = \pm\sqrt{-T}$，若 $T > 0$，则 λ 为纯虚数，以远定态解为中心无法判断其稳定性，解轨迹在相空间是以定态解为中心的一族同心圆，其定态解稳定，但不渐近稳定；若 $T < 0$，则 λ 为一正一负的实数，原定态解为鞍点，与前面（5）$T < 0$ 的情况相同。

（7）$T = 0$ 时，$\lambda_1 = 0$，$\lambda_2 = \omega$，若 $\omega > 0$，则有 $\lambda_2 > 0$，方程的解 u、v 有 $u = a + be^{\lambda_2 t}$，$v = c + de^{\lambda_2 t}$ 形式，均远离原定态解（x_0，y_0），即原定态解不稳定；若 $\omega < 0$ 且 $\lambda_2 < 0$，原定态解稳定。

（8）$\omega^2 = 4T$ 时，特征方程有重根，若方程（5–26）系数 $a_{21} \neq 0$ 或 $a_{12} \neq 0$，经变换方程可为：

$$\frac{d}{dt}\begin{pmatrix} \xi \\ \eta \end{pmatrix} = \begin{pmatrix} \lambda & 1 \\ 0 & \lambda \end{pmatrix}\begin{pmatrix} \xi \\ \eta \end{pmatrix} \qquad (5-29)$$

定态解也为节点，$\lambda > 0$ 时定态解为不稳定节点，$\lambda < 0$ 时定态解为稳定节点。若方程（5–26）系数变化可为：

$$\frac{d}{dt}\begin{pmatrix} \xi \\ \eta \end{pmatrix} = \begin{pmatrix} \lambda & 0 \\ 0 & \lambda \end{pmatrix}\begin{pmatrix} \xi \\ \eta \end{pmatrix} \qquad (5-30)$$

定态解仍为节点，解轨迹在相图上呈放射状星型射线，$\lambda > 0$ 为不稳定结点，$\lambda < 0$ 时为稳定节点。[1]

综合情况（1）到（8），下图为特征根 λ 不同取值时 (x, y) 解的变化（见图 5–6）：

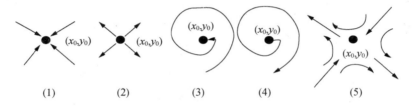

（1）　　　　（2）　　　　（3）　　　　（4）　　　　（5）

图 5–6　特征根 ω 不同取值时 (x, y) 的解（两个序参量）

在图 5–6 中第（1）、（3）种情况下，系统维持原有平衡态；在（2）、（4）、（5）三种情况下，(x, y) 逐渐偏离 (x_0, y_0)，且增加值随时间而增大，原有的系统平衡态被打破。非线性项作用的存在及加强约束了 (x, y) 的增长，使其不可能无穷发展或者无限增长，故可使系统跃迁到新的状态上。

当区域生态—环境—经济—社会耦合系统包含三个序参量时，方程为：

$$\begin{cases} dx/dt = f_1(x, y, z) \\ dy/dt = f_2(x, y, z) \\ dz/dt = f_3(x, y, z) \end{cases} \qquad (5-31)$$

定态解由 $f_1(x, y, z) = f_2(x, y, z) = f_3(x, y, z) = 0$ 可求出 (x_0, y_0, z_0)，令

① 杨红：《生态农业与生态旅游业耦合机制研究》，博士学位论文，重庆大学，2009 年。

$$\begin{cases} x = x_0 + u \\ y = y_0 + v \\ z = z_0 + p \end{cases} \qquad (5-32)$$

将公式（5-32）代入方程（5-31），并取线形项有：

$$\frac{\mathrm{d}}{\mathrm{d}t}\begin{pmatrix} u \\ v \\ p \end{pmatrix} = \begin{pmatrix} a_{11} & a_{12} & a_{13} \\ a_{21} & a_{22} & a_{23} \\ a_{31} & a_{32} & a_{33} \end{pmatrix}\begin{pmatrix} u \\ v \\ p \end{pmatrix} \qquad (5-33)$$

其中，$a_{i1} = \left.\dfrac{\partial f_i}{\partial x}\right|_{x_0,y_0,z_0}$，$a_{i2} = \left.\dfrac{\partial f_i}{\partial y}\right|_{x_0,y_0,z_0,}$ $a_{i3} = \left.\dfrac{\partial f_i}{\partial z}\right|_{x_0,y_0,z_0}$ $(i=1,2,3)$，

首先取系数 $T = a_{11} + a_{22} + a_{33}$，$M = \begin{vmatrix} a_{11} & a_{12} \\ a_{21} & a_{22} \end{vmatrix} + \begin{vmatrix} a_{11} & a_{13} \\ a_{31} & a_{33} \end{vmatrix} + \begin{vmatrix} a_{22} & a_{23} \\ a_{32} & a_{33} \end{vmatrix}$，

$D = \det|a_{ij}|$，$G = 4M^3 - T^2M^2 - 18DTM + 27D^2 + 4DT^3$，系数矩阵的本征值有三个，由方程 $\lambda^3 - T\lambda^2 + M\lambda - D = 0$ 决定，实根个数由判别式 $\Delta = G/108$ 的正负决定，共分成以下八种情况，其奇点性质与定态解稳定性如下：

（1）当三根皆为实数，且均为负，对应 $D < 0$，$G < 0$，$T < 0$，$TM - D < 0$，奇点为稳定节点，在复平面上根的位置及解的变化如图 5-7 中（1）所示。

（2）当一对共轭复根，且实部为负，另一为正实根，对应 $D > 0$，$G > 0$，$T > 0$，与 $TM - D > 0$ 两式中有一个不成立，奇点为鞍焦点或称为向内螺旋鞍点，在复平面上根的位置及解的化如图 5-7 中（2）所示。

（3）当三根皆为实数，其中两根为正，对应 $D < 0$，$G < 0$，$T < 0$ 与 $TM - D < 0$ 两式中有一个不成立，奇点为鞍节点，在复平面上根的位置及解的变化如图 5-7 中（3）所示。

（4）当一对共轭复根，且实部为正，另一为负实根，对应 $D < 0$，$G > 0$，$T < 0$，与 $TM - D < 0$ 两式中有一个不成立，奇点为鞍焦点或称为向外螺旋鞍点，在复平面上根的位置及解的变化如图 5-7 中（4）所示。

（5）当三根皆为实数，其中两根为负，对应 $D > 0$，$G < 0$，$T > 0$ 与 $TM - D > 0$ 两式中有一个不成立，奇点为鞍节点，在复平面上根的位置及解的变化如图 5-7 中（5）所示。

（6）当一对共轭复根，且实部为负，另一为负实根，对应 $D < 0$，$G > 0$，$T < 0$，$TM - D < 0$，奇点为稳定焦点，在复平面上根的位置及解的

变化如图 5 - 7 中（6）所示。

（7）当三根皆为实数，且均为正，对应 $D > 0$，$G < 0$，$T > 0$，$TM - D < 0$，奇点为不稳定节点，在复平面上根的位置及解的变化如图 5 - 7 中（7）所示。

（8）当一对共轭复根，且实部为正，另一为正实根，对应 $D > 0$，$G > 0$，$T > 0$，$TM - D > 0$，奇点为不稳定焦点，在复平面上根的位置及解的变化如图 5 - 7 中（8）所示。

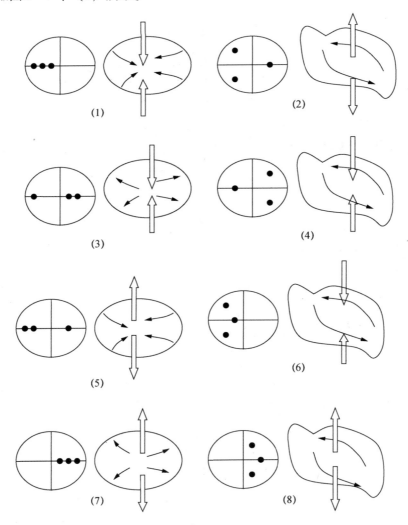

图 5 - 7　特征根 ω 不同取值时（x，y）的解（三个序参量）

图5-7八种情况中，有一对复根时 $G>0$，三根全为实根时 $G<0$；三个根实部中偶数个为正时 $D<0$，奇数个为正时 $D>0$，三个根全为正时还要求 $T>0$，$TM-D>0$，三个根全为负时还要求 $T<0$，$TM-D<0$。

可将类似方法用于对（5-22）式的分析，即具体分析四个子系统、多个序参量的演化形式，其特征根的表现形式将更加多样化、复杂化，但结果与上述类似。

将区域生态—环境—经济—社会耦合系统演化状态用图形描述（见图5-8）是耦合系统状态演变三分支示意图。分支的多少因具体函数形式的不同而不同，不仅会出现三分支，还有可能是多分支。如图5-8所示，当参数 $k<k_1$ 时，即在阈值范围内时，耦合系统维持原有结构；当 k 大于特定阈值时，系统解出现分支，其中有的分支是不稳定的，有的分支是稳定的。系统自组织中复杂的非线性作用决定耦合系统具体向哪一个分支演化，新的耦合系统结构及功能正是在这一循环往复的演化过程中得以形成，同时，这种演化模式在耦合系统的各个子系统、子系统内部也发挥作用，实现协同发展。

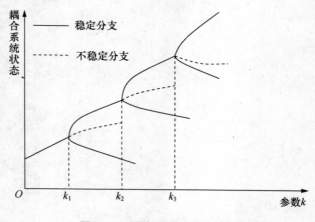

图5-8　耦合系统的状态演变

本章小结

区域生态—环境—经济—社会耦合系统的演化建立在系统开放性、远离平衡态、系统内部存在复杂的非线性作用、涨落和熵流的存在等条件上，以时间为横轴、以耦合状态为纵轴，运用逻辑斯蒂曲线方程描述耦合系统的演化趋势，可具体分为指数型增长、S形增长、多条S形曲线螺旋上升等情况，在此基础上，根据负熵和信息的采集程度，区域生态—环境—经济—社会耦合系统演化模式分为倒退型、循环型、停滞型和组合Logistic曲线增长型。

引入耦合熵的概念以度量耦合系统的有序度，建立了耦合熵计算方程。将耦合熵进一步分为耦合规模熵、耦合速度熵、耦合结构负熵，耦合速度熵反映耦合速度不同产生的无序度；耦合规模熵衡量内外环境中耦合规模的适宜程度；耦合结构负熵描述结构的有效性。通过寻找耦合速度熵、耦合规模熵、耦合结构熵影响因素，对各影响因素赋值测度其耦合程度，求得各子系统的耦合熵值，建立生态—环境—经济—社会耦合熵值矩阵，建立各子系统交互耦合矩阵等步骤可以计算出系统的总熵值。根据耦合演化过程中熵流将耦合系统分为无耦合阶段、低度耦合阶段、中度耦合阶段和高度耦合阶段。

耦合系统的参量分为快变量与慢变量，建立了四个子系统多个参量的理论模型，以两个序参量、三个序参量为例对耦合系统协同发展模式进行了理论分析，根据特征根可确定系统演化的模式和方向。

第六章 区域生态—环境—经济—社会 耦合系统协同发展评价

本章主要介绍区域生态—环境—经济—社会耦合系统协同发展评价的方法。定义子系统内部、子系统之间、耦合系统的协同效度、发展效度和协同发展效度，围绕区域生态、环境、经济、社会子系统建立了 DEA 输入、输出指标集。

一 耦合系统协同发展评价方法

（一）系统评价概述

区域生态—环境—经济—社会耦合系统演化及协同发展问题的研究可以概括为两个方面：一方面是从理论上研究耦合系统耦合演化机理及协同发展内涵；另一方面是对实践角度耦合系统协同发展实现路径进行探讨。前者是理论溯源，后者是实践考证，而对区域生态—环境—经济—社会耦合系统协同发展的评价则是理论与实践相联系的纽带和桥梁。

评价作为一种学术语言，指在确定目标导向下对某一事物属性的测量与考证，事物的属性可以用主观效用估计法或者客观定量计算法来衡量。系统评价作为系统科学研究领域的重要组成部分，以自然、经济、社会等领域不同系统或同一系统不同时间所呈现的状态为研究对象，以科学的筛选方法和计量手段为依据，评价主体包括系统各级目标、所处的内外环境、所具有的结构特征、承载的功能、具体发展效益等内容，构建指标体系，运用评价模型，综合分析系统所具有的社会使用价值、技术特点、经济发展效益、可持续度、有效程度，为正确、科学的决策提供依据。

近年来，随着系统科学体系的日益完备，系统评价在理论研究和实践应用上均得到了长足发展，从简单的德尔菲法、AHP 法、功效系数法等指数综合加成方法到多元回归统计分析、DEA 模型、微分方程法、非线性模型等较为复杂的方法都得到了应用。系统评价基础是确定评价对象、明确评价目标、并细分评价内容；其次是建立评价的参照体系或标准值，如设置参照值的上下限、采用定量的物理或经济单位计量，或者用定性的级数、序数、分数等来刻画程度；再次是选择评价的方法；最后是评价、分析结果。

评价问题贯穿系统研究和系统工程实践领域始终，评价工作的难度随系统复杂性的增加而增加，因此，复杂巨系统的评价研究将更加复杂，并具有重要的实践意义和理论价值。复杂巨系统的多因素、多功能等特点决定了复杂系统评价的多目标性和多层次性。具体表现在复杂系统包含并涉及众多因素，各因素不同的性质导致某些因素可以定量描述，某些因素则难以量化，必须定性描述，或者只能采用半定性半定量的方式刻画；复杂巨系统自身阶层式结构决定了其评价目标体系也必须是递阶结构形式。而区域生态—环境—经济—社会耦合系统作为复杂的巨系统，其复杂性决定了其应参考复杂系统评价的相关方法。

（二）数据包络分析方法的应用

区域生态—环境—经济—社会耦合系统这一复杂巨系统的协同发展是动态调整过程，该耦合系统的评价具有典型的时序性、多目标、多层次等特征。数据包络分析（Data Envelopment Analysis，DEA）方法正是针对此类综合性、复杂性系统，解决复杂系统评价问题便捷有效的方法。[①]

1978 年，美国著名运筹学家查尼斯和库珀（Charnes and Cooper）等学者提出一种新的方法用于系统分析与评价，即数据包络分析方法，它以相对效率评价为基础，进行同类型决策单元（Decision-Making Units，DMU）的有效性比对与评价，其所具有的多输入、多输出特点弥补了工程效率概念只针对单输入、单输出的缺陷。[②] DEA 评价方法属于非参数统计估计方法，主要运用数学规划模型针对多输入、多输出系统或单位的相对效率进行评价，该模型可以确定生产前沿面的结构，其本质是考究决策单元是否处在生产可能集前沿面上，依据的是 DMU 的观察数据。DEA 不需要进行参数估计，因此有效避免了主观性和算法选择造成的误差，用 DEA 来评价多输入、多输出系统具有巨大的优越性。

---

① 曾珍香、顾培亮：《可持续发展的系统分析与评价》，科学出版社 2000 年版，第 120—124 页。

② 穆东：《矿城耦合系统的演化与协同发展研究》，吉林人民出版社 2004 年版。

DEA 有效体现的是最优化的思想，其经济含义是产出与投入关系最佳，只有增加一种或多种投入，否则无法再增加产出；只有减少其他种类的产出，否则无法再减少投入。DEA 模型针对区域 EEES 耦合系统时序性、多目标、多层次等特点的评价具有以下优点：第一，DEA 评价模型中，不需要人为确定评价指标的权重，权重通过模型运算得出，从而减少了人为因素的扰动，增强了结果的客观性，同时评价结果不因输入和输出指标单位的不同而不同，也避免了数据无量纲处理过程中产生的误差；第二，DEA 不用事先确定决策单元的输入输出函数，是一种多目标、多层次的评价，能够解决多输入与多输出的评价问题，进行时序性评价时只需将 DMU 按时间排列即可得到；第三，DEA 的有效生产前沿面中不包括非有效评价单元，仅由有效评价单元组成，排除了有效生产前沿面中统计误差等因素的影响，此外，针对非有效的评价单元，DEA 评价结果给出了相关指标调整的方向及具体调整值。

在应用 DEA 方法对区域生态—环境—经济—社会耦合系统的协同发展进行评价时，横向上，将某个地区的耦合系统以及该系统中的生态、环境、经济、社会子系统视作 DEA 中的决策单元，纵向上将同一地区，不同时间或不同时段视作 DEA 中的决策单元，这一具有特定输入和输出的决策单元，在输入转化成输出中实现系统的协同发展。本书应用 DEA 方法纵向和横向评价耦合系统协同发展能力、水平和效果，评价耦合系统协同发展的绩效，从而实现对系统的有效控制并制定科学决策。DEA 方法在区域生态—环境—经济—社会耦合系统中的应用如图 6 – 1 所示。

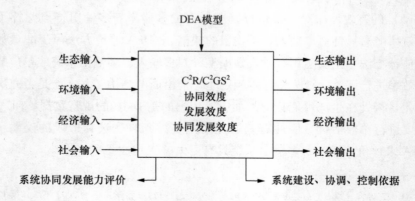

图 6 –1　区域生态—环境—经济—社会耦合系统协同发展的 DEA 方法

用 DEA 方法评价耦合系统协同发展步骤如图 6-2 所示。用 DEA 方法主要评价区域生态—环境—经济—社会耦合系统协同发展的水平与程度。耦合系统协同发展的能力强则表示生态、环境、经济、社会子系统之间合作、协调、同步运作，运行状态良好、稳定、有序。

DEA 模型形式多样，本书主要采用 C^2R 和 C^2GS^2 两个模型，其中 C^2GS^2 模型用于决策单元技术有效性的判断；C^2R 模型用于决策单元综合有效性的判断。根据本书的研究目的和研究需要，同时运用模型 C^2R 和 C^2GS^2 评价一个决策单元，首先分别判断系统综合有效性和技术有效性，然后进一步计算得出决策单元的规模有效性，比对并得出各子系统内部、子系统之间以及耦合系统协同发展的效度。

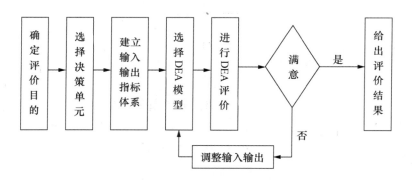

图 6-2　DEA 方法评价步骤

二　耦合系统协同发展评价的 DEA 模型

（一）C^2R 模型

区域生态—环境—经济—社会耦合系统协同发展评价可以从纵向和横向两个方面进行，纵向是基于时间序列，对不同年份同一系统运行模式的动态评价，此时的决策单元对应的是系统各年份的资料数据，有几个待评价的年份就有几个决策单元；横向基于空间分异，指某一相同年份下不同区域耦合系统运行状况，决策单元指不同区域耦合系统在某一相同年份的资料数据。各决策单元的输入及输出数据见图 6-3。

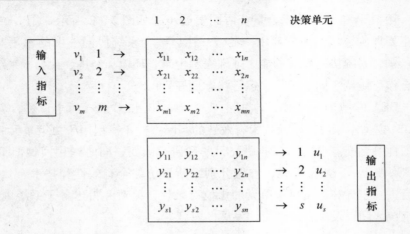

图 6 - 3　DEA 的输入输出

图 6 - 3 中，每个决策单元有 m 种类型的输入和 r 种类型的输出，分别表示该单元耗费的资源和工作绩效，$i = 1, 2, \cdots, m; r = 1, 2, \cdots, s; j = 1, 2, \cdots, n$，设 X_j 和 Y_j 分别代表决策单元 DMU_j 的输入、输出指标，记 $X_j = (x_{1j}, \cdots, x_{mj})^T$，$Y_j = (y_{1j}, \cdots, y_{sj})^T$，$j = 1, 2, \cdots, n$。其中 x_{ij} $(i = 1, \cdots, m)$ 为第 j 个决策单元的第 i 种类型输入的投入量；y_{kj} $(k = 1, \cdots, r)$ 为第 j 个决策单元的第 k 种类型输出的产出量，可用 (X_j, Y_j) 表示第 j 个决策单元的 DMU_j。v_i 是第 i 种类型输入的权重；u_r 第 r 种类型输出的权重。

在对决策单元 DMU 进行评价时，需要分别对输入和输出进行组合，将其转化为总体输入和总体输出过程，为了体现系统各输入和输出的不同作用，需要确定各输入、输出的权重，假设 v_j 是 x_j 的权重，u_k 为 y_k 的权重，$1 \leqslant j$，$k \leqslant n$。考虑到输入、输出间存在的复杂相互关系及其繁杂的信息结构，模型运用中应尽量避免主观赋权带来的误差，因此，DEA 输入、输出权向量不事先确定，而是作为可变向量，在具体分析过程中按照一定原则而定。

决策单元 DMU_j 的效率评价指数定义为：

$$h_j = \frac{u^T y_j}{v^T x_j} \qquad j = 1, 2, \cdots, n \qquad (6 - 1)$$

以所有决策单元的效率指数为约束，以决策单元 j_0 的效率指数为目标 $(1 \leqslant j_0 \leqslant n)$，基于相对有效性建立 DMU_j 的 C^2R 模型：

$$
\begin{cases}
\max h_0 = \dfrac{u^T y_0}{v^T x_0} \\[2mm]
\text{s. t. } \dfrac{u^T y_j}{v^T x_j} \leqslant 1 \qquad j = 1, 2, \cdots, n \\[2mm]
u \geqslant 0; v \geqslant 0
\end{cases}
\tag{6-2}
$$

式中, $x_j = (x_{1j}, x_{2j}, \cdots, x_{mj})$; $y_j = (y_{1j}, y_{2j}, \cdots, y_{sj})$; $v = (v_1, v_2, \cdots, v_m)$; $u = (u_1, u_2, \cdots, u_s)$

假设 $t = 1/v^T x_0$, $\omega = tv$, $\mu = tu$, 将 (6-2) 式转化为等价的线性规划模型:

$$
\begin{cases}
\max h_0 = \mu^T y_0 \\[2mm]
\text{s. t. } \omega^T x_j - \mu^T y_j \geqslant 0 \\[2mm]
\omega^T x_0 = 1 \\[2mm]
\omega \geqslant 0, \ \mu \geqslant 0
\end{cases}
\tag{6-3}
$$

式中, $\omega = (\omega_1, \omega_2, \cdots, \omega_m)$, $\mu = (\mu_1, \mu_2, \cdots, \mu_s)$

线性规划 (6-3) 式的对偶形式为:

$$
\begin{cases}
\theta^0 = \min \theta \\[2mm]
\text{s. t. } \displaystyle\sum_{j=1}^{n} \lambda_j x_j + s^- = \theta x_0 \\[2mm]
\displaystyle\sum_{j=1}^{n} \lambda_j y_j - s^+ = y_0 \\[2mm]
\forall \lambda_j \geqslant 0, \ j = 1, 2, \cdots, n; \ s^+ \geqslant 0; \ s^- \geqslant 0
\end{cases}
\tag{6-4}
$$

s^+、s^- 为引入的松弛变量, 其中将 s_{ij}^- 与对应指标 x_{ij} 的比值定义为投入冗余率, 用以反映该投入指标可节省的程度; 将 s_{ij}^+ 与对应指标 y_{ij} 的比值定义为产出不足率, 以时间序列为决策单元比较耦合系统投入冗余率或产出不足率, 或者是以同一时期不同地域为决策单元比较投入冗余率或产出不足率, 可动态反映该系统纵向、横向的改善效果和待改善方向。

(二) C^2GS^2 模型

C^2R 模型建立需要满足一定的假设条件: 生产可能集必须满足锥性、凸性、无效性与最小性, 在给定输入点、输出点的情况下可以根据锥性条件推导出最有效的 DMU。但实际上锥性有其成立的客观条件。鉴于此, 1985 年, 查尼斯和库珀等学者在不考虑生产可能集满足锥性的条件下建立了 DEA 的 C^2GS^2 模型，C^2GS^2 模型的线性规划形式为：

$$\begin{cases} \max h'_0 = \mu^T y_0 + \mu_0 \\ \text{s. t. } \omega^T x_j - \mu^T y_j - \mu_0 \geqslant 0, \ j = 1, \ 2, \ \cdots, \ n \\ \omega^T x_0 = 1 \\ \omega \geqslant 0, \ \mu \geqslant 0 \end{cases} \qquad (6-5)$$

（6-5）式的对偶规划形式为：

$$\begin{cases} \sigma^0 = \min \theta \\ \text{s. t. } \sum\limits_{j=1}^{n} x_j \lambda_j + s^- = \sigma x_0 \\ \sum\limits_{j=1}^{n} y_j \lambda_j - s^+ = y_0 \\ \sum\limits_{j=1}^{n} \lambda_j = 1 \\ \forall \lambda_j \geqslant 0, j = 1,2,\cdots,n; s^+ \geqslant 0; s^- \geqslant 0 \end{cases} \qquad (6-6)$$

（三）模型有效性

C^2R 模型下决策单元具有 DEA 有效性意味着：除非增加一种或多种投入，或减少某类产出，否则对输入可能集而言，无法再减少任何投入量；对输出可能集而言，无法再增加任何产出量。当产出固定时，如果不可能再减少投入，则判断生产过程为技术有效。

假设，生产函数 $y = f(x)$ 为一定技术条件下，最大产出量与任何一组投入量的关系式。由于生产中的浪费现象在所难免，故生产可能集具有无效性，即函数式中 y 是 x 的增函数。增函数的概念没有清晰地描述出投入增量比率与产出增量比率间的关系，仅仅粗线条地指出 y 对应 x 具有相对不减性。针对这一问题，文中以单输入、单输出为例进行解释。如图 6-4 所示，$y = f(x)$ 为生产函数解析式，生产函数的图形为折线 $PBAQ$。给定 Δx 的增量可以得到增量 Δy，即：

$$\alpha = \frac{\Delta y}{y} \bigg/ \frac{\Delta x}{x} = \frac{\Delta y}{\Delta x} \bigg/ \frac{y}{x} > 1 (=1, <1) \qquad (6-7)$$

α 表示产出效益增量相对应投入增量的程度。图 6-4 中 BA 段上所有的点 $\alpha = 1$，规模效益不变；AQ 段上所有的点 $\alpha < 1$，规模效益递减；所有位于 PB 上的点 $\alpha > 1$，规模效益递增。换言之，对于投入规模 x_0 点来说，投入大于 x_0 时，规模效益递减；投入小于 x_0 时，规模效益递增；从规模效益角度，大于 x_0 和小于 x_0 都不是最佳状态；只有 DMU$[x_0, f(x_0)]$ 时规模有效，而 C^2R 模型下的有效性为综合有效性，由技术有效性和规模有效性乘积得到。

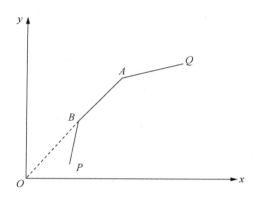

图 6-4　DEA 不同规模效益

引入以下模型（6-8）以说明综合有效、技术有效、规模有效之间的关系：

$$\begin{cases} \rho^0 = \min\rho \\ \text{s. t.} \quad \sum_{j=1}^{n} x_j\lambda_j + s^- = \rho x_0 \\ \sum_{j=1}^{n} y_j\lambda_j - s^+ = y_0 \\ \sum_{j=1}^{n} \lambda_j \leqslant 1 \\ \forall \lambda_j \geqslant 0, \ j=1, 2, \cdots, n; \ s^+ \geqslant 0; \ s^- \geqslant 0 \end{cases} \qquad (6-8)$$

根据（6-4）式、（6-6）式、（6-8）式中的 θ^0、σ^0、ρ^0 三个量来判断 DMU$_0$ 的规模有效性。其中：

$$S^0 = \frac{\theta^0}{\sigma^0} \qquad (6-9)$$

当 $S^0 = 1$ 时规模收益不变；$S^0 < 1$ 且 $\sigma^0 = \rho^0$ 时，规模收益递减；$S^0 > 1$ 且 $\theta^0 = \rho^0$ 时，规模收益递增。

C^2R 模型下的 DMU$_0$ 有效性 θ^0 为综合有效性，是规模有效性与技术有效性的乘积；C^2GS^2 模型下的有效性 σ^0 为单纯的技术有效性；S^0 为单纯的规模有效性。若决策单元 DMU_0 在 C^2R 模型下有效，则兼具有技术有效和规模有效，用公式表示：当 $\theta^0 = 1$，则必有 $\sigma^0 = 1$ 且 $S^0 = 1$。而 DMU_0 的技术有效并不是规模有效的充分条件，DMU_0 的规模有效也不是技术有效充分条件。

图 6 - 5 描述了单输入单输出情况，有 A，B，C，D，E 五个 DMU，其中 C^2R 模型下 DEA 有效前沿面为 OBE：点 B 和点 E 为综合有效。而 C^2GS^2 模型下纯技术有效的前沿面为 $ABEC$。图中除 D 以外，其他决策单元 DMU 均有效。事实上，从图中容易看出 C^2GS^2 前沿面上 AB 段上的点规模收益递增；C^2GS^2 前沿面上 EC 段的点规模收益递减；C^2GS^2 前沿面上 BE 段上的点规模收益不变，同时也位于 C^2R 前沿面上。非前沿面上的 DMU 的规模效益将其投影到 C^2GS^2 前沿面上而确定。

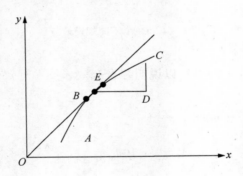

图 6 - 5　C^2R、C^2GS^2 模型与规模收益

(四) 超效率 DEA

在 DEA 应用中，经常会遇到一种情形，亦即同时会有多个 DMU 均被评估为有效率，其效率值均为 1。尤其是在 DMU 个数，相对于投入与产出数目和并未超过很多时，这种结果易于成立。一个 "特殊" 的 DMU 可能只因为其具有某种独特的投入产出组合，即使那独特的组合可能不重要，也仍被列为有效率。此种结果是 DEA 法先天上的缺点，然此缺点亦是相对效率衡量之本质。而超效率 DEA 模式由安德森和彼得森（Andersen and Petersen，1993）所提出，其目的是区分及排列这些 DEA 估计结果为有效率的 DEA 顺序。如图 6 - 6 所示，连接 DMU A、B、C、D 的线段，即形成了两项投入的 DEA 边界。可知 A、B、C、D 四家的 DMU 技术效率

均为 1，故无法辨别四家 DMU 之技术效率，详细评估 DMU（C），注意其有效率。但假若将 DMU（C）从参考集合中去除，再形成新的 DEA 边界，则 DMU（C）之效率会如何变化？这个新的边界即为连接 DMU A、B、D 的线段。是故超效率 DEA 模式之基本概念，即在利用其他所有 DMU 所形成之边界，来评估受评 DMU 之效率值。换言之，该受评 DMU 自己将被摒除在参考集合外。图 6 - 6 中 DMU（C）的超效率为 $\dfrac{OC^*}{OC}$，其值大于 1。

DMU（B）之超效率评估，边界为连接 A、C、D 的线段，DMU（B）之超效率 $\dfrac{OB^*}{OB}$。对于无效率的 E 点，边界为连接 A、B、C、D 的线段，即使将 DMU（E）从参考集合中除去，也不能改变该边界，即对于无效率的 DMU，则此 DMU 之超效率值与标准 DEA 模式所评估之效率值相同。

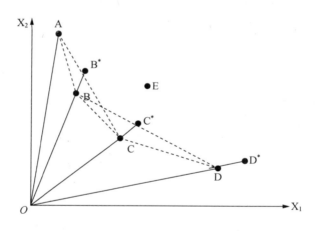

图 6 - 6　DEA 的超效率

三　耦合系统协同发展效度

（一）子系统内协同发展效度

1. 协同有效

技术有效性表明决策单元各生产要素处于经济意义上的最佳匹配状态，即生产一定数量的某种产品时，评价结果有效的 DMU 消耗的各生产要素配比（技术系数）是所有决策单元中最佳，处于函数生产前沿面上，因此，技术有效性用于反映系统的结构比例。对于区域 EEES 耦合系统而言，指各子系统间或系统内部各要素间配合比例恰当，衡量子系统间及系统内部各要素间的协同程度。借鉴已有的研究成果，本书中定义系统间或系统内部各要素间的协同有效即为技术有效。用协同效度来衡量协同有效性，协同效度为 1 则协同有效。

2. 发展有效

规模有效性刻画了决策单元投入、产出间对应的变化关系，对于耦合系统来说，规模有效指投入与产出间的相对效益达到了经济学上的最佳状态，表现为系统投入的增加或减少使得该系统或对应其他系统产出发生同向、等比例的变化，规模收益不变，意味着各子系统间或子系统内发展规模最适。因此，本书中定义区域生态—环境—经济—社会耦合系统各子系统内的发展有效即规模有效。

3. 协同发展有效

协同发展有效即综合有效，其体现在两个层面，其一是系统各要素间达到最佳配比状态，其二是系统投入产出处于理想规模状态，该决策单元处于有效前沿面上。在耦合系统演化中，协同与发展互为条件、互为推动，离开发展单纯的协同毫无意义，离开了协同则发展无法实现。因此，生态—环境—经济—社会耦合系统的"协同发展综合有效"由两者的乘积求得，是两者共同作用的结果。

具体区域生态—环境—经济—社会耦合系统 DEA 评价中，系统的发展效度用规模效率来表示，系统的协同效度用纯技术效率来表示，而系统协同发展的综合效度由纯技术效率与规模效率的乘积，即综合效度来表示。用 F_i 描述系统的发展效度，用 X_i 描述系统的协同效度，则系统协同发展综合效度 Z_i 为：$Z_i = X_i \times F_i$。模型测算中综合有效由 C^2R 模型判断，决策单元综合有效则同时实现了协同有效和发展有效；纯技术有效由 C^2GS^2 模型判断得到，此时决策单元协同有效；若耦合系统决策单元综合有效，则综合效率（综合效度）、纯技术效率（协同效度）、规模效率（发展效度）均为 1，即系统满足协同有效、发展有效、协同发展综合有效。若耦合系统决策单元综合非有效，则可分为三种情况：协同非有效、发展有效；协同有效、发展非有效；协同和发展均非有效。

（二）子系统间协同发展综合效度

根据 DEA 决策单元 DMU 不同，区域生态—环境—经济—社会耦合系统协同发展有效性的评价可分成单个子系统内部（区域生态、环境、经济、社会子系统）和子系统之间（区域生态、环境、经济、社会子系统两两之间以及三个和多个子系统之间）的评价两类。

如果（6-1）式中的分母和分子是某一系统内部的输入组合及输出组合，则由 C^2R 模型可计算出系统内协同发展的综合效度。系统发展有效和协同有效分别反映本系统内部诸要素发展与协同状态，系统发展有效且协同有效是系统综合有效的充要条件。

如果（6-1）式中分母和分子分别为子系统一的输入组合与子系统二或若干子系统的输出组合，则 C^2R 模型测度的是子系统间的综合效度。子系统间发展有效和协同有效分别反映子系统间发展和协同状态，也反映了子系统外部发展与协同状态。子系统间协同有效且发展有效是子系统间综合有效的充要条件。

鉴于生态子系统与环境子系统的密切相关性（详见第二章），考虑计算的明了和简析，本书测度区域生态—环境—经济—社会耦合系统中认为由区域生态环境、经济、社会三个子系统组成，子系统间存在多种组合方式，因此，耦合系统评价中包括两个子系统之间及三个子系统间的综合效度。

同理，系统间发展效度用 F_e 表示，协同效度用 X_e 表示，则其协同发展综合效度 Z_e 为：$Z_e = X_e \times F_e$。某一子系统或若干子系统对另外子系统或者另外若干子系统间的有效性评价，第一步是建立起对应子系统之间交叉输入输出数量关系表，这种交叉输入输出表所构成的 DMU 应具有相同的任务、目标、外环境，构建的输入和输出指标相同，符合 DEA 评价决策单元的特征；以 A、B 两子系统的效度评价为例，则图 6-1 中的输入指标数据为 A 系统的，输出指标数据为 B 系统的，则 A 系统对 B 系统综合效度评价的交叉输入输出表得以建立。

（1）系统 A 对系统 B 的协同效度、发展效度和协同发展综合效度如下：

在 C^2R 模型（6-1）式中分子为系统 B 的输出，分母为系统 A 的输入，则系统 A 对系统 B 的协同发展综合效度 $Z_e(A/B) = \theta_e^0(A/B)$，见（6-10）式：

$$\begin{cases} \theta_e^0(A/B) = \min\theta_e(A/B) \\ \text{s. t.} \sum_{j=1}^n x_{Aj}\lambda_{A/Bj_j} + s^- = x_{A0}\theta_e(A/B) \\ \sum_{j=1}^n y_{Bj}\lambda_{A/Bj_j} - s^+ = y_{B0} \\ \forall\, \lambda_{A/Bj} \geqslant 0, j = 1,2,\cdots,n; s^+ \geqslant 0; s^- \geqslant 0 \end{cases} \quad (6-10)$$

同理,设定 C^2GS^2 模型中分母为系统 A 的输入,分子为系统 B 的输出,则系统 A 对系统 B 的协同效度 $X_e(A/B) = \sigma_e^0(A/B)$,见 (6-11) 式:

$$\begin{cases} \sigma_e^0(A/B) = \min\sigma_e(A/B) \\ \text{s. t.} \sum_{j=1}^n x_{Aj}\lambda_{A/Bj_j} + s^- = x_{A0}\sigma_e(A/B) \\ \sum_{j=1}^n y_{Bj}\lambda_{A/Bj} - s^+ = y_{B0} \\ \sum_{j=1}^n \lambda_{A/Bj} = 1 \\ \forall\, \lambda_{A/Bj} \geqslant 0,\ j = 1,2,\cdots,n;\ s^+ \geqslant 0;\ s^- \geqslant 0 \end{cases} \quad (6-11)$$

系统 A 对系统 B 的发展效度为:

$$F_e(A/B) = S_e^0(A/B) = \theta_e^0(A/B)/\sigma_e^0(A/B) \quad (6-12)$$

$0 \leqslant F_e(A/B) \leqslant 1$,$F_e(A/B)$ 越靠近 1,则系统 A 对系统 B 的发展效度渐佳;同理,$0 \leqslant X_e(A/B) \leqslant 1$,$X_e(A/B)$ 越趋近 1 则系统 A 对系统 B 的协同效度渐佳;$X_e(A/B) = F_e(A/B) = Z_e(A/B) = 1$ 时,系统 A 对系统 B 综合有效、协同有效和发展有效同时实现,系统 A 的输入对系统 B 输出的效率相比之下是最佳的,表明系统 A 对系统 B 具有最适输入输出匹配量。

同理,可求得系统 B 对系统 A 的协同发展综合效度 $Z_e(B/A)$、协同效度 $X_e(B/A)$ 和发展效度 $F_e(B/A)$。(6-1) 式中的分母是系统 A 的输入数据,不同之处在于分子是系统 B、C 输出数据的组合,可求得 $Z_e(A/B, C)$,即系统 A 对系统 B、C 的协同发展综合效度,按照上述方法,依次求得协同效度 $X_e(A/B, C)$ 和发展效度 $F_e(A/B, C)$。

(2) 两两子系统间的协同效度、协同发展综合效度和发展效度计算公式分别如下:

$$X_e(A,B) = \min\{X_e(A/B),\ X_e(B/A)\}/\max\{X_e(A/B),\ X_e(B/A)\}$$
$$(6-13)$$

$$Z_e(A,B) = \min\{Z_e(A/B),\ Z_e(B/A)\}/\max\{Z_e(A/B),\ Z_e(B/A)\}$$
$$(6-14)$$

$$F_e(A,\ B) = Z_e(A/B)/X_e(A/B) \qquad (6-15)$$

（3）三个子系统间的协同效度、协同发展综合效度和发展效度计算公式分别为：

$$X_e(A,\ B,\ C) =$$
$$\frac{X_e(A/B,\ C)\times X_e(B,\ C) + X_e(B/A,\ C)\times X_e(A,\ C) + X_e(C/A,\ B)\times X_e(A,\ B)}{X_e(B,\ C) + X_e(A,\ B) + X_e(A,\ C)}$$
$$(6-16)$$

$$Z_e(A,\ B,\ C) =$$
$$\frac{Z_e(A/B,\ C)\times Z_e(B,\ C) + Z_e(B/A,\ C)\times Z_e(A,\ C) + Z_e(C/A,\ B)\times Z_e(A,\ B)}{Z_e(B,\ C) + Z_e(A,\ B) + Z_e(A,\ C)}$$
$$(6-17)$$

$$F_e(A,B,C) = Z_e(A,B,C)/X_e(A,B,C) \qquad (6-18)$$

（4）k 个子系统间协同效度、协同发展综合效度和发展效度计算公式分别为：

$$X_e(1,\ 2,\ \cdots,k) = \frac{\sum_{i=1}^{k} X_e(i/\ \bar{i}_{k-1})\times X_{ek-1}(i/\ \bar{i}_{k-1})}{\sum_{i=1}^{k} X_{ek-1}(\bar{i}_{k-1})} \qquad (6-19)$$

$$Z_e(1,\ 2,\ \cdots,k) = \frac{\sum_{i=1}^{k} Z_e(i/\ \bar{i}_{k-1})\times Z_{ek-1}(i/\ \bar{i}_{k-1})}{\sum_{i=1}^{k} Z_{ek-1}(\bar{i}_{k-1})} \qquad (6-20)$$

$$F_e(1,\ 2,\ \cdots,k) = Z_e(1,\ 2,\ \cdots,\ k)/X_e(1,\ 2,\ \cdots,\ k) \qquad (6-21)$$

其中，$k\geqslant 3$，表示子系统的个数。（6-20）式中 i_{k-1} 表示子系统 i 除外的其他任意 $k-1$ 个子系统的组合，$Z_{ek-1}(\bar{i}_{k-1})$ 表示 $k-1$ 个子系统间的综合效度；$Z_e(i/\bar{i}_{k-1})$ 表示子系统 i 对其他任意 $k-1$ 个子系统的综合效度。

四　指标的选取

（一）指标设置原则

DEA 评价中至关重要的工作之一是构建输入和输出指标体系，输入输出指标体系与评价结果有直接关系。首先，科学反映评价目标及内容是 DEA 评价中选择输入、输出指标的第一原则；其次，具有强相关关系的指标可能会影响 DEA 评价的科学性，产生不尽如人意的结果，因此，技术上应做相关性分析，避免相关关系强的指标出现；最后，应综合考虑指标的多样性、简明性和可获得性，指标既不能太过繁杂也不能太过简单，指标体系过于繁杂影响评价结果，太过简单又容易以偏概全。

在指标体系选择中应遵循实用性与可操作性、科学性与现实性相统一原则。由上文内容分析，区域生态—环境—经济—社会耦合系统协同发展范畴很广，既要实现区域生态、环境、经济、社会协同发展目标，又要关注诸个子系统间复杂相互作用下的耦合协同机制，对区域耦合系统的评价涉及区域生态、环境、经济、社会等多个方面。鉴于此，耦合系统协同发展的指标体系需要建立在科学统计、定量核算基础上，以求系统反映协同发展的目标与内涵。此外，虽然耦合系统协同发展涉及了区域生态环境、经济、社会等诸多领域，理论上讲指标体系应力求全面、详尽，但不能面面俱到、包罗万象，应具有代表性，考虑可获得性，如部分区域生态、环境相关的政策法律法规等数据不易获得或无法量化的指标可暂不列入指标体系中。

DEA 方法的主要目的和核心工作是评价，旨在寻找各决策单元有效性差别，或者查找出显著影响决策单元有效性的指标，因此指标体系的确定不能仅限于某个单一的评价目标，指标选择的常用方法是围绕总体评价目标，构建多个输入（输出）指标体系，通过对各体系进行 DEA 评价比较分析输出结果，从中找出影响程度较大的因素。对于那些与评价目标关系紧密，环境、经济或者社会意义直观明显的指标，可以直接认定为输入（输出）指标。

（二）指标构建及筛选

借鉴不同学者指标选取的方法，本书中指标的确定方法是：首先，指标的初选工作，以文献梳理、理论分析、频度统计等方法为基础，按照反映到位、意义明确、普遍适用等原则选择变量，确定评价指标体系的内容。其次，指标的征询与遴选，运用专家咨询法、小组讨论法将初选出来的指标提交给相关领域的专家和学者同人，征询意见，回收并仔细斟酌，并进行结果反馈，如此反复，逐步去掉那些与目标和主体关系较远、彼此之间相互重复或相关性强的指标，通过此步骤建立一般指标体系。最后，确定指标，为使指标体系具有针对性与可操作性，应结合区域的生态环境特征、经济社会发展状况，在德尔菲法基础上根据指标数据的可获得性，建立起具体指标体系，采用独立性分析、相关性分析、主成分分析等量化分析方法对指标进行归纳、梳理和筛选，确定最终的评价指标体系。

　　本书评价指标体系建立的程序如图 6－7 所示。区域生态—环境—经济—社会耦合系统的统计数据与纯粹的数理统计数据有不同之处，前者没有固定的分布形态，数据的变化受管理行为、群体行为、目标行为等影响，不能完全依照数理统计学中主成分分析、相关性分析等方法，应将量化分析的客观方法与研究者的主观判断相结合。

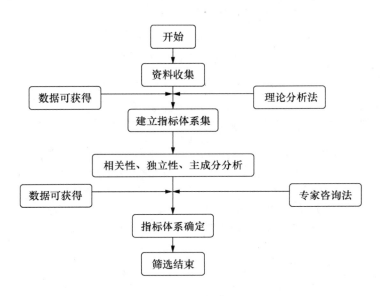

图 6－7　指标筛选程序

（三）输入输出指标集的确定

发展效度表明系统的发展状况，协同效度表明系统的结构状况，协同发展综合效度则表明系统协同和发展两个层面的状况，区域生态—环境—经济—社会耦合系统的协同发展评价主要围绕发展效度、协同效度和协同发展综合效度三个层面进行。耦合系统输入、输出指标集选择主要包括：科学全面地反映评价目标和内容；注重指标实用性和可获得性；体现系统演化中生态、环境、经济、社会主要影响因素的作用；避免输入或输出指标集内部间强相关关系的存在。

区域生态—环境—经济—社会耦合系统由区域生态环境、经济和社会子系统耦合形成，几个子系统间的协同发展效度则表明耦合系统的协同发展效度区域生态—环境—经济—社会耦合系统的协同效度、发展效度和协同发展综合效度可以分别用子系统间的效度反映。区域生态—环境—经济—社会耦合系统协同发展评价的第一步是建立相应子系统的输入、输出指标集，然后依据第六章第三节中的公式，计算出各子系统内部及子系统间的发展效度、协同效度和协同发展综合效度，最终计算出耦合系统的发展效度、协同效度和综合效度。

按照区域生态—环境—经济—社会耦合系统各组成子系统可将指标集分解为：区域生态系统指标子集、区域环境系统指标子集、区域经济系统指标子集和区域社会系统指标子集，再分别将各子系统评价指标分为输入、输出指标集两大类，具体各子系统输入、输出指标集的确定如表6-1、表6-2和表6-3所示。

表6-1　　　　　　　　　生态环境子系统指标集

投入指标	产出指标
"三同时"环保投资/反映环境资本投入	工业"三废"达标排放率/反映环境净化度
"三同时"执行率/反映环境执行力	工业废水达标排放率/反映环境净化度
污染治理项目完成投资/反映环境资本投入	工业固体废物综合利用率/反映环境净化度
环保资金占GDP的比例/反映环境资本投入率	城市污水垃圾处理率/反映环境净化度
工业企业专职环保人员数/反映环境人力投入	环保产业产值/反映循环利用产值
区域环保系统人员数/反映环境人力投入	"三废"综合利用产值/反映循环利用产值
能源消费总量/反映资源投入	人均绿地面积/反映生态环境状况
万元GDP能耗/反映资源利用率	人均居住面积/反映生态环境状况
工业废水产生量/反映循环利用投入	城市人均住房面积/反映生态环境状况
工业废气排放量/反映循环利用投入	森林覆盖率/反映生态环境状况
工业固体废物产生量/反映循环利用投入	草场覆盖率/反映生态环境状况
	水土流失治理面积比例/反映生态环境状况

表 6 - 2　　　　　　　　　　　　经济子系统指标集

投入指标	产出指标
全社会固定资产投资额/反映物质投入 全社会从业人员数/反映人力投入 外商直接投资/反映外资投入	人均 GDP/反映经济规模 经济增长率/反映发展速度 第三产业占 GDP 的比重/反映经济结构 利用外资占 GDP 的比重/反映经济竞争力 居民消费支出/反映消费实力

表 6 - 3　　　　　　　　　　　　社会子系统指标集

投入指标	产出指标
每万人拥有电话数/反映信息交流水平 每万人拥有医生数/反映卫生保健水平 每万人拥有铁路公路长度/反映交通水平	城市化率/反映城市化水平 参加社会保险人数比例/反映社会保险水平 每万人拥有的大学生数/反映教育水平 1 - 登记失业率/反映社会稳定状况

需要注明的是，表 6 - 1、表 6 - 2 和表 6 - 3 中列举的仅是区域生态、环境、经济、社会不同截面的输入、输出指标，在实证分析中还需根据横向、纵向不同决策单元的性质，以及数据可获得性进行调整。例如，草原占有率、森林覆盖率指标可以作为反映某一地区生态环境纵向变化的指标，却不易针对全国各省份、自治区进行横向比对，其原因在于所处地域不同，气候、地貌自然有别，缺乏客观上的可比性。同样，按照常理推断，越是经济发达的大城市及东部地区，人均住房面积越小，而农村、小城镇及广大西部地区人稀地广，人均住房面积自然大些，因此，人均住房面积指标也不宜用作不同区域决策单元的指标进行比对。

本章小结

数据包络分析（DEA）方法是针对具有多输入、多输出的多个决策单元进行的效率评价，具有多目标、多层次性，无须事先确定权重和函数形式，不受数据量纲影响，并指出非有效单元指标值的调整方向和调整值，非常适用区域生态—环境—经济—社会耦合系统协同发展评价。

DEA 模型中 C^2R 模型测算的是综合效率，C^2GS^2 模型测算的是技术效率，前者与后者的比值为规模效率。技术效率反映了系统的结构比例，表明决策单元各生产要素所处的状态；规模效率刻画了决策单元投入、产出间对应的变化关系；综合效率体现了结构和规模两个方面。因此，本书中定义系统的协同有效即为技术有效，发展有效即是规模有效，协同发展综合有效由两者的乘积求得。系统 A 对系统 B 的效度则是取系统 A 的输入指标数据，系统 B 的输出指标数据进行规划；系统 A 对系统 B、C 的效度取系统 A 的输入指标数据，系统 B、C 的输出指标数据组合进行规划求解，三个系统以上依次推理。

生态、环境、经济、社会输入输出指标集的确定应严格遵循科学全面反映评价目标和内容；注重指标实用性和可获得性；体现系统演化中生态、环境、经济、社会主要影响因素的作用；避免输入或输出指标集内部间强相关关系的存在等原则。

第七章 河南省生态—环境—经济—社会耦合系统协同发展研究

本章首先分析河南省生态、环境、经济、社会系统发展现状及存在问题。① 以时间序列数据为评价单元，分析不同年份河南省生态环境、经济、社会耦合系统演化态势；以河南省 18 个地市为空间序列评价单元，考察各地市耦合系统在全省各地区中所处的位置，对评价结果进行聚类分析，比对各地市协同发展状况。

一 河南省耦合系统发展现状

（一）人口要素及发展现状

人口是区域生态—环境—经济—社会耦合系统的关键性、能动性要素，是耦合系统协同发展的主体。新中国成立以来，河南省人口总量由1949 年年末的 4174 万人增加到 2010 年年末的 10489 万人，人口成为河南省生态—环境—经济—社会协同发展的关键扰动因素，其扰动作用主要表现在以下几个方面：

1. 较大的人口基数导致就业和资源环境压力巨大

河南是全国的人口大省，人口总量、增量都比较大，根据 2010 年第六次全国人口普查资料，河南常住人口 9402 万，低于广东和山东，居全国第 3 位；但是，如果考虑流动人口，河南是全国第一人口大省。从人口增长的速度和规模看，20 世纪 90 年代以来，河南人口增长速度明显降低，基本维持在 10‰以下；但由于庞大的人口基数，加上人口发展的惯

---

① 第七章第一部分主要参考高友才《中原经济区包容性增长路径研究》第六章的内容，经济科学出版社 2013 年版。

性，全省每年增加的绝对人口数量依然在 50 万以上。1990—2010 年的 20 年间共增加 1368 万人，年均增加 68.4 万人，年均增长率为 7.9‰，人口的低增长率与高增长量并存。由于劳动人口数量的持续增长，需要足够的经济增长速度来满足就业增长的需要，而经济增长速度的加快，又必然会造成资源环境的紧张。

2. 人口地区分布不平衡

由于历史、社会、经济等各方面因素影响，河南的人口发展也存在地区之间与城乡之间的不平衡，特别是 20 世纪 90 年代以来，全省的人口增长呈现明显的地区与城乡差异，从表 7 - 1 可以清楚地看到各地区人口分布与发展额差异情况。郑州、洛阳、鹤壁、新乡、焦作、濮阳、漯河、南阳等地市常住人口增加，郑州增加得最快；而开封、安阳、商丘、信阳、周口、驻马店常住人口减少，许昌、三门峡、济源人口变动幅度很小。

表 7 - 1　　河南省各辖市 2007 年、2012 年人口数与人口增长情况

单位：万人、%

地市	人口总数		增长量	增长率	年均增长率	城镇人口		农村人口	
	2007 年	2012 年				2007 年	2012 年	2007 年	2012 年
全省	9869	10543	674	6.83	1.37	3389	3991	6480	5415
郑州市	736	903	167	22.69	4.54	404	599	256	304
开封市	468	465	- 3	- 0.58	- 0.12	173	185	309	281
洛阳市	634	659	25	3.94	0.79	267	316	383	343
平顶山市	484	493	9	1.84	0.37	193	222	306	271
安阳市	519	508	- 11	- 2.06	- 0.41	193	216	346	293
鹤壁市	142	159	17	11.83	2.37	67	82	78	77
新乡市	552	567	15	2.69	0.54	208	253	350	314
焦作市	339	352	13	3.83	0.77	150	179	195	173
濮阳市	349	360	11	3.08	0.62	116	127	245	233
许昌市	429	430	1	0.15	0.03	163	184	291	246
漯河市	247	256	9	3.56	0.71	91	110	165	146
三门峡市	221	223	2	1.00	0.20	95	106	128	117
南阳市	995	1015	20	2.00	0.40	360	374	725	641
商丘市	764	732	- 32	- 4.16	- 0.83	248	245	576	487
信阳市	663	640	- 23	- 3.50	- 0.70	249	244	550	395

地市	人口总数		增长量	增长率	年均增长率	城镇人口		农村人口	
	2007 年	2012 年				2007 年	2012 年	2007 年	2012 年
周口市	990	881	-109	-11.04	-2.21	281	295	800	586
驻马店市	764	694	-70	-9.21	-1.84	219	232	625	462
济源市	68	70	2	3.38	0.68	31	38	37	33

说明：2007 年、2012 年选取的全省人口总数含流动人口数，而各省辖市的数据则是常住人口数。

资料来源：《河南统计年鉴》（2008）和《河南统计年鉴》（2013）。

3. 人口老龄化速度加快但发展不平衡

从 1982 年第三次人口普查以来，河南省人口老龄化速度开始大大加快，1982 年河南省人口年龄结构为成年型，老年人口比重（65 岁及以上老年人口占总人口的比重）为 5.23%；进入 21 世纪的前 5 年，老年人口比重一直保持在 7.10% 上下，人口年龄结构已经发展为老年型（65 岁及以上老年人口比重超过 7% 称为老龄社会）；到 2010 年第六次人口普查时，这一比重更是高达 8.35%。全省人口的年龄结构已属于高度老化。

河南省人口老龄化速度加快的同时，还体现出城乡和地区之间发展的不平衡。2000 年，全省市、镇和乡村的老年人口比重分别为 5.79%、5.97% 和 7.49%。可见，城乡人口老龄化水平存在着较大的差异，乡村人口老龄化水平最高，镇次之，城市最低。在地域差异方面，河南省各辖市的老龄化程度也存在着较大差异。统计资料显示，2010 年，河南省各辖市中，老年人口比重最高的为信阳市（9.5%）。老年人口比重高于全省平均水平（8.35%）的还有平顶山（8.8%）、许昌（8.88%）、漯河（9.37%）、商丘（9.0%）、周口（8.7%）和驻马店（9.4%），其余各市的老年人口比重均低于全省平均水平。

中原经济区人口老龄化对区域内的经济发展方式提出了重大挑战，首先，在于人口转型对经济发展方式的影响，人口老龄化意味着原有的人口红利将大幅度减少，储蓄率、投资率将会自然走低，经济发展的速度下台阶是迟早的过程，如何应对"未富先老"的挑战，推动经济发展方式转型，成为必须面对的重大课题。其次，人口老龄化要求社会建设进程的加快。老龄人口增长，对养老服务的需求急剧增长，原有的家庭养老模式已经无法适应新的形势，养老基金的需求缺口较大，养老机构严重不足，养老能力欠缺，要求未来的社会建设必须更重视养老需求。

4. 人口总体受教育程度低于全国平均水平

新中国成立 60 多年来，河南的教育事业取得了长足发展，特别是最近十年来，人口总体受教育程度显著提高（见表 7 - 2）。但是，由于经济基础差，底子薄，河南省受教育程度较高的人口所占比重较小，居民平均受教育程度偏低，在全国处于落后地位，且低于全国平均水平（见表 7 - 3）。

表 7 - 2　　　　　河南省 2000 年和 2010 年受教育人口状况　　单位：万人、%

受教育程度	2000 年人数	2000 年占总人口比重	2010 年人数	2010 年占总人口比重
大学（大专以上）	248	2.67	602	6.01
高中	928	10.09	1242	12.39
初中	3646	39.37	3993	39.86
小学	3073	33.23	2267	22.63

资料来源：《河南统计年鉴》（2008）和《河南统计年鉴》（2011）。

表 7 - 3　　　　　河南省 2010 年受教育人口与全国平均水平比较　单位：万人、%

受教育程度	河南人数	占河南总人口比重	全国人数	占全国总人口的比重
大学（大专以上）	602	6.01	11974	8.93
高中	1242	12.39	18816	14.03
初中	3993	39.86	52011	38.79
小学	2267	22.63	35908	26.78

资料来源：《河南统计年鉴》（2011）和《中国统计年鉴》（2011）。

（二）资源系统发展现状

河南省位于我国中东部，黄河中下游，处于我国北亚热带和暖温带过渡区，横跨我国二三级地貌台阶。特殊的自然地理位置，构造了丰富多彩的自然资源。

1. 资源现状

（1）耕地资源现状。河南省土地总面积为 16.56 万平方公里，其中耕地面积为 808.13 万公顷（12121.88 万亩，占土地总面积的 48.8%），是耕地总面积所占比例为全国最高的省份，人均耕地为 0.00867 公顷

（1.29 亩），大致相当于全国平均水平 1.59 亩的 81%，仅相当于世界人均耕地 3.75 亩的 34%。

（2）水资源现状。河南省横跨黄河、淮河和长江，境内 1500 多条河流纵横交织，流域面积 100 平方公里以上的河流有 493 条。但河南是我国北方严重缺水的省份之一。2010 年，全省水资源总量为 534.89 亿立方米，居全国第 18 位，其中地表水资源量为 415.70 亿立方米，地下水资源量为 214.66 亿立方米，扣除地表水与地下水资源重复利用量 95.47 亿立方米，人均水资源占有量为 568.70 立方米，居全国 23 位，仅为全国人均占有量的 1/4。降水量为 841.7 毫米。就全国而言，河南省属于重度缺水省份。从全省看，水资源分布特点是西南山丘区多，东北平原少。

（3）矿产资源现状。截至 2012 年年末，河南全省已发现的矿种为 141 种，查明资源储量的矿种共计 106 种；已开发利用的为 92 种，其中能源矿产 6 种，金属矿产 23 种，非金属矿产 61 种，水气矿产 2 种。矿业产值连续多年处于全国前五位，是我国重要的矿业大省。全省矿产资源主要分布在京广线以西和豫南地区，豫东平原上仅有中原油田和永城煤田，煤炭资源集中分布在京广线以西；钼矿资源主要集中分布在洛阳市栾川县、汝阳县境内，豫南信阳市钼矿勘查工作已取得重大突破，显现了豫西、豫南连片的发展前景；石油、天然气资源集中分布在豫东北的濮阳市和豫西南的南阳市；铝土矿集中分布在郑州以西到三门峡一带。① 截至 2007 年年底，载入河南省矿产资源储量简表（矿产资源储量数据库）的固体矿产共 84 种，矿区为 1085 个，当年新增矿区 226 个；矿产产地共 1 443 个，新增矿区矿产 407 个，其中主要矿产产地（含单一矿产产地）1124 个，共生、伴生矿产产地 319 个。按矿床规模划分，在 1085 个矿区中大型的有 150 个（含特大型），中型的有 259 个，小型的有 492 个，小矿有 58 个，其他的有 184 个，暂无规模指标的 1 个（安阳县九龙山霞石正长岩矿区）。已利用矿区为 542 个，未利用矿区为 269 个。

（4）能源资源现状。河南既是能源消费大省，也是能源生产大省。河南省能源生产总量名列前茅，人均占有能源消费量为 176.58 千克标准煤，占全国人均的 69.4%。近七年河南省能源生产与消耗情况如表 7-4 所示，

---

①　张太鹏、宋会传：《无人机技术在现代矿山测量中的应用探讨》，《矿山测量》2010 年第 6 期。

由表 7 - 4 可知，河南的能源消费与生产缺口日益增加。同时，河南省能源生产以煤及石油为主，造成严重的环境污染。

表 7 - 4　　　　　　　　　河南省能源生产及消费情况

年份	2006	2007	2008	2009	2010	2011	2012
能源生产总量 （万吨标准煤）	15002	14604	15487	17002	18672	18298	12666
能源消费总量 （万吨标准煤）	16234	17838	18976	19751	21438	23061	23647
生产/消费缺口 （万吨标准煤）	16234	17838	18976	19751	21438	23061	23647

资料来源：《河南统计年鉴》（2006—2013），中国统计出版社。

煤炭资源。河南省素以煤炭资源丰富著称，煤炭资源是常规能源最重要的组成部分之一，近五年生产量占河南省总生产量的 90% 以上，消耗占80% 以上。总储量居全国第 9 位，已探明的储量居全国第 7 位，煤炭年产量达全国总产量的 10% ，仅次于山西省，居全国第 2 位，是我国的产煤大省。全省含煤系地层面积为 62815 平方公里，约占全省面积的 37% ，预测埋藏深度在 2000 米以上的煤层含煤面积为 16447 平方公里，已勘探面积为 2263平方公里，占全省含煤面积的 12% ，勘探程度还是相当低的。

石油资源。河南的石油资源相对比较贫乏。2010 年，石油基础储量为5051. 21 万吨，占能源总量的 3. 8% ，占全国基础储量的 1. 6% ，位居全国第11 位。目前只有位于濮阳的平原油田和位于南阳的河南油田。

天然气资源。河南省天然气基础储量为 99. 21 亿立方米，只占全国总储量的 0. 26% 。天然气在能源结构中仅占 0. 5% ，为全国水平的 31. 9% 。目前，河南省在西气东输工程中起承东启西的作用，也为利用天然气打下了坚实的基础。

电力资源。河南省煤炭资源丰富，具有发展坑口、路口电站的优越条件，是全国重要的火电基地之一。河南省电网南与湖北相连，北与河北相接，顺利实现南北通道贯通，网架交换能力大大提高。全省实现了城乡居民生活用电同价。外商投资建设的新中益电力、南阳普光电力、郑州开封新力电力、焦作万方电力、郑州登源电力等约 30 家电力公司均在良好运营中。

2. 资源利用存在的问题

（1）耕地资源利用的问题。第一，城市化、工业化的快速发展制约耕地的可持续利用。随着城市化进程的加快，没有充分将土地利用的宏观调控和微观设计相结合，导致城市侵蚀耕地严重，一些地方乱占耕地、违法批地的问题没有从根本上解决，土地闲置率高，耕地退化严重。表7-5显示，2008年河南省耕地资源减少的总面积达到3.96万公顷，非农建设占用耕地导致耕地数量减少，制约着耕地的可持续利用。第二，人均耕地逐渐下降，由于河南省人口基数大，人口增长绝对数量多，人多地少的状况日益严重。第三，随着经济社会的不断发展，尤其是城镇化、工业化进程的日益加快，耕地资源的压力将越来越大。[①]

表 7-5　　　　　　　2000—2008 年河南省耕地变动情况

年份	2000	2001	2002	2003	2004	2005	2006	2007	2008
耕地面积（万公顷）	808.13	807.82	801.16	793.6	792.63	792.63	792.66	796.6	792.64
人均耕地人／（公顷）	0.0852	0.0845	0.0833	0.0821	0.0816	0.0812	0.0807	0.0807	0.0799
人口（万人）	9488	9555	9613	9667	9717	9768	9820	9869	9918

资料来源：《河南统计年鉴》（2013）。

（2）水资源利用和开发问题。一是水资源匮乏，未来水资源严重不足。2010年，河南省的人均、亩均水量仅相当于全国的25%，相当于世界平均水平的4%，属于严重缺水的省份。解决途径全部依靠过境水或修建南水北调等饮水工程调剂，一旦过境水减少或各种水利工程不能如期完成，水资源将会严重不足。二是河南省水污染严重，特别是河流水质较差，水环境恶化。随着河南经济的发展、工业化、城市化进程的加快，"三废"日益增加，废水大量增加导致水环境恶化，水体的污染造成缺水—污染—更缺水—更污染的恶性循环。三是河南省水资源利用率不高，效益低下，农田灌溉水有效利用系数平均只有0.45，远低于发达国家的

---

① 张震、贺振、贺俊平等：《河南省耕地资源现状分析及对策研究》，《资源开发与市场》2009年第12期。

0.7。四是河南省地下水开采不合理，局部地区严重超采。河南省地表水资源量紧缺，地下水逐渐成为河南省的主要水资源，大范围超采地下水还带来了地下水污染、土壤沙化等一系列生态问题。

（3）矿产资源利用问题。首先，矿产开发中破坏、浪费资源问题依然存在。河南省在开发矿产过程中乱采滥挖、采富弃贫、采厚弃薄、采易弃难，对原本稀缺的不可再生矿产资源造成破坏和浪费，在铝土矿和耐火黏土矿的开采中尤为突出。同时，矿石采选回收率低，部分矿产未能采出或混于废石废渣中而浪费；而伴生矿产和共生矿产综合回收率低，相当多的伴生矿产和共生矿产在主矿产开发时未能综合回收利用而白白浪费了。其次，矿业产业结构不合理。一是不同矿种的开发力度不均，有的矿种开发强度过大，储采比已降得很低，矿山生产保证年限短或后备开发基地不足，如金、萤石、煤矿等，而有些矿种资源储量大当前开发规模都相对较小，资源的潜在优势未能充分地发挥出来。二是矿业规模普遍偏小。大中型矿山少，而小矿山及民采矿点多，未能形成规模经营并获得规模经济效应，而且矿山布局不尽合理。三是产品结构不合理，产品线过短，技术含量低，初级产品及低档产品居多，经深加工的高精细产品少。河南省矿山区主要出售廉价初级原矿，产品附加值低，盈利不高。最后，在矿产的开发过程中对生态环境造成不良影响。河南省在开发矿产过程中对自然生态环境造成一定影响，有的矿山在采选过程中将废渣、废水乱排乱放，造成环境污染、水道堵塞、植被破坏等现象，致使自然生态环境严重恶化。矿产开发有时还引发地面塌陷、滑坡、泥石流等地质灾害。被破坏的土地、水体和植被多未治理恢复，河南省矿产开发中的环境保护与治理仍任重道远。

（4）能源利用与开发中的问题。河南省能源利用和开发不合理造成了能源的大量浪费和对环境的污染，为河南经济发展带来了一定的阻碍，主要表现在以下几个方面：一是能源生产结构不合理。2011 年河南能源生产中原煤和原油生产量占生产总量的 96.1%，而天然气、水电的生产量分别只占生产总量的 0.4% 和 3.6%。而全国的天然气和水电这些清洁能源的生产量分别占能源生产总量的 4.3% 和 8.8%，与之相比，河南清洁、环保能源的生产量占比过小，能源生产结构不合理。二是能源消费总量大。虽然河南省的人均生活能源消费量略低于全国的平均水平，但是河南省是我国人口第一大省，能源消耗的总量大。从历史来看，河南省能源消耗总量呈现绝对递增的状态，2011 年河南能源消耗总量为 23061 万吨标准煤。三是能源消费结构不合理。河南省的能源消费主要集中在煤和石油等化石能源的消费，化石能源的消费是烟尘、二氧化硫、有害固体废弃物等污染物的主要来源。河南省化石能源的消费占总能源消费的 94.3%，虽然全国能源消费也不合理，但是河南省还是高于上年的 87%，能源消费结构更加不合理。四是能源加工转换率不高。河南省的能源加工转换率低于全国水平，使能源不能得到充分有效的利用，造成能源浪费。2010 年，全国平均能源加工转换总效率是 72.86%，到 2011 年，河南仍没有达到全国 2010 年的水平。对能源的不合理利用，影响了资源、环境与经济的耦合协同发展。

（三）环境系统发展现状

1. 环境现状

河南属北亚热带向暖温带过渡的大陆性季风气候，四季分明、雨热同期、复杂多样。全省年平均气温一般为 12℃—16℃，年平均降水量为 500—900 毫米，降雨以 6—8 月最多，全年无霜期从北到南为 180—240 天，光照充足，适合农作物生长。省内拥有流域超过 100 平方公里的河流 493 条，全省水资源总量为 413 亿立方米，居全国第 19 位。

河南在农业和工业高速发展的同时，全省环境保护工作取得了持续的进展，政府积极出台政策措施，改善河南环境质量。2002 年 2 月，河南省政府批准印发了《河南省环境保护"十五"计划》，确定河南"十五"期间环保目标是改善四大水体水质，控制工业污染，减少废弃物排放量，初步遏制生态恶化，提高环境质量。在实际执行中，河南省细化环保目标，每年设置不同的工作重点，以更好地完成总目标。2006 年，河南省环保重点是严厉整治工业污染排放，对 6 个重点流域和 5 个重污染区进行整治。在接下来的两年中，环保工作的重点转为减少污染物的总量排放，加强环保基础设施建设。同时结合环保重点工程的建设，进一步改善河南的环境质量。"十五"期间，河南在城市污染、垃圾处理场、工业点源技改及清洁生产、生态建设等八个方面，投资 123.5 亿元，建设环保重点工程 114 个。《河南省环境保护"十一五"规划》进一步强调了环保工作的重要性，使环境保护成为政府督察的重点工作。2007 年正式实施的《河南省建设项目环境保护条例》进一步完善了河南环保的法律法规。《河南省淮河、海河、黄河中上游水污染防治规划》的实施，为河南进一步提升水资源的质量、防治水资源污染提供了工作依据。"十一五"期间，河南省预计投资 6.7 亿元，建设环境自动监控系统，加大对环境的监管力度，并且把环境污染的监测、治理、生态系统建设逐步纳入环保工作的日程中。

2010 年，全省水土流失治理面积为 4429 千公顷，比 2007 年提高 186 千公顷。2009 年、2010 年森林覆盖率均为 20.2%，比 2008 年提高 4 个百分点。2010 年，全省废水排放总量 35.87 亿吨，较 2009 年增加 7.4%。其中工业废水排放量为 15.04 亿吨，较 2009 年增加 7.2%；城镇生活污水排放量为 20.83 亿吨，较 2009 年增加 7.5%。2010 年，全省二氧化硫排放量为 133.87 万吨，比 2009 年减少 1.2%；烟尘排放量为 54.65 万吨，比 2009 年减少 8.5%；工业粉尘排放量为 22.7 万吨，比 2009 年减少 9%。工业二氧化硫排放达标率为 94.6%，工业烟尘排放达标率为 96.4%。

2. 环境系统存在的问题

考察经济增长与环境质量之间影响的最具有代表性的是环境库兹涅茨曲线（EKC）的提出和实证。EKC 曲线提出以后，许多经济学家都做了验证环境库兹涅茨曲线是否存在的研究，但是结果不尽相同，在实证研究中环境 EKC 曲线可以拥有不同形状。借鉴学者的研究成果并基于环境库兹涅茨曲线的理论，运用实证检验河南省的经济增长与环境污染间的关系并做进一步分析。

在研究环境质量与收入变化关系的实证文献中，较多地采用污染物排放量、资源开采率和利用率、污染集中度（水资源质量、大气质量等）等几类指标来测度环境质量。结合实际情况，且考虑数据的准确性和可获得性，选取人均 GDP 作为经济发展指标；二氧化硫排放量、工业废水排放量和工业固体废弃物排放量三个指标作为环境指标，其中各类指标的时间序列长度为 1990—2010 年。实证结果发现，河南环境与经济增长呈现倒 N 形曲线，两者的关系十分严峻，只有工业二氧化硫排放量与人均 GDP 曲线跨越了双赢拐点，其余两项工业废水排放量和工业固体废弃物排放量与人均 GDP 呈正相关关系，还没有达到倒 N 形曲线的第二个拐点。显然，河南还没有进入经济发展与环境质量提高相互促进的良性循环阶段。

（四）经济、社会系统发展现状

1. 产业发展的不协调

改革开放以来，河南省产业结构实现了"三、二、一"到"二、三、一"的历史性转变。第一产业占 GDP 的比重由 1980 年的 40.7% 下降到 2011 年的 12.9%；第二产业的比重由 1980 年的 41.2% 上升到 2011 年的 58.3%；第三产业的比重由 1980 年的 18.1% 上升到 2011 年的 28.8% 后，一直在 30% 左右徘徊。从贡献率变化看，工业主导地位明显，带动作用不断增强。在工业发挥主导作用的同时，传统优势行业不断壮大，新兴产业加快发展。食品、有色、化工、汽车及零部件、装备制造和纺织服装六大优势产业的比重不断上升。① 尽管产业结构不断调整，但产业发展不协调状况依然存在，首先体现为产业结构的不协调。

（1）产业结构不协调。纵向上，河南省三次产业结构变动特征总结为三个方面，第一产业产值比重持续下降，第二产业产值比重稳中有增，第三产业产值比重先升后降（见表7-6）。

表7-6　　　　　　河南省三次产业国内生产总值及产值比重

年份	国内生产总值（亿元）			产值比重（%）		
	第一产业	第二产业	第三产业	第一产业	第二产业	第三产业
2000	1161.58	2294.15	1597.26	23.0	45.4	31.6
2001	1234.34	2510.45	1788.22	22.3	45.4	32.3
2002	1288.36	2768.75	1978.37	21.3	45.9	32.8
2003	1198.70	3310.14	2358.86	17.5	48.2	34.3
2004	1649.29	4182.10	2722.40	19.3	48.9	31.8
2005	1892.01	5514.14	3181.27	17.9	52.1	30.0
2006	1916.74	6724.61	3721.44	15.5	54.4	30.1
2007	2217.66	8282.83	4511.97	14.8	55.2	30.0
2008	2658.78	10259.99	5099.76	14.8	56.9	28.3
2009	2769.05	11010.50	5700.91	14.2	56.5	29.3
2010	3258.09	13226.38	6607.89	14.1	57.3	28.6
2011	3521.24	15427.08	7991.72	13.0	57.3	29.7
2012	3769.54	16672.2	9157.57	12.7	56.3	31.0

　　资料来源：薛双喜：《河南产业结构与就业结构协调发展研究》，硕士学位论文，西北大学，2011 年。

---

　　①　王巧玲：《河南省三次产业发展状况分析》，《当代经济》2011 年第 9 期。

横向比对同期河南省与我国部分经济发达省份产业结构水平来查找问题，总结如表 7 - 7 所示。

表 7 - 7　　　　2010 年我国不同省份产业结构对比分析　　　单位：%

省份	第一产值比重	第二产值比重	第三产值比重
河南	14.1	57.3	28.6
北京	0.9	24.0	75.1
上海	0.7	42.1	57.3
广东	5.0	50.0	45.0
山东	9.2	54.2	36.6
江苏	6.1	52.5	41.4
浙江	4.9	51.6	43.5

河南省第一产业产值比重依然较高。高出北京和上海 13 个百分点，高出广东、江苏和浙江近 9 个百分点，和山东相比，也高出近 5 个百分点，表明产业结构优化程度与发达省份仍有较大差距，这也正是产业结构不合理的关键原因。第二产业产值比重依然偏高。当前，河南省正处于工业化中后期阶段，第二产业是经济发展的支柱，产值比重一直处于稳中有增状态，2010 年高达 57.3%，比北京高出 33.3 个百分点。第三产业发展严重不足。纵向来看，虽然第三产业较以前有较大程度的提高，但与北京相比，仍然相差 46.5 个百分点，与上海、广东和浙江也有较大差距，说明河南省第三产业的发展还很不充分，没有发挥其相应的对经济的拉动作用。

（2）就业结构不合理。从表 7 - 8 可知，河南省第一产业的就业人数逐渐下降。第二产业就业吸纳人数呈现稳定上升趋势，增加幅度略高于第三产业，反映了河南省第二产业的主导地位，第三产业从业人员的增加很大一部分来自农村剩余劳动力向初级服务业转移，成为吸纳就业人数的主要力量和生力军，基本与第二产业持平。但根据国际和国内发展经验，第三产业的就业吸纳力仍有较大的提升空间和发展潜力。

从表 7 - 9 发达国家与河南省的对比分析可以看出，与发达国家 20 世纪末期的就业结构相比，河南省 2010 年的三次产业就业结构已经存在较大差距。美国、英国、德国、法国等发达国家第一产业就业比重均比较低，

表 7 - 8　　　　　　　　　　　河南省三次产业的就业组成

年份	从业人员数（万人）			各产业就业构成（%）		
	第一产业	第二产业	第三产业	第一产业	第二产业	第三产业
2000	3564	977	1031	63.96	17.53	18.50
2001	3478	997	1042	63.04	18.077	18.88
2002	3398	1038	1086	61.53	18.79	19.66
2003	3332	1084	1120	60.19	19.57	20.23
2004	3246	1142	1200	58.09	20.44	21.47
2005	3139	1251	1272	55.43	22.09	22.46
2006	3050	1351	1318	53.33	23.62	23.04
2007	2920	1487	1366	50.58	25.75	23.66
2008	2847	1564	1424	48.79	26.80	24.40
2009	2765	1675	1509	46.48	28.15	25.36
2010	2712	1753	1577	44.88	29.01	26.10
2011	2670	1853	1675	43.1	29.9	27.0
2012	2628	1919	1740	41.8	30.5	27.7

资料来源：《河南统计年鉴》（2013）。

表 7 - 9　　　　　三次产业就业结构发达国家和河南省的比较　　　　　单位:%

国家和地区（年份）	第一产业就业构成	第二产业就业构成	第三产业就业构成（%）
美国（2000）	2.6	22.9	74.3
英国（2000）	1.5	25.4	72.8
德国（2000）	2.8	34.5	62.2
法国（2000）	4.2	24.7	70.7
河南（2010）	44.88	29.01	26.10

均不足 5%，而河南省第一产业就业比例过高，2010 年仍然高达 45% 左右。同时，就业人员大部分分布于第三产业表明第三产业已成为发达国家的国民经济支柱产业，而相比之下，河南省正处于工业化快速演进阶段。河南省第二产业发展水平相对比较合理，与 20 世纪末的水平基本一致。而河南省第三产业的就业比重仅为 26% 左右，与发达国家 70% 左右的水

平相差甚远。①

（3）产业经济贡献率以及产值占全国比重不协调。表 7 - 10 反映了
河南省三次产业的经济贡献率以及三次产业产值分别占全国总值的比重。

表 7 - 10	河南省三次产业贡献率		单位：%
年份	第一产业	第二产业	第三产业
2000	10. 2	62. 6	27. 2
2001	14. 0	49. 7	36. 3
2002	10. 6	55. 8	33. 6
2003	- 5. 0	74. 6	30. 4
2004	17. 5	58. 4	24. 1
2005	9. 8	62. 2	28. 0
2006	9. 0	64. 1	26. 9
2007	4. 1	67. 0	28. 9
2008	6. 5	68. 5	25. 0
2009	5. 1	64. 8	30. 0
2010	4. 5	68. 5	27. 0
2011	4. 3	63. 6	32. 1
2012	5. 8	65. 1	29. 1

表 7 - 11	河南省产业产值占全国比重					单位：%
年份	1952	1978	2000	2009	2010	2011
生产总值	5. 3	4. 5	5. 1	5. 8	5. 3	5. 7
第一产业	6. 6	6. 3	7. 8	7. 8	8. 0	7. 4
第二产业	5. 8	4. 0	5. 0	7. 0	6. 0	7. 0
第三产业	2. 8	3. 3	4. 1	3. 9	3. 7	3. 9

从表 7 - 11 可以看出，河南省主要经济增长以第二产业为主，第二产
业的经济贡献率超过 50%，是河南省主要经济来源，农业的发展还是处
于初级生产模式，没有实现大规模的农业生产和现代化的配套设施。第三

---

① 薛双喜：《河南产业结构与就业结构协调发展研究》，硕士学位论文，西北大学，
2011 年。

产业没有形成相应规模，结构层次偏低，增加值低于全国水平。由此，河南省三大产业发展方向上存在漏洞，过度依赖第二产业，忽视第一产业的产业升级和第三产业的规模化发展，三次产业不协同日益突出。

2. "三化" 不协调

（1） "三化" 不协调发展的表现。

第一，城乡收入差距扩大。河南省城乡居民收入迅速提高，但差距悬殊。城乡收入差距持续扩大，农村发展落后于城市，农业现代化与工业化、城市化之间不协调。对河南省 1978—2012 年的数据分析发现，改革开放以来，城乡居民收入呈现逐年增长的态势，但城市居民增长显著。近年来，党和政府采取了"多予、少取、放活"以及农业税减免等多种政策措施，农民收入也有了较大提高，河南省农村居民家庭人均纯收入由 1990 年的 526. 95 元，提高到 2012 年的 7524. 94 元，但与城镇居民收入相比，农民收入仍处于较低的水平，而且城乡居民收入差距逐年拉大，1990 年河南省城乡收入比为 2. 4：1，1995 年扩大为 2. 68：1，2000 年扩大为 2. 82：1，2005 年扩大为 3. 02：1，2009 年持续高位运行，达到 2. 99：1，此后，直到一直保持在 3：1 左右，河南省城乡人均收入比远远高于大多数国家 1. 5：1 的水平。

2010 年，河南省城镇居民最高收入户人均可支配收入为 37003 元，比 2001 年 11590 元增长 2. 99 倍。而最低城镇居民人均可支配收入为 5491 元，比 2011 年的 2006 元仅增长了 1. 74 倍，远低于高收入户的增长幅度。河南统计局的数据显示，2006—2010 年，河南省城镇居民的收入不良指数平均为 6. 66。自 2001 年以来，河南省城镇居民的收入不良指数就保持在 6—7，说明十多年来城镇居民收入差距没有明显改善。如果加上工资外收入、社会保险、福利待遇等隐性收入以及不动产资产，全省"收入不良指数"值将更大。[①]

第二，城镇化水平低，滞后于工业化。2009 年，河南省工业总产值为 27708. 15 亿元，仅次于江苏、山东、广东、浙江和辽宁，位居全国第六。但河南省的城镇化水平远低于全国平均水平，2009 年城镇人口比重为 37. 7%，位居东中部最后，仅高于西部地区贵州、云南、西

---

① 《城镇居民收入郑州洛阳安阳平顶山焦作排河南前五》，人民网河南频道（http：//henan. people. com. cn/news/2011/12/28/587745）。

藏和甘肃4个省份，与全国平均水平46.59%相差近十个百分点。河南省城镇化严重滞后于工业化发展要求的现状，成为"三化"协调发展的主要症结所在。

第三，农村剩余劳动力转移压力巨大，工业化未能有效支撑城镇化。河南省人多地少，农村劳动力富足，2009年，人均耕地面积为0.08公顷（约1.2亩），部分地方为0.04公顷以下（约0.6亩），随着农业技术的运用和机械化操作，农村剩余劳动力更多。据河南省农业厅统计，2009年，河南省农村富余劳动力3200万人，转移输出2155万人，尚有1045万人待转移输出，加上每年新增的100万人，农村转移劳动力压力巨大，工业化发展未能有效吸纳、承载城镇化人口。

第四。农业现代化水平低，阻碍城市化、工业化进程。一方面，表现在农产品加工工业发展落后，河南省农产品加工业产值与农业增加值的比仅为0.9∶1，与发达国家3.5∶1的比例相差甚远；农业产业链条短，产业关联度低，农产品深加工发展滞后，导致产业附加值低，比较收益差。另一方面，农业组织化程度低，全省参与产业化组织农民600万户，占农村总户数的30%，尚有超过2/3的农户仍然独立于产业化组织之外，从事着小农作业高成本、低收入的生产方式，与全国2010年40%以上的农户参与农业产业化经营这一比例相比，尚有一定差距。

第五，城镇、产业集聚度低。城镇、产业集聚度低，制约"三化"总体协调。当前，河南省农村产业化模式仍以分散化的小规模经营为主，这种格局难以产生规模效益和集聚效应，直接影响了劳动力非农转移和城镇化、工业化进程。

（2）"三化"不协调的制度障碍。

第一，城乡二元户籍制度及社保制度使城镇化难以与农业现代化协调。自20世纪50年代末延续至今的户籍制度，把居民人为地划分为"农业户口"和"非农业户口"。改革开放后，尽管我国的户籍制度做了相应调整，但未触及"二元化"割裂的根本。户籍制度及其附加在教育、养老、保险、医疗、住房等基本公共服务上的差异，使得当前农村劳动力转移进入城市，却不能享受城市居民的待遇，处于所谓"半城镇化"状态，难以发挥城镇化对农业现代化的带动作用。

第二，土地制度制约农业现代化与城市化进程。土地资源的配置与利用是城市与农村、工业与农业关系协调的基础。我国农村土地所有权和使用权分离，所有权归属不明确，使用权流动性差。现行的产权制度，一方面，使得农业用地转为城镇非农建设用地的增值收益未能有效补偿农户，改善农业农村建设；另一方面，进城后社保等方面的不完善使得农民很难放弃、转让自己所拥有的土地使用权，造成离乡不离土的局面，农业现代化经营受阻。

第三，就业制度在城乡居民间的差异性不利于工业化和城镇化的协调。在相当长的时间，农村劳动力享受不到与城镇职工相同的就业待遇及相关的职业技能培训，甚至受到歧视，农村劳动力就业的一些限制和规定造成就业准入上的不平等。此外，在劳动保障方面，也不能完全享受与城镇职工相同的待遇，出现同工不同酬现象，同时享受的就业服务也不充分，成为劳动力转移和"三化"协调发展的又一障碍。

3. 区域发展不协调

经过多年的发展演化，河南省已经形成以市场经济推动下要素流动为特征的经济空间结构格局，第一，基本态势西高东低、北高南低，即西部和北部经济基础较好，发展水平较高，东部和南部相对较弱。第二，地区间经济联系总体上不平衡，经济发展要素集中在"四带"，即商—开—郑—洛—三（陇海产业带）；安—新—郑—许—驻—信发展带（京广产业带）；新—焦—济—洛铁路、公路及沿线重要省道组成的复合发展轴带和洛—平—漯—周方向在漯阜铁路的基础上依托沿线重要铁路、公路形成的发展带①。学者选取经济规模、对外开放、社会发展水平和基础设施四个方面的10项指标（见表7-12），对河南18个地市综合实力进行评价。计算各地区综合因子得分，用所选主成分的方差贡献率为权重，计算各地区的综合得分并排序，综合得分代表各地区综合水平，评价结果见表7-13。

表7-13可知，区域经济发展明显存在北高南低、自西北到东南逐渐递减的规律，区域经济协调发展状况不容乐观。郑州作为河南省省会，是全省的政治、经济、文化中心，也是带动区域经济发展的极核，其各方面的指标均居全省各地市首位，发展水平遥遥领先。

竞争力较强的城市包括洛阳、南阳、新乡、安阳、焦作。其中，除了南阳属于豫西南外，洛阳、新乡、安阳、焦作均位于豫西地区和豫北地区。

① 高友才：《中原经济区建设中多中心多层次城镇网络构建研究》，《中州学刊》2012年第1期。

表 7 – 12　2012 年河南省各地市主要经济指标

地区	GDP/亿元	人均GDP/元	投资/亿元	城镇居民收入/元	农村居民收入/元	外贸总额/万美元	财政收入/万元	技术买入/万元	技术卖出/万元	公路/公里
郑州市	5549.79	62054	3669.75	24246	12531	2029047	6066488	210811	210811	12695
开封市	1207.05	25922	775.19	17545	7414	28658	619175	700	700	8838
洛阳市	2981.12	45316	2158.71	22636	7777	118890	2052637	95882	95882	18331
平顶山市	1495.80	30380	1034.80	20610	7518	28423	1073568	20098	20098	13467
安阳市	1566.90	30624	1120.29	21042	8618	48418	835701	932	932	11808
鹤壁市	545.78	34456	427.00	19284	9388	16451	326589	51	51	4460
新乡市	1619.77	28598	1320.01	20159	8647	78720	1083460	1165	1165	13061
焦作市	1551.35	44029	1154.21	20136	10113	151234	851332	22490	22490	7365
濮阳市	989.70	27654	761.89	19511	6945	54659	480946	1394	1394	6452
许昌市	1716.19	39947	1155.69	19685	9819	159978	903669	32127	32127	9287
漯河市	797.12	31211	550.69	19136	8755	25384	416096	4913	4913	5250
三门峡市	1127.32	50406	937.73	19184	7906	19368	686165	1500	1500	9512
南阳市	2340.73	23086	1819.13	19544	7752	81834	1036511	2713	2713	38002
商丘市	1397.28	19029	1068.85	18312	6426	16617	701907	117	117	23052
信阳市	1397.32	22347	1274.50	17256	7008	25649	554589	3200	3200	24691
周口市	1574.72	17734	1040.30	16503	6199	37528	601347	2170	2170	21828
驻马店市	1373.55	19592	895.94	17671	6599	21630	589141	700	700	19265
济源市	430.86	62358	286.80	21240	10648	25299	288668	1150	1150	2285

表 7 – 13　　　　　　　　　　各地市综合实力排序

地区	分值	排序	地区	分值	排序
郑州	13.99	1	许昌	− 1.06	10
洛阳	4.68	2	商丘	− 1.52	11
南阳	2.22	3	驻马店	− 1.71	12
新乡	1.22	4	开封	− 1.99	13
安阳	0.46	5	三门峡	− 2.09	14
焦作	0.35	6	濮阳	− 2.25	15
平顶山	− 0.25	7	漯河	− 2.73	16
周口	− 0.93	8	济源	− 3.47	17
信阳	− 1.04	9	鹤壁	− 3.87	18

洛阳基础设施完善，工业产业基础雄厚，科技人才汇集，经济发展水平明显高于其他城市；焦作、新乡、安阳是河南省重要的煤炭、钢铁、烟草基地，综合经济实力较强。这几个城市各项综合实力指标位居全省前列，发展水平较高，但是，人均指标有些城市并不高，如南阳市人均指标较低。安阳、新乡工业基础较好，但是存在工业产业结构老化问题。竞争力较弱的城市包括平顶山、周口、信阳、许昌、商丘、驻马店、开封。它们几乎全部位于河南中北部、中部和西南部。平顶山虽然人均 GDP 较高，但存在产业结构过于单一问题；其余几个城市普遍存在的问题是工业基础薄弱，经济发展缓慢。竞争力弱的地方包括三门峡、濮阳、漯河、济源、鹤壁等城市。该类地市和其他地市有较大的区分性，相比较而言，地域较小，生产总量较小。总体上处于工业化发展中期阶段的河南省，最主要的区域问题是区域发展的差异显著。

二　基于时间序列的河南省耦合系统协同发展测度

在时间序列上，以年份作为决策单元，分别选取 1990—2012 年反映河南省生态环境、经济、社会子系统的输入输出指标，评价河南省生态—环境—经济—社会耦合系统协同发展状况，同时验证协同发展评价模型的可行性和有效性。相应数据分别来自 1991—2013 年的《河南统计年鉴》

和《中国统计年鉴》（个别数据进行了简单处理）。

（一）基础数据及指标选取

1. 河南省生态环境子系统的输入/输出指标数据

输入指标：以能源消费总量反映资源消耗投入；以环境污染治理投资总额反映生态环境系统资本投入；立足循环经济、资源再利用角度拟以工业废水排放量、工业粉尘排放量、工业固体废物产生量之和作为投入指标，其中"工业粉尘排放量"指标在2011年之后调整为"工业烟（粉）尘排放量"，即合并了2011年统计年鉴中的"工业粉尘排放量"和"工业烟尘排放量"，为避免干扰，剔除了工业粉尘排放量指标，只计算工业废水和工业固体废物产生量之和，测度变废为宝、资源再利用的效率，数据见表7-14。

表7-14　河南省1990—2010年生态环境子系统数据（输入指标）

年份	能源消费总量（万吨标准煤）	"三废"产生量之和（万吨）	工业废水排放量（万吨）	工业固体废弃物产生量（万吨）	环境污染治理投资总额（万元）
1990	5206	106973	104934	2039	16683
1991	5363	97938	95648	2290	32758
1992	5583	97155	94979	2176	30839
1993	5862	94869	92518	2351	41682
1994	6225	95614	93239	2375	49008
1995	6473	101146	98354	2792	94676
1996	6654	94113	91218	2895	72736
1997	6711	132271	128969	3302	116056
1998	7244	96104	92737	3367	70797
1999	7380	98011	94544	3467	57365
2000	7919	112707	109241	3466	80553
2001	8367	113270	109645	3625	57564
2002	9005	118363	114431	3932	73098
2003	10595	118475	114224	4251	94855
2004	13074	137791	133324	4467	141719
2005	14625	129678	123500	6178	823431
2006	16234	137664	130200	7464	951519
2007	17838	143151	134300	8851	751094
2008	18976	142657	133100	9557	1098845
2009	19751	151086	140300	10786	1213169
2010	21438	161114	150400	10714	1322450

资料来源：《河南统计年鉴》（1991—2013）。

　　输出指标：以人均占有公共绿地面积（也称人均占有公园绿地面积）反映生态环境的美化程度；以"三废"达标排放率反映环境治理输出效果，与输入指标"三废"产生量之和对应；以"三废"综合利用产品产值反映循环经济、资源再利用绩效。其中，"三废"达标排放率取工业废水排放达标率、工业粉尘达标排放率和工业固体废弃物综合利用率三者之间的均值，鉴于工业粉尘达标排放率数据在统计年鉴中部分缺失，因此，取剩余两者的均值。2012年、2013年河南统计年鉴中不再出现"三废"综合利用产值、"工业废水排放达标率"两个指标，因此，2011—2012年两个数据缺失，在具体进行 DEA 评价中决策单元可以选择1990—2010年的年份数据（见表7-15）。

表7-15　河南省1990—2010年生态环境子系统数据（输出指标）

年份	城市人均公园绿地面积（平方米）	"三废"达标排放率（%）	"三废"综合利用产值（万元）	工业固体废弃物综合利用率（%）	工业废水排放达标率（%）
1990	3.0	32.45	23165	21.4	43.5
1991	3.0	42.15	30676	42.2	42.1
1992	3.2	44.20	38008	42.5	45.9
1993	3.2	43.65	58284	41.8	45.5
1994	2.9	44.95	69191	43.6	46.3
1995	2.7	47.00	111491	44.9	49.1
1996	3.36	47.25	111316	44.0	50.5
1997	3.88	47.05	136621	47.8	46.3
1998	5.4	60.40	136506	50.0	70.8
1999	5.99	61.20	165881	51.4	71.0
2000	6.1	66.45	196527	52.1	80.8
2001	4.19	74.40	161395	62.8	86.0
2002	5.73	75.40	190462	60.7	90.1
2003	6.6	79.05	202559	66.6	91.5
2004	7.14	79.90	238666	66.0	93.8
2005	7.85	79.15	339140	66.4	91.9
2006	8.53	80.30	444608	67.6	93.0
2007	8.92	80.90	517888	67.8	94.0
2008	8.2	84.25	716717	73.6	94.9
2009	8.72	84.90	693261	73.7	96.1
2010	8.7	87.235	743909	77.1	97.37

　　资料来源：《河南统计年鉴》（1991—2013）。

2. 河南省经济子系统输入/输出指标数据

输入指标：以全社会固定资产投资额反映经济子系统资本投入；以全社会从业人员数反映经济子系统的人力资源投入；以实际利用外资额反映外资投入，数据见表 7 – 16。

表 7 – 16　　　河南省 1990—2012 年经济子系统数据（输入指标）

年份	固定资产投资额（亿元）	从业人员数（万人）	实际使用外资额（万美元）
1990	206. 12	4086	1049
1991	256. 46	4216	3791
1992	318. 83	4332	10691
1993	450. 43	4400	34197
1994	628. 03	4448	42488
1995	805. 03	4509	47981
1996	1003. 61	4638	52566
1997	1165. 19	4820	64735
1998	1252. 22	5000	61794
1999	1324. 18	5205	49527
2000	1475. 72	5572	53999
2001	1627. 99	5517	35861
2002	1820. 45	5522	45165
2003	2310. 54	5536	56149
2004	3099. 38	5587	87367
2005	4378. 69	5662	122960
2006	5907. 74	5719	184526
2007	8010. 11	5773	306162
2008	10490. 65	5835	403266
2009	13704. 65	5949	479858
2010	16585. 85	6042	624670
2011	17770. 51	6198	1008209
2012	21449. 99	6288	1211777

资料来源：《河南统计年鉴》（1991—2013）。

输出指标：以人均 GDP 反映经济规模；以第三产业占 GDP 的比重反映经济结构；以居民消费支出反映经济活力，数据见表 7-17。

表 7-17　　　河南省 1990—2012 年经济子系统数据（输出指标）

样本（年份）	人均 GDP（元）	居民消费支出（元）	第三产业比重（%）
1990	1091	523	29.6
1991	1201	550	30.9
1992	1452	603	29.7
1993	1865	755	29.3
1994	2467	1032	27.6
1995	3297	1381	27.8
1996	3978	1682	28.0
1997	4389	1841	29.0
1998	4643	1851	30.1
1999	4832	1905	31.3
2000	5450	2215	31.6
2001	5959	2381	32.3
2002	6487	2553	32.8
2003	7376	3083	34.3
2004	9201	3625	31.8
2005	11346	4092	30.0
2006	13172	4530	30.1
2007	16012	5141	30.0
2008	19181	5877	28.3
2009	20597	6607	29.3
2010	24446	7837	28.6
2011	28661	9171	29.7
2012	31499	10380	31.0

资料来源：《河南统计年鉴》（1991—2013）。

3. 河南省社会子系统输入/输出指标数据

输入指标：以每万人拥有执业医师数反映医疗保健层面投入；以每百人拥有电话数反映信息水平层面投入；以每万人拥有铁路和公路长度反映交通运输层面投入，数据见表 7-18。

表 7 – 18　　　河南省 1990—2012 年社会子系统数据（输入指标）

年份	每万人拥有执业医师数（人）	每百人拥有电话数（含移动）（部）	每万人拥有铁路公路长度（公里）	铁路营业里程（公里）	公路里程（公里）	人口数（万人）
1990	11.5	0.27	5.40	3536	43150	8649
1991	11.3	0.31	5.43	3384	44199	8763
1992	11.4	0.42	5.48	3486	45049	8861
1993	11.4	0.63	5.58	3456	46487	8946
1994	11.7	0.99	5.66	3350	47704	9027
1995	11.6	1.50	5.83	3382	49707	9100
1996	11.5	2.51	5.92	3426	50907	9172
1997	11.5	3.70	6.32	3428	55016	9243
1998	11.5	6.05	6.51	3461	57172	9315
1999	11.6	8.68	6.78	3354	60330	9387
2000	11.7	12.95	7.15	3354	64453	9488
2001	11.6	16.79	7.57	3319	69041	9555
2002	10.6	17.86	7.81	3347	71741	9613
2003	11.0	25.72	7.99	3410	73831	9667
2004	11.3	31.14	8.18	3752	75718	9717
2005	11.4	37.9	8.55	4000	79506	9768
2006	11.8	44.9	24.47	3988	236351	9820
2007	11.7	49.5	24.59	3989	238676	9869
2008	12.0	51.2	24.67	3989	240645	9918
2009	14.0	55.1	24.70	3898	242314	9967
2010	16.5	59.0	23.89	4224	245089	10437
2011	16.6	68.07	24.01	4203	247587	10489
2012	17.8	75.38	24.14	4822	249649	10543

资料来源：《河南统计年鉴》（1991—2013）。

输出指标：以城市化率反映区域社会进步程度；以登记失业率的反向指标反映社会的稳定程度（具体测算是 1 减去登记失业率）；以普通高等学校在校大学生数反映教育水平及现代文明程度，数据见表 7 –19。

表 7 - 19　　　　河南省 1990—2012 年社会子系统数据（输出指标）

年份	1 - 登记失业率（%）	登记失业率（%）	普通高等学校在校学生数（万人）	城市化率（%）
1990	96.7	3.3	8.04	15.5
1991	97.1	2.9	8.18	15.9
1992	97.4	2.6	8.95	16.2
1993	97.6	2.4	10.44	16.5
1994	97.7	2.3	11.71	16.8
1995	97.9	2.1	12.24	17.2
1996	97.9	2.1	12.79	18.4
1997	98.0	2.0	13.60	19.6
1998	97.4	2.6	14.64	20.8
1999	97.4	2.6	18.55	22.0
2000	97.4	2.6	26.24	23.2
2001	97.2	2.8	36.91	24.4
2002	97.1	2.9	46.80	25.8
2003	96.9	3.1	55.72	27.2
2004	96.6	3.4	70.28	28.9
2005	96.5	3.5	85.19	30.7
2006	96.5	3.5	97.41	32.5
2007	96.6	3.4	109.52	34.3
2008	96.6	3.4	125.02	36.0
2009	96.5	3.5	136.88	37.7
2010	96.6	3.4	145.67	38.8
2011	96.6	3.4	150.01	40.6
2012	96.9	3.1	155.9	42.4

资料来源：《河南统计年鉴》（1991—2013）。

（二）各子系统内协同发展评价结果

依据第六章区域生态—环境—经济—社会耦合系统协同发展 DEA 评价模型，以及各子系统内发展效度、协同效度、协同发展效度的计算公式，利用河南省生态环境、经济、社会子系统的输入/输出指标数据，在 EXCEL 中输入数据，运用 DEA Excel Soever 插件，可求得河南省 1990—2010 年生态环境、经济、社会子系统的协同有效性、发展有效性、协同发展综合有效性。

1. 生态环境子系统内部评价结果

根据表 7 - 14 和表 7 - 15 的输入、输出数据，利用 Excel 和 DEA Excel Solver 插件，即可得到结果（见表 7 - 20）。如果 DMU 的技术效率为 1，则具有技术有效性，意味着 DMU 各生产要素间处于经济学上的最佳匹配状态，系统的结构比例最适，即协同有效；如果 DMU 的规模效率为 1，则具有规模有效性，意味着系统产出随着系统投入发生同向等比变化，投入与产出间的相对效益达到经济学上的最佳状态，即发展有效；如果 DMU

表 7 - 20　　　河南省 1990—2010 年生态环境子系统协同发展评价结果

评价单元	协同效度	发展效度	协同发展效度	规模效应
1990 年	1.0000	1.0000	1.0000	CON
1991 年	1.0000	0.9591	0.9591	INS
1992 年	1.0000	1.0000	1.0000	CON
1993 年	1.0000	0.8686	0.8686	INS
1994 年	0.9912	0.8306	0.8233	INS
1995 年	1.0000	0.8291	0.8291	INS
1996 年	1.0000	0.8185	0.8185	INS
1997 年	1.0000	0.8323	0.8323	INS
1998 年	1.0000	0.9952	0.9952	INS
1999 年	1.0000	1.0000	1.0000	CON
2000 年	1.0000	1.0000	1.0000	CON
2001 年	1.0000	1.0000	1.0000	CON
2002 年	1.0000	0.9965	0.9965	DES
2003 年	1.0000	1.0000	1.0000	CON
2004 年	1.0000	0.9194	0.9194	DES
2005 年	1.0000	0.9997	0.9997	DES
2006 年	1.0000	1.0000	1.0000	CON
2007 年	1.0000	1.0000	1.0000	CON
2008 年	1.0000	1.0000	1.0000	CON
2009 年	1.0000	0.9835	0.9835	DES
2010 年	1.0000	0.9347	0.9347	DES

纯技术效率为1，而规模效率小于1时，综合效率小于1，即系统协同有效但发展非有效，协同角度上系统要素配合比例得当，综合非有效原因在于投入和产出规模未达到最佳，需要相应增加或减小规模。在发展非有效评价结果中"INS"项表明应增大规模；"DES"项表明应缩小规模；"CON"项表示规模效益不变。后续各子系统评价均采用此方法，评价结果直接在表格中表示。

2. 经济子系统内部评价结果

根据表7-16和表7-17的输入、输出数据，利用 Excel 和 DEA Excel Solver 插件，即可得到结果，如表7-21所示。

表7-21　　河南省1990—2010年经济子系统协同发展评价结果

评价单元	协同效度	发展效度	协同发展效度	规模效应
1990 年	1.0000	1.0000	1.0000	CON
1991 年	1.0000	1.0000	1.0000	CON
1992 年	0.9721	0.9938	0.9661	DES
1993 年	0.9620	0.9964	0.9585	INS
1994 年	0.9756	0.9650	0.9414	INS
1995 年	1.0000	1.0000	1.0000	CON
1996 年	1.0000	1.0000	1.0000	CON
1997 年	0.9927	0.9992	0.9919	DES
1998 年	0.9864	0.9998	0.9862	DES
1999 年	0.9823	0.9969	0.9793	DES
2000 年	1.0000	0.9834	0.9834	DES
2001 年	1.0000	1.0000	1.0000	CON
2002 年	1.0000	1.0000	1.0000	CON
2003 年	1.0000	1.0000	1.0000	CON
2004 年	1.0000	1.0000	1.0000	CON
2005 年	1.0000	1.0000	1.0000	CON
2006 年	1.0000	1.0000	1.0000	CON
2007 年	1.0000	1.0000	1.0000	CON
2008 年	1.0000	1.0000	1.0000	CON
2009 年	0.9998	0.9971	0.9969	DES
2010 年	1.0000	1.0000	1.0000	CON
2011 年	1.0000	1.0000	1.0000	CON
2012 年	1.0000	1.0000	1.0000	CON

3. 社会子系统内部评价结果

利用表 7 - 18 和表 7 - 19 输入输出数据，利用 Excel 和 DEA Excel Solver 插件，即可得到结果，如表 7 - 22 所示。

表 7 - 22　　河南省 1990—2012 年社会子系统协同发展评价结果

评价单元	协同效度	发展效度	协同发展效度	规模效应
1990 年	1.0000	1.0000	1.0000	CON
1991 年	1.0000	1.0000	1.0000	CON
1992 年	1.0000	1.0000	1.0000	CON
1993 年	1.0000	1.0000	1.0000	CON
1994 年	1.0000	1.0000	1.0000	CON
1995 年	1.0000	0.9913	0.9913	DES
1996 年	1.0000	1.0000	1.0000	CON
1997 年	1.0000	1.0000	1.0000	CON
1998 年	1.0000	1.0000	1.0000	CON
1999 年	1.0000	1.0000	1.0000	CON
2000 年	0.9914	0.9915	0.9830	DES
2001 年	0.9686	0.9988	0.9674	DES
2002 年	1.0000	1.0000	1.0000	CON
2003 年	0.9970	0.9995	0.9965	DES
2004 年	1.0000	1.0000	1.0000	CON
2005 年	1.0000	1.0000	1.0000	CON
2006 年	0.9735	0.9983	0.9719	INS
2007 年	1.0000	1.0000	1.0000	CON
2008 年	1.0000	1.0000	1.0000	CON
2009 年	1.0000	1.0000	1.0000	CON
2010 年	1.0000	1.0000	1.0000	CON
2011 年	1.0000	0.9980	0.9980	DES
2012 年	1.0000	0.9897	0.9897	DES

由表 7 - 20、表 7 - 21 和表 7 - 22 总结如下：生态环境子系统内部 1994 年是协同非有效、发展非有效，1991 年、1993 年、1995 年、1996 年、1997 年、1998 年、2002 年、2004 年、2005 年、2009 年、2010 年等年份是协同有效，发展非有效；经济子系统内部 1992 年、1993 年、1994 年、1997 年、1998 年、1999 年、2009 年等年份是发展非有效、协同非有效，2000 年是协同有效，发展非有效；社会子系统内部 2000 年、2001

年、2003 年、2006 年是协同非有效、发展非有效，1995 年、2011 年、2012 年等年份是协同有效，发展非有效。

（三）两两子系统间的协同发展评价

根据第六章两两子系统间发展效度、协同效度、协同发展综合效度计算方法，利用（6－10）式至（6－15）式，以及第七章第二节河南省生态、环境、经济、社会子系统输入/输出指标数据，并采用 Excel、DEA Excel Solver 插件，求得河南省 1990—2010 年生态环境子系统、经济子系统、社会子系统两两之间的发展效度 Fe、协同效度 Xe 和综合效度 Ze。结果见表 7－23、表 7－24 和表 7－25。其中，A 代表生态环境子系统，B 代表经济子系统，C 代表社会子系统。

表 7－23　　　　河南省1990—2010 年生态环境与经济子系统间
协同发展评价结果

DMU	Xe (A/B)	Xe (B/A)	Xe (A, B)	Fe (A/B)	Fe (B/A)	Fe (A, B)	Ze (A/B)	Ze (B/A)	Ze (A, B)
1990 年	1.0000	1.0000	1.0000	1.0000	1.0000	1.0000	1.0000	1.0000	1.0000
1991 年	1.0000	1.0000	1.0000	1.0000	1.0000	1.0000	1.0000	1.0000	1.0000
1992 年	1.0000	1.0000	1.0000	0.9945	1.0000	0.9945	0.9945	1.0000	0.9945
1993 年	1.0000	1.0000	1.0000	0.9748	1.0000	0.9748	0.9748	1.0000	0.9748
1994 年	0.9940	0.9792	0.9851	0.9148	0.9408	0.9724	0.9093	0.9212	0.9871
1995 年	0.9744	1.0000	0.9744	0.9613	1.0000	0.9613	0.9367	1.0000	0.9367
1996 年	1.0000	0.9767	0.9767	0.9832	0.8966	0.9119	0.9832	0.8757	0.8906
1997 年	1.0000	0.9817	0.9817	1.0000	0.8899	0.8899	1.0000	0.8736	0.8736
1998 年	1.0000	1.0000	1.0000	0.9851	1.0000	0.9851	0.9851	1.0000	0.9851
1999 年	1.0000	1.0000	1.0000	1.0000	1.0000	1.0000	1.0000	1.0000	1.0000
2000 年	1.0000	1.0000	1.0000	1.0000	1.0000	1.0000	1.0000	1.0000	1.0000
2001 年	1.0000	1.0000	1.0000	1.0000	1.0000	1.0000	1.0000	1.0000	1.0000
2002 年	1.0000	1.0000	1.0000	1.0000	1.0000	1.0000	1.0000	1.0000	1.0000
2003 年	1.0000	1.0000	1.0000	1.0000	1.0000	1.0000	1.0000	1.0000	1.0000
2004 年	1.0000	1.0000	1.0000	1.0000	1.0000	1.0000	1.0000	1.0000	1.0000
2005 年	0.9327	1.0000	0.9365	0.9935	1.0000	0.9935	0.9266	1.0000	0.9266
2006 年	0.9148	1.0000	0.9148	0.9986	1.0000	0.9986	0.9134	1.0000	0.9134
2007 年	0.9698	1.0000	0.9698	0.9933	1.0000	0.9933	0.9633	1.0000	0.9633
2008 年	1.0000	1.0000	1.0000	0.9921	1.0000	0.9921	0.9921	1.0000	0.9921
2009 年	0.9885	1.0000	0.9885	0.9988	1.0000	0.9988	0.9873	1.0000	0.9873
2010 年	1.0000	1.0000	1.0000	1.0000	1.0000	1.0000	1.0000	1.0000	1.0000

1. 生态环境与经济子系统间评价结果

利用表 7 – 14 至表 7 – 17 的输入/输出数据，运用 Excel 和 DEA Excel Solver 插件，依据（6 – 13）式、（6 – 14）式、（6 – 15）式计算，最终结果见表 7 – 23。

2. 生态环境与社会子系统间评价结果

利用表 7 – 14、表 7 – 15、表 7 – 18 和表 7 – 19 的输入/输出数据，运用 Excel 和 DEA Excel Solver 插件，依据（6 – 13）式、（6 – 14）式和（6 – 15）式计算，最终结果见表 7 – 24。

表 7 – 24　　　　河南省 1990—2010 年生态环境与社会子系统间
协同发展评价结果

DMU	Xe (A/C)	Xe (C/A)	Xe (A, C)	Fe (A/C)	Fe (C/A)	Fe (A, C)	Ze (A/C)	Ze (C/A)	Ze (A, C)
1990 年	1.0000	1.0000	1.0000	1.0000	1.0000	1.0000	1.0000	1.0000	1.0000
1991 年	1.0000	1.0000	1.0000	1.0000	1.0000	1.0000	1.0000	1.0000	1.0000
1992 年	1.0000	1.0000	1.0000	1.0000	1.0000	1.0000	1.0000	1.0000	1.0000
1993 年	1.0000	1.0000	1.0000	1.0000	1.0000	1.0000	1.0000	1.0000	1.0000
1994 年	1.0000	0.9938	0.9939	0.9950	0.9872	0.9922	0.9950	0.9811	0.9861
1995 年	1.0000	1.0000	1.0000	1.0000	0.9477	0.9477	0.9477	0.9477	0.9477
1996 年	1.0000	1.0000	1.0000	1.0000	0.9936	0.9936	1.0000	0.9936	0.9936
1997 年	1.0000	1.0000	1.0000	0.9801	1.0000	0.9801	0.9801	1.0000	0.9801
1998 年	1.0000	1.0000	1.0000	1.0000	1.0000	1.0000	1.0000	1.0000	1.0000
1999 年	1.0000	1.0000	1.0000	1.0000	1.0000	1.0000	1.0000	1.0000	1.0000
2000 年	1.0000	1.0000	1.0000	0.9922	1.0000	0.9922	0.9922	1.0000	0.9922
2001 年	1.0000	1.0000	1.0000	1.0000	1.0000	1.0000	1.0000	1.0000	1.0000
2002 年	1.0000	1.0000	1.0000	1.0000	1.0000	1.0000	1.0000	1.0000	1.0000
2003 年	1.0000	1.0000	1.0000	1.0000	1.0000	1.0000	1.0000	1.0000	1.0000
2004 年	1.0000	1.0000	1.0000	1.0000	1.0000	1.0000	1.0000	1.0000	1.0000
2005 年	0.9825	1.0000	0.9825	0.9982	1.0000	0.9982	0.9808	1.0000	0.9807
2006 年	0.9656	1.0000	0.9656	0.9999	0.9915	0.9915	0.9655	0.9915	0.9574
2007 年	1.0000	1.0000	1.0000	1.0000	1.0000	1.0000	1.0000	1.0000	1.0000
2008 年	1.0000	1.0000	1.0000	1.0000	1.0000	1.0000	1.0000	1.0000	1.0000
2009 年	1.0000	1.0000	1.0000	1.0000	0.9427	0.9427	1.0000	0.9427	0.9427
2010 年	1.0000	1.0000	1.0000	1.0000	0.9980	0.9980	0.9980	1.0000	0.9980

3. 经济与社会子系统间评价结果

利用表 7 - 16、表 7 - 17、表 7 - 18 和表 7 - 19 的输入/输出数据，运用 Excel 和 DEA Excel Solver 插件，依据（6 - 13）式、（6 - 14）式和（6 - 15）式计算，最终结果见表 7 - 25。

表 7 - 25　　河南省 1990—2010 年经济与社会子系统间协同发展评价结果

DMU	Xe (B/C)	Xe (C/B)	Xe (B, C)	Fe (B/C)	Fe (C/B)	Fe (B, C)	Ze (B/C)	Ze (C/B)	Ze (B, C)
1990 年	1.0000	1.0000	1.0000	1.0000	1.0000	1.0000	1.0000	1.0000	1.0000
1991 年	1.0000	1.0000	1.0000	0.9857	1.0000	0.9857	0.9857	1.0000	0.9857
1992 年	1.0000	1.0000	1.0000	0.9676	1.0000	0.9676	0.9676	1.0000	0.9676
1993 年	1.0000	1.0000	1.0000	0.9579	1.0000	0.9579	0.9579	1.0000	0.9579
1994 年	0.9997	1.0000	0.9997	0.9529	1.0000	0.9529	0.9527	1.0000	0.9526
1995 年	1.0000	1.0000	1.0000	0.9488	1.0000	0.9488	0.9488	1.0000	0.9488
1996 年	1.0000	1.0000	1.0000	0.9525	1.0000	0.9525	0.9525	1.0000	0.9525
1997 年	1.0000	1.0000	1.0000	0.9481	1.0000	0.9481	0.9481	1.0000	0.9481
1998 年	0.9733	1.0000	0.9733	0.9745	1.0000	0.9745	0.9484	1.0000	0.9484
1999 年	0.9820	1.0000	0.9820	0.9720	0.9968	0.9752	0.9545	0.9968	0.9576
2000 年	1.0000	0.9764	0.9764	0.9319	0.9988	0.9330	0.9319	0.9752	0.9110
2001 年	1.0000	0.9616	0.9616	0.9827	0.9995	0.9831	0.9827	0.9612	0.9454
2002 年	1.0000	1.0000	1.0000	1.0000	1.0000	1.0000	1.0000	1.0000	1.0000
2003 年	1.0000	1.0000	1.0000	1.0000	1.0000	1.0000	1.0000	1.0000	1.0000
2004 年	1.0000	1.0000	1.0000	1.0000	1.0000	1.0000	1.0000	1.0000	1.0000
2005 年	1.0000	1.0000	1.0000	1.0000	1.0000	1.0000	1.0000	1.0000	1.0000
2006 年	1.0000	0.9689	0.9689	1.0000	0.9802	0.9802	1.0000	0.9497	0.9496
2007 年	1.0000	1.0000	1.0000	1.0000	1.0000	1.0000	1.0000	1.0000	1.0000
2008 年	1.0000	1.0000	1.0000	1.0000	1.0000	1.0000	1.0000	1.0000	1.0000
2009 年	1.0000	1.0000	1.0000	1.0000	0.9872	0.9872	1.0000	0.9872	0.9872
2010 年	1.0000	1.0000	1.0000	1.0000	1.0000	1.0000	1.0000	1.0000	1.0000

由表 7 - 23、表 7 - 24 和表 7 - 25 得出结论：生态环境与经济子系统在 1994 年、1995 年、1996 年、1997 年、2005 年、2006 年、2007 年等年份是协同非有效、发展非有效，1992 年、1998 年、2008 年、2009 年份是协同有效、发展非有效；生态环境与社会子系统在 1994 年、2005 年、2006 年等年份是协同非有效、发展非有效，在 1995 年、1996 年、1997 年、2000 年、2009 年、2010 年份是协同有效，发展非有效；经济子系统

与社会子系统在 1994 年、1998 年、1999 年、2000 年、2001 年、2006 年是协同非有效、发展非有效，1991 年、1992 年、1993 年、1995 年、1996 年、1997 年、2009 年是协同有效，发展非有效。

（四）多个子系统间协同发展评价结果

根据第六章整个区域生态环境、经济、社会耦合系统发展效度、协同效度、协同发展综合效度计算公式（表 7 – 26 为生态环境对经济和社会子系统、经济对生态环境和社会子系统、社会对生态环境和经济子系统的各效度计算结果），在已有计算结果和分析基础上，利用（6 – 16）式、（6 – 17）式、（6 – 18）式，求得 1990—2010 年河南省生态环境经济社会耦合系统发展效度、协同效度、协同发展综合效度，结果见表 7 – 27。

表 7 – 26　　　　　河南省 1990—2010 年生态环境、经济与社会

三个子系统间协同发展评价结果

DMU	Xe (A/B,C)	Xe (B/A,C)	Xe (C/A,B)	Fe (A/B,C)	Fe (B/A,C)	Fe (C/A,B)	Ze (A/B,C)	Ze (B/A,C)	Ze (C/A,B)
1990 年	1.0000	1.0000	1.0000	1.0000	1.0000	1.0000	1.0000	1.0000	1.0000
1991 年	1.0000	1.0000	1.0000	1.0000	1.0000	1.0000	1.0000	1.0000	1.0000
1992 年	1.0000	1.0000	1.0000	1.0000	1.0000	1.0000	1.0000	1.0000	1.0000
1993 年	1.0000	1.0000	1.0000	1.0000	1.0000	1.0000	1.0000	1.0000	1.0000
1994 年	1.0000	0.9997	1.0000	0.9950	0.9817	1.0000	0.9950	0.9815	1.0000
1995 年	1.0000	1.0000	1.0000	0.9800	1.0000	1.0000	0.9800	1.0000	1.0000
1996 年	1.0000	1.0000	1.0000	1.0000	0.9855	1.0000	1.0000	0.9855	1.0000
1997 年	1.0000	1.0000	1.0000	1.0000	0.9937	1.0000	1.0000	0.9937	1.0000
1998 年	1.0000	1.0000	1.0000	1.0000	1.0000	1.0000	1.0000	1.0000	1.0000
1999 年	1.0000	1.0000	1.0000	1.0000	1.0000	1.0000	1.0000	1.0000	1.0000
2000 年	1.0000	1.0000	1.0000	1.0000	1.0000	1.0000	1.0000	1.0000	1.0000
2001 年	1.0000	1.0000	1.0000	1.0000	1.0000	1.0000	1.0000	1.0000	1.0000
2002 年	1.0000	1.0000	1.0000	1.0000	1.0000	1.0000	1.0000	1.0000	1.0000
2003 年	1.0000	1.0000	1.0000	1.0000	1.0000	1.0000	1.0000	1.0000	1.0000
2004 年	1.0000	1.0000	1.0000	1.0000	1.0000	1.0000	1.0000	1.0000	1.0000
2005 年	0.9825	1.0000	1.0000	0.9982	1.0000	1.0000	0.9808	1.0000	1.0000
2006 年	0.9656	1.0000	1.0000	0.9999	1.0000	0.9915	0.9655	1.0000	0.9915
2007 年	1.0000	1.0000	1.0000	1.0000	1.0000	1.0000	1.0000	1.0000	1.0000
2008 年	1.0000	1.0000	1.0000	1.0000	1.0000	1.0000	1.0000	1.0000	1.0000
2009 年	1.0000	1.0000	1.0000	1.0000	1.0000	0.9945	1.0000	1.0000	0.9945
2010 年	1.0000	1.0000	1.0000	1.0000	1.0000	1.0000	1.0000	1.0000	1.0000

表 7 – 27　　　河南省1990—2010 年生态—环境—经济—社会
耦合系统协同发展评价结果

DMU	协同效度 Xe（A，B，C）	发展效度 Fe（A，B，C）	协同发展综合效度 Ze（A，B，C）
1990 年	1.0000	1.0000	1.0000
1991 年	1.0000	1.0000	1.0000
1992 年	1.0000	1.0000	1.0000
1993 年	1.0000	1.0000	1.0000
1994 年	0.9999	0.9922	0.9921
1995 年	1.0000	0.9933	0.9933
1996 年	1.0000	0.9949	0.9949
1997 年	1.0000	0.9978	0.9978
1998 年	1.0000	1.0000	1.0000
1999 年	1.0000	1.0000	1.0000
2000 年	1.0000	1.0000	1.0000
2001 年	1.0000	1.0000	1.0000
2002 年	1.0000	1.0000	1.0000
2003 年	1.0000	1.0000	1.0000
2004 年	1.0000	1.0000	1.0000
2005 年	0.9940	0.9994	0.9934
2006 年	0.9883	0.9973	0.9856
2007 年	1.0000	1.0000	1.0000
2008 年	1.0000	1.0000	1.0000
2009 年	1.0000	0.9981	0.9981
2010 年	1.0000	1.0000	1.0000

　　计算结果中，协同效度反映系统间、系统内的协调、同步程度，协同效度越高，表明区域生态—环境—经济—社会耦合系统的子系统间、子系统各要素间的配合比例越恰当；发展效度反映系统产出与投入的变化关系，发展效度越高，区域生态—环境—经济—社会耦合系统的规模就越恰

当。而协同发展综合效度则同时考虑结构与规模两个层面，如果评价单元综合有效，则必定既协同有效，又发展有效；如果评价单元综合非有效，则分为三种情况：协同非有效，发展有效；协同有效、发展非有效；协同和发展同时非有效。比对河南省 1990—2010 年耦合系统协同发展效度可知，1990—1993 年、1998—2004 年、2007—2008 年、2010 年几个时间段内耦合系统的发展效度、协同效度、协同发展效度均为 1，即 Xe（A，B，C）= Fe（A，B，C）= Ze（A，B，C）= 1，表明这几个年份生态—环境—经济—社会耦合系统同时满足发展有效、协同有效、综合有效，系统输入、输出间的效率最佳，投入产出规模最优，耦合系统各子系统之间、子系统各要素间结构比例恰当，相对而言，耦合系统整体协同发展效果最好。而 1995 年、1996 年、1997 年、2009 年几个年份是协同有效、发展非有效，即各子系统和要素间结构比例适当，但投入产出规模不是最佳状态，存在投入不足或者投入冗余。1994 年、2005 年、2006 年几个年份协同非有效且发展非有效，无论是要素之间的结构比例，还是投入产出规模均有较大的改进余地。

三 基于空间序列的河南省耦合系统协同发展评价

空间序列上，选取河南省 18 个地市作为决策单元，对 2012 年各地市生态—环境—经济—社会耦合系统协同发展度进行评价，对评价结果进行聚类分析，比对各地市在河南所处位置和水平。

（一）空间序列样本选取及数据来源

将 2012 年河南省各地市生态—环境—经济—社会耦合系统看作 DEA 的决策单元，共 18 个决策单元。构建代表性指标，形成输入输出指标体系。

输入指标：能源消费量 x_1 反映资源投入；以城市污水排放量 x_2 作为环境输入指标，反映环境循环经济能力、资源再利用状况；各市水利、环境和公共设施从业人员数 x_3 作为环境投入指标；全社会固定资产投资额 x_4、全社会从业人员数 x_5 作为经济投入指标，反映物力、人力投入状况，具体数据如表 7 – 28 所示。

表 7 - 28　　　　　　2012 年各地市耦合系统原始数据（输入指标）

样本	资源投入	环境投入		经济投入	
	x_1（万吨标准煤）	x_2（万立方米）	x_3（万人）	x_4（亿元）	x_5（万人）
郑州市	3180.56	32120	335	3669.75	509.09
开封市	689.45	6368	89	775.19	309.32
洛阳市	2346.32	14280	245	2158.71	429.62
平顶山市	1646.62	10049	131	1034.8	316.05
安阳市	1934.77	8120	120	1120.29	349.75
鹤壁市	648.96	3754	41	427.00	90.40
新乡市	1357.63	9893	168	1320.01	323.34
焦作市	1617.64	8559	89	1154.21	234.58
濮阳市	943.11	4345	54	761.89	240.95
许昌市	1197.48	3558	115	1155.69	315.77
漯河市	679.56	7789	43	550.69	163.42
三门峡市	1100.80	1450	154	937.73	136.38
南阳市	1263.37	6753	287	1819.13	691.39
商丘市	1196.45	9760	49	1068.85	512.93
信阳市	946.17	3561	192	1274.5	491.18
周口市	735.98	2546	63	1040.3	686.62
驻马店市	934.25	3802	125	895.94	579.38
济源市	774.76	2673	26	286.8	45.30

资料来源：《河南统计年鉴》（2013）。

　　输出指标：GDP 反映经济总量 y_1；居民消费水平 y_2 反映经济发展绩效；以污水处理量 y_3 反映资源再利用以及循环经济效果；城市化率 y_4 用于综合反映经济社会发展程度；每万人卫生技术人员数 y_5、每万人口高等学校在校学生数 y_6、人均城市道路面积 y_7 三个指标分别反映医疗、教育、交通水平，综合反映社会发展指数。城市人均公共绿地面积 y_8 反映生态环境生活美化指数，具体数据如表 7 - 29 所示。

表 7 – 29　　　 2012 年各地市 EEES 耦合系统原始数据（输出指标）

样本	经济发展指数		环境指数		社会发展指数		生态指数	
	y_1（亿元）	y_2（元）	y_3（万立方米）	y_4（%）	y_5（人）	y_6（人）	y_7（平方米）	y_8（平方米）
郑州市	5549.79	19168	30776	66.3	88.2767	923.4265	6.02	6.03
开封市	1207.05	10634	5620	39.7	43.4853	165.7741	14.16	7.84
洛阳市	2981.12	11495	14258	47.9	48.7358	128.3396	7.76	6.94
平顶山市	1495.80	9836	9748	45.0	46.3963	114.9084	11.24	10.24
安阳市	1566.90	9547	7933	42.4	38.3240	99.0401	13.55	9.44
鹤壁市	545.78	10411	3108	51.6	47.4063	65.7250	15.17	14.40
新乡市	1619.77	10228	8686	44.7	49.0452	236.0704	14.12	10.12
焦作市	1551.35	14031	7369	50.7	47.7541	214.6858	15.59	9.90
濮阳市	989.70	8095	3693	35.2	42.4352	29.9922	13.14	12.36
许昌市	1716.19	11254	3450	42.8	41.7433	71.6087	12.28	10.39
漯河市	797.12	10065	5500	42.8	44.0365	103.2591	14.25	14.93
三门峡市	1127.32	8842	1400	47.6	53.5221	63.3186	9.29	15.50
南阳市	2340.73	9518	3291	36.8	31.5695	57.6381	12.45	17.76
商丘市	1397.28	6082	7095	33.5	32.6648	85.8123	9.13	5.81
信阳市	1397.32	8227	2991	38.2	22.2386	64.5661	17.32	14.14
周口市	1574.72	7385	2049	33.4	28.2256	30.8197	21.49	10.23
驻马店市	1373.55	9474	3500	33.4	29.1368	22.5045	22.16	9.81
济源市	430.86	13955	2486	53.4	44.0588	159.6324	19.66	10.86

资料来源：《河南统计年鉴》（2013）。

　　在运用 DEA 模型进行评价和测度时，指标个数不宜太多。为了尽量包含更多信息，全面反映生态—环境—经济—社会耦合系统涉及的多个层面与多种因素，本书中对变量进行了综合加成。表 7 – 28、表 7 – 29 中的数据单位不同，而不同单位的数据无法直接进行加成，若直接代入 DEA 模型中则会因为指标过多而不利于求解线性规划问题，需要对数据进行无量纲化处理。数据无量纲处理的方法较多，具体有数据初值化、数据均值化、数据级差化、数据标准化和归一化等，最简单常用的是数据的初值化和均值化，初值化侧重保留变化趋势，均值化侧重反映数据变化幅

度。根据本书研究的需要，对表 7 - 28 和表 7 - 29 中数据进行初值化处理
（即在全省 18 个地区中选择最小的数据值，其他地区数据值除以这一最
小值）。处理后，进行综合加成，则输入变量综合为资源投入、环境投
入、经济投入共 3 组（包括原有的 5 项指标）；输出变量综合为经济发展
指数、社会发展指数、环境指数和生态指数 4 组（包括原有的 8 项指
标），见表 7 - 30。

表 7 - 30　　　　2012 年各地区耦合系统无量纲综合加成处理结果

样本	资源投入	环境投入	经济投入	生态指数	环境指数	经济发展指数	社会发展指数
郑州市	4.9010	35.0363	24.0337	1.0379	21.9829	16.0323	47.9876
开封市	1.0624	7.8148	9.5312	1.3494	4.0143	4.5499	12.8624
洛阳市	3.6155	19.2714	17.0108	1.1945	10.1843	8.8090	10.6175
平顶山市	2.5373	11.9688	10.5849	1.7625	6.9629	5.0889	10.4067
安阳市	2.9813	10.2154	11.6269	1.6248	5.6664	5.2064	9.6445
鹤壁市	1.0000	4.1659	3.4844	2.4785	2.2200	2.9785	9.1171
新乡市	2.0920	13.2843	11.7403	1.7418	6.2043	5.4411	16.3792
焦作市	2.4927	9.3258	9.2028	1.7040	5.2636	5.9076	15.7947
濮阳市	1.4533	5.0735	7.9755	2.1274	2.6379	3.6280	6.4775
许昌市	1.8452	6.8769	11.0002	1.7883	2.4643	5.8336	8.3803
漯河市	1.0472	7.0256	5.5276	2.5697	3.9286	3.5050	10.2171
三门峡市	1.6963	6.9231	6.2802	2.6678	1.0000	4.0702	8.1887
南阳市	1.9468	15.6957	21.6053	3.0568	2.3507	6.9976	7.1507
商丘市	1.8436	8.6156	15.0498	1.0000	5.0679	4.2430	7.8016
信阳市	1.4580	9.8405	15.2867	2.4337	2.1364	4.5958	7.8898
周口市	1.1341	4.1789	18.7844	1.7608	1.4636	4.8691	7.2085
驻马店市	1.4396	7.4298	15.9138	1.6885	2.5000	4.7456	6.9913
济源市	1.1938	2.8434	2.0000	1.8692	1.7757	3.2945	13.9391

（二）各地区耦合系统协同发展聚类分析

单纯的横向评价不足以发现规律，找出差异，建立在 DEA 方法相对
效率评价基础上，运用最优分割点法对评价结果进行聚类分析，通过定量
分析与计算找到最优分割点，这一方法与人为给定分割点、设定聚类标准

相比，客观性和科学性更强。

最优分割法分类依据是离差平方和，是一种针对有序样品进行聚类的方法，假设样品按一定次序排列是 x_1，x_2，$\cdots$，x_n，每个均是 m 维向量，则其聚类步骤为：

第一，界定类的直径。设 G_{ij} 是某一类，记为 $\{x_i, x_{i+1}, \cdots, x_j\}$，$j > i$，此类的均值记成 $\bar{x}_{ij}$，其中：

$$\bar{x}_{ij} = \frac{1}{j+i+1} \sum_{l=i}^{j} x_l \qquad (7-1)$$

G_{ij} 类的常用直径 $D(i, j)$ 表示为：

$$D(i,j) = \sum_{l=i}^{j} (x_l - \bar{x}_{ij})^T (x_l - \bar{x}_{ij}) \qquad (7-2)$$

第二，定义目标函数；假设 n 个样品被分成 k 类，其中一种分法是：
$P(n,k): \{x_{i_1},x_{i_1+1},\cdots,x_{i_2-1}\}, \{x_{i_2},x_{i_2+1},\cdots,x_{i_3-1}\}, \cdots, \{x_{i_k},x_{i_k+1},\cdots,x_n\}$；
或简记成 $P(n,k): \{i_1,i_1+1,\cdots,i_2-1\}, \{i_2,i_2+1,\cdots,i_3-1\}, \cdots, \{i_k,i_k+1,\cdots,n\}$；分点 $1 = i_1 < i_2 < \cdots < i_k < i_{k+1} = n$；定义此种分类的目标函数为：

$$e[p(n,k)] = \sum_{j=1}^{k} D(i_j, i_{j+1-1}) \qquad (7-3)$$

n、k 固定，$e[p(n, k)]$ 越小则各类的离差平方和越小，分类越趋于合理。

第三，求出最优解；如下递推公式较容易验证：

$$e[p(n,2)] = \min_{2 \leq j \leq n} \{D(1,j-1) + D(j,n)\} \qquad (7-4)$$

$$e[p(n,k)] = \min_{k \leq j \leq n} \{e[p(j-1,k-1)] + D(j,n)\} \qquad (7-5)$$

假设要分成 k 类则首先需要找出 j_k 满足 （7-5）式取得极小值，即：$e[p(n, k)] = e[p(j_k-1, k-1)] + D(j_k, n)$，则 $G_k = \{j_k, j_{k+1}, \cdots, n\}$，依次需要寻找 j_{k-1} 使其满足等式 $e[p(j_k-1, k-1)] = e[p(j_{k-1}-1, k-2)] + D(j_{k-1}, j_k-1)$，则可得到类 $G_{k-1} = \{j_{k-1}, j_k, \cdots, j_k-1\}$，运用相似的方法求得所有类 G_1，G_2，$\cdots$，G_K，即可获得最优解。

用最优分割法对 DMU 进行聚类分析建立在 DEA 模型效度评价基础上，将 DEA 评价模型对各 DMU 相对效率的评价值依照从大到小顺序进行排列，根据样本多少给定聚类数目，则可计算出最优分割点，具体过程如图 7-1 所示，本书运用此方法将 18 个不同地区分成四类，结果如表 7-31 第二列。

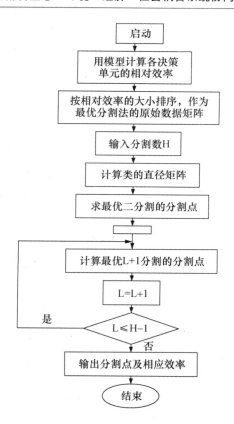

图 7 - 1　DEA 最优分割法聚类步骤

表 7 - 31　　　　　　河南省各地区耦合系统 DEA 评价结果

地区	分类	Ze	规模收益	投入冗余率（%）				产出不足率（%）		
				资源	环境	经济	生态	环境	经济	社会
郑州市	1	1.00000	Constant	0.00	0.00	0.00	0.00	0.00	0.00	0.00
开封市	1	1.00000	Constant	0.00	0.00	0.00	0.00	0.00	0.00	0.00
鹤壁市	1	1.00000	Constant	0.00	0.00	0.00	0.00	0.00	0.00	0.00
漯河市	1	1.00000	Constant	0.00	0.00	0.00	0.00	0.00	0.00	0.00
周口市	1	1.00000	Constant	0.00	0.00	0.00	0.00	0.00	0.00	0.00
济源市	1	1.00000	Constant	0.00	0.00	0.00	0.00	0.00	0.00	0.00
商丘市	2	0.93817	Increasing	14.09	0.00	56.83	0.00	0.00	7.19	96.76
许昌市	2	0.93707	Decreasing	0.00	0.00	0.00	44.77	37.87	0.00	123.33
平顶山市	2	0.92809	Decreasing	6.37	0.00	20.45	0.00	0.00	31.34	123.71

续表

地区	分类	Ze	规模收益	投入冗余率（%）				产出不足率（%）		
				资源	环境	经济	生态	环境	经济	社会
焦作市	3	0.90103	Decreasing	9.91	0.00	26.91	22.99	0.00	0.00	38.67
南阳市	3	0.89769	Decreasing	0.00	27.51	0.00	0.00	101.27	0.00	118.45
安阳市	3	0.88506	Increasing	25.78	0.00	34.84	0.00	0.00	8.57	107.57
濮阳市	3	0.86808	Decreasing	0.00	0.00	46.24	0.00	0.00	0.98	118.03
洛阳市	3	0.84275	Decreasing	6.23	0.00	18.58	43.53	0.00	0.00	174.87
信阳市	4	0.82922	Decreasing	0.00	17.07	0.00	0.00	49.38	0.00	26.97
驻马店市	4	0.81013	Decreasing	0.00	0.00	0.00	0.00	13.78	0.00	60.72
新乡市	4	0.7835	Increasing	0.00	0.00	9.39	0.00	0.00	0.00	3.18
三门峡市	4	0.77526	Decreasing	0.00	0.00	0.00	0.00	192.56	0.00	65.88

（三）地区聚类评价及结论

根据表7-31所得结果，做如下分析：

第Ⅰ类地区的 DEA 效率值等于1，表明此类地区生态、环境与经济、社会耦合、协同发展状况很好，以资源消耗、环境污染为代价而换取经济增长的传统非协同发展观正在向生态、环境、经济、社会协同发展观转变，经济子系统的发展也从传统地依靠投入量的增加向全面提高生产效率转变，粗放型生产方式正在向生态经济、循环利用生产方式转变，其中郑州、开封、鹤壁、漯河、周口和济源6个地市 DEA 有效，表明这些地区以最低能源消耗和最低物质资本及人力投入，减少了污染物排放量，同时充分发挥资源的循环再利用，这正体现了系统耦合演化、协同发展的实现形式和具体要求。从规模收益看，第Ⅰ类地区6个地市规模收益不变，表明规模适度。

第Ⅱ类地区商丘、许昌、平顶山 DEA 的效率值为 0.9281—0.9382，此类地区协同发展良好。大多在资源、环境、经济投入中存在1—2项冗余，这类地区 DEA 无效的主要原因是资源消耗过多或经济投入过大。因此，此类地区需要节约能源，提高资源利用效率。其中，商丘、平顶山的经济投入冗余率高达 56.83% 和 20.45%，同时，商丘的资源投入冗余率达 14.09%，表明商丘、平顶山经济的发展主要依靠能源投入、物质资本、人力资本的推动，集约发展的经济体系尚未形成，许昌则主要表现为生态、环境、社会指数产出不足。今后，此类地区从规模投入向集约利用、效率提升方向转型。

第Ⅲ类地区有焦作、南阳、安阳、濮阳、洛阳，属于中级协同区域。第Ⅳ类有信阳、驻马店、新乡、三门峡，属于初级协同。第Ⅲ类地区的协同发展程度略好，第Ⅲ类、Ⅳ类地区的投入冗余率较高或者产出冗余率高，说明DEA无效的原因在于投入未得到相应的产出，即资源利用效率低，经济集约实现状态不佳，其生态经济、循环利用刚刚起步，而且除安阳和新乡外，绝大部分规模收益递减，意味着已经不可以通过增加投入来实现经济社会的发展，必须提高利用效率、循环使用，促进经济的转型与升级。进一步提高资源综合利用效率、加强环境监管是发展中的关键，一方面关闭污染较强、危害较大的工业、企业，另一方面严格把关审批新上项目。

（四）　基于复合 DEA 方法的各地市耦合系统分析

1. 复合 DEA 方法

经验和理论都表明，在不同指标下 DEA 评价结果不同，因此应用中要考察 DEA 评价结果随指标体系的改变而变化的情况，以及其中所包含的有价值的信息，这种以不同指标下的有效性系数为基础，获得关于决策单元有效性与输入输出指标之间关系信息的方法称为复合 DEA 方法[①]。复合 DEA 方法可以反复调整输入输出指标体系，对比不同结果，辨别对 DMU 的有效性有显著影响的指标。如果对任一决策单元，都利用 DEA 模型求得它的有效性系数，可以得到一个以各决策单元的有效性系数为分量的向量 $\theta(D)$，$\theta(D) = \{[\theta_1(D), \cdots \theta_n(D)]\}^T$。若 D_1，D_2，$\cdots$，D_τ 是 τ 个由 D 中部分指标组成的不同的子指标集，可简记为 $D \supset D_i (i = 1, 2, \cdots, \tau)$，则在 τ 指标下用 DEA 方法求得以各决策单元的有效性系数为分量的向量 $\theta(D_i)$，记 $\theta(D_i) = \{\theta_i(D), \cdots, \theta_n(D)_i\}^T$，$i = 1, 2, \cdots, \tau$。

复合 DEA 方法的要点可以概括为对给定的一组决策单元，以及一组评价指标 D，选择 $D_i(i = 1, 2, \cdots, \tau)$，使得 $D \supset D_i$，并用适当的 DEA 模型求出与各指标集相关的有效性系数向量 $\theta(D)$，$\theta(D_1)$，$\cdots$，$\theta(D_\tau)$，以这些向量为变量，建立泛函 $F = F(\theta(D), \theta(D_1), \cdots, \theta(D_\tau))$。本书用到的主要有两种模式：第一，某一输入指标对决策单元影响的信息获取方法。D_i 表示 D 中去掉第 i 个输入评价指标后的指标体系。可得 $\theta(D)$ 及 $\theta(D_i)$。定义：

①　盛昭瀚、朱乔、吴广谋：《DEA 理论、方法与应用》，科学出版社 1996 年版。

$$S_j(i) = \frac{\theta_j(D) - \theta_j(D_i)}{\theta_j(D_i)}, j = 1, 2, \cdots, n \qquad (7-6)$$

对于满足 $S_{j_0}(i) = \max\{S_j(i)\}$，$j = 1$，$2$，$\cdots$，$n$ 的 j_0 决策单元而言，加入第 i 个输入评价指标后 j_0 的有效性增加相对最大，说明 j_0 在利用第 i 个输入评价指标方面相对于其他决策单元具有优势。第二，对某一决策单元无效性的诊断；当在 D 指标下某一决策单元 j_0 非 DEA 有效，即 $\theta_{j_0}(D) < 1$，计算如下指标：

$$S_{j_0}(i) = \frac{\theta_{j_0}(D) - \theta_{j_0}(D_i)}{\theta_{j_0}(D_i)}, j = 1, 2, \cdots, n \qquad (7-7)$$

若已求得 S_1，S_2，$\cdots$，S_τ 取 i_0 使 $S_{i_0}(i) = \min(S_1, S_2, \cdots, S_\tau)$，$S_{i_1}(i) = \max(S_1, S_2, \cdots, S_\tau)$。这表示 i_0 是使决策单元 j_0 无效性影响大的指标，实际可能的结果是该指标输入过大或利用率太低，而指标 i_1 可能输入过少，成了约束因子。[1]

2. 复合 DEA 方法下河南各地区耦合系统输出结果

表 7 - 32　　　　　　　　　不同指标下 DEA 评价结果

样本	目标值	去掉资源投入（X₁）	去掉环境投入（X₂）	去掉经济投入（X₃）	去掉生态指数（Y₁）	去掉环境指数（Y₂）	去掉经济发展指数（Y₃）	去掉社会发展指数（Y₄）
郑州市	1.00000	1.00000	1.00000	1.00000	1.00000	0.95271	1.00000	1.00000
开封市	1.00000	0.82008	1.00000	1.00000	1.00000	1.00000	1.00000	1.00000
鹤壁市	1.00000	0.90503	1.00000	1.00000	0.95603	1.00000	1.00000	1.00000
漯河市	1.00000	0.89375	1.00000	1.00000	0.98065	1.00000	1.00000	1.00000
周口市	1.00000	1.00000	1.00000	1.00000	1.00000	1.00000	0.6955	1.00000
济源市	1.00000	1.00000	1.00000	1.00000	1.00000	1.00000	1.00000	1.00000
商丘市	0.93817	0.93817	0.65444	0.93817	0.93793	0.61624	0.93817	0.93817
许昌市	0.93707	0.73117	0.86513	0.81799	0.93707	0.93707	0.59669	0.93707
平顶山市	0.92809	0.92809	0.75688	0.92809	0.9272	0.61133	0.92809	0.92809
焦作市	0.90103	0.90103	0.75809	0.90103	0.90103	0.74577	0.90072	0.90103
南阳市	0.89769	0.3844	0.89769	0.88512	0.83871	0.89769	0.63351	0.89769

---

[1]　杨玉珍、许正中：《基于复合 DEA 的区域资源、环境与经济、社会协调发展研究》，《统计与决策》2010 年第 7 期。

续表

样本	目标值	去掉资源投入（X₁）	去掉环境投入（X₂）	去掉经济投入（X₃）	去掉生态指数（Y₁）	去掉环境指数（Y₂）	去掉经济发展指数（Y₃）	去掉社会发展指数（Y₄）
安阳市	0.88506	0.88506	0.56054	0.88506	0.88477	0.55615	0.88506	0.88506
濮阳市	0.86808	0.83161	0.72205	0.86808	0.84858	0.78042	0.86808	0.86808
洛阳市	0.84275	0.84275	0.74254	0.84275	0.84275	0.71828	0.84255	0.84275
信阳市	0.82922	0.40267	0.82922	0.82801	0.73565	0.82922	0.67347	0.82922
驻马店市	0.81013	0.55111	0.78753	0.77756	0.80909	0.81013	0.58476	0.81013
新乡市	0.7835	0.74518	0.75324	0.7835	0.77265	0.72622	0.77437	0.78350
三门峡市	0.77526	0.58619	0.77505	0.71215	0.75389	0.77526	0.64582	0.77526

表 7 – 33　　　　　　　　复合 DEA 分析相对效率的评价结果

样本	评价效率	输入			输出		
		$S_j(X_1)$	$S_j(X_2)$	$S_j(X_3)$	$S_j(Y_1)$	$S_j(Y_2)$	$S_j(Y_3)$
郑州市	1.00000	0.0000	0.0000	0.0000	0.0000	0.0496	0.0000
开封市	1.00000	0.2194	0.0000	0.0000	0.0000	0.0000	0.0000
鹤壁市	1.00000	0.1049	0.0000	0.0000	0.0460	0.0000	0.0000
漯河市	1.00000	0.1189	0.0000	0.0000	0.0197	0.0000	0.0000
周口市	1.00000	0.0000	0.0000	0.0000	0.0000	0.0000	0.4378
济源市	1.00000	0.0000	0.0000	0.0000	0.0000	0.0000	0.0000
商丘市	0.93817	0.0000	0.4335	0.0000	0.0003	0.5224	0.0000
许昌市	0.93707	0.2816	0.0832	0.1456	0.0000	0.0000	0.5704
平顶山市	0.92809	0.0000	0.2262	0.0000	0.0010	0.5181	0.0000
焦作市	0.90103	0.0000	0.1886	0.0000	0.0000	0.2082	0.0003
南阳市	0.89769	1.3353	0.0000	0.0142	0.0703	0.0000	0.4170
安阳市	0.88506	0.0000	0.5789	0.0000	0.0003	0.5914	0.0000
濮阳市	0.86808	0.0439	0.2022	0.0230	0.1123	0.0000	0.0000
洛阳市	0.84275	0.0000	0.1350	0.0000	0.0000	0.1733	0.0002
信阳市	0.82922	1.0593	0.0000	0.0015	0.1272	0.0000	0.2313
驻马店市	0.81013	0.4700	0.0287	0.0419	0.0013	0.0000	0.3854
新乡市	0.78350	0.0514	0.0402	0.0000	0.0140	0.0789	0.0118
三门峡市	0.77526	0.3225	0.0003	0.0886	0.0283	0.0000	0.2004
和	1.00000	4.0072	1.9167	0.2917	0.3314	2.2543	2.2547
离散系数	1.00000	0.3723	0.1623	0.0382	0.0325	0.1977	0.1902

3. 复合 DEA 方法下河南各地区耦合系统分析

通过表 7 - 32 和表 7 - 33 复合 DEA 分析测评结果，可以进一步找出影响各地市资源、环境、经济投入效益的深层次原因。从表 7 - 33 纵向 $S_j(i)$ 列分析，可以获得输入、输出指标对评价系统及单元的影响信息。从资源、环境、经济投入来讲，$S_j(X_1)$ 列累计值为 4.0072，远远高于其他两项投入；其次是 $S_j(X_2)$，累计值最小的是 $S_j(X_3)$，这表明影响投入绩效最重要的投入因素是资源投入即能源消费总量，另外是环境输入（城市污水排放总量、各市水利、环境和公共设施从业人员数）。在资源、环境、经济投入的地区差异方面，能源投入指标 X_1 差异度系数值最大，说明各地区能源投入利用率很不均匀，能源利用率最高的地市是南阳、信阳，评价系数高达 1.3353、1.0593；其次是驻马店、三门峡、许昌、开封、漯河、鹤壁、新乡、濮阳。环境投入指标 X_2 差异度系数值排第二，说明各地市环境要素投入不均造成效率低下，此项投入利用率最高的是安阳，评价系数为 0.5789；其次是商丘、平顶山、濮阳、焦作、洛阳、许昌、新乡、驻马店。经济投入指标差异度系数最小，说明固定资产投资、全社会从业人员数各地市的利用率较为均衡，利用率较高的地市是许昌。从产出效益方面，产出指标 $S_j(Y_2)$、$S_j(Y_3)$ 累计值较大，为 2.2543、2.2547。说明影响资源、环境、经济绩效较大的产出因素是环境和经济。而环境产出 Y_2 的差异度系数相对较大，为 0.1977，说明各地市间环境综合保护（污水处理量）相对于 GDP 和居民消费水平等经济产出存在较大差异，安阳的环境产出评价系数最高，为 0.5914；其次为商丘、平顶山、焦作、洛阳、濮阳。经济产出评价系数最高的是许昌；其次为周口、南阳、驻马店、信阳。

通过对表 7 - 33 中非有效决策单元的横向分析可以获得各地市耦合系统非 DEA 有效的原因及优化方向。根据表 7 - 32 的输出结果，共有商丘、许昌、平顶山、焦作、南阳、安阳、濮阳、洛阳、信阳、驻马店、新乡、三门峡 12 个个处于非 DEA 有效状态的评价单元。三门峡的相对效率最低，为 0.77526，其中三门峡的 $S(X_2)$ 接近于零，$S(Y_2)$ 为零，说明其环境投入效率低；新乡相对效率为 0.7835，新乡的 $S(X_3)$ 为零，表明新乡经济投入效率过低；驻马店、信阳的 $S(X_2)$、$S(X_3)$ 的值偏低，$S(Y_2)$ 为零，说明环境、经济投入利用率低；洛阳的 $S(X_1)$、$S(X_3)$ 值为零，$S(Y_1)$、$S(Y_3)$ 低，说明资源投入、经济投入利用率低；濮阳的$S(X_3)$、S

（Y_3）为零，经济投入利用率低；安阳、焦作、平顶山、商丘的 $S(X_1)$、$S(X_3)$ 为零，$S(Y_1)$、$S(Y_3)$ 为零或接近于零，说明能源投入、经济投入效率低；南阳的 $S(X_2)$、许昌的 $S(Y_2)$ 为零，说明环境投入产出效率较低。

本章小结

本章首先分析了河南省生态、环境、经济、社会系统发展现状，人口是生态—环境—经济—社会耦合系统的核心要素、能动要素，人口对耦合系统的扰动作用表现在较大的人口基数导致就业和资源环境压力巨大，人口地区分布不平衡，人口老龄化速度加快但发展不平衡，人口总体受教育程度低于全国平均水平。资源系统包括耕地资源、水资源、矿产资源和能源资源，其耕地资源利用中存在问题包括人均耕地逐渐下降，城镇化、工业化进程的日益加快，耕地资源压力将越来越大；水资源匮乏，未来水资源严重不足，水污染严重，水资源利用率不高，效益低下。矿产开发中破坏、浪费资源的问题依然存在，矿业产业结构不合理，矿产的开发过程中对生态环境造成不良影响。能源生产结构不合理，能源消费总量大，能源消费结构不合理，能源加工转换率不高。环境系统中考察经济增长与环境质量的关系表明，河南环境与经济增长呈现倒 N 形曲线，两者的关系十分严峻，只有工业二氧化硫排放量与人均 GDP 曲线跨越了双赢拐点，其余两项工业废水排放量和工业固体废弃物排放量与人均 GDP 呈现正相关关系，还没有达到倒 N 形曲线的第二个拐点，显然，河南还没有进入经济发展与环境质量提高相互促进的良性循环阶段。经济社会系统发展中的主要问题是产业发展不协调、"三化"不协调、区域不协调。产业发展不协调表现为三次产业结构产值、就业结构不协调，产业经济贡献率以及产值占全国的比重不协调。"三化"不协调表现为城乡收入差距扩大，城镇化水平低，滞后于工业化，农村剩余劳动力转移压力巨大，农业现代化水平低，城镇、产业集聚度低等方面，"三化"不协调的制度障碍则包括城乡二元户籍制度及社保制度、土地制度、就业制度。区域发展不协调表现为西高东低、北高南低，即西部和北部经济基础较好，发展水平较高，东部和南部相对较弱；地区间经济联系总体不平衡。

　　时间序列上，以年份作为决策单元，分别选取 1990—2012 年反映河南省生态环境、经济、社会子系统的输入输出指标，评价河南省耦合系统协同发展状况，结果如下：

　　子系统内部：生态环境子系统内部 1994 年年协同非有效、发展非有效，1991 年、1993 年、1995 年、1996 年、1997 年、1998 年、2002 年、2004 年、2005 年、2009 年、2010 年等年份是协同有效、发展非有效；经济子系统内部 1992 年、1993 年、1994 年、1997 年、1998 年、1999 年、2009 年等年份发展非有效、协同非有效，2000 年是协同有效、发展非有效；社会子系统内部 2000 年、2001 年、2003 年、2006 年是协同非有效、发展非有效，1995 年、2011 年、2012 年等年份是协同有效，发展非有效。

　　两两子系统间：生态环境与经济子系统两子系统在 1994 年、1995 年、1996 年、1997 年、2005 年、2006 年、2007 年等年份是协同非有效、发展非有效，1992 年、1998 年、2008 年、2009 年份是协同有效、发展非有效；生态环境与社会子系统在 1994 年、2005 年、2006 年等年份是协同非有效、发展非有效，在 1995 年、1996 年、1997 年、2000 年、2009 年、2010 年份是协同有效、发展非有效；经济子系统与社会子系统在 1994 年、1998 年、1999 年、2000 年、2001 年、2006 年是协同非有效、发展非有效，1991 年、1992 年、1993 年、1995 年、1996 年、1997 年、2009 年是协同有效发展非有效。

　　多个子系统间：河南省 1990—1993 年、1998—2004 年、2007—2008 年、2010 年几个时间段内耦合系统的发展效度、协同效度、协同发展效度均为 1，而 1995 年、1996 年、1997 年、2009 年几个年份是协同有效、发展非有效，1994 年、2005 年、2006 年几个年份是协同非有效且发展非有效。

　　空间序列上，选取河南省 18 个地市作为决策单元，对 2012 年各地市耦合系统协同发展度进行评价，对评价结果进行聚类分析，比对各地市在河南所处位置和水平，结果如下：河南省 18 个地市生态—环境—经济—社会耦合系统协同发展分为四类，第一类地区有郑州、开封、鹤壁、漯河、周口、济源 6 个，其 DEA 效率值等于 1，表明此类地区生态、环境与经济、社会耦合、协同发展状况很好。第 Ⅱ 类地区商丘、许昌、平顶山 DEA 效率值为 0.9281—0.9382，此类地区协同发展良好。第 Ⅲ 类地区有焦作、南阳、安阳、濮阳、洛阳，属于中级协同区域。第Ⅳ类地区有信阳、驻马店、新乡、三门峡，属于初级协同。最后还运用复合 DEA 方法，具体分析影响各地市资源、环境、经济投入效益的具体指标。

第八章　河南省生态—环境—经济—社会耦合系统协同发展路径及对策

河南省需要建立不牺牲农业、不牺牲环境、不牺牲生态、不牺牲文化等全面发展的生态—环境—经济—社会耦合系统协同发展模式，构建以某一子系统为主体，其他系统配套的协同发展对策。

一　基于经济系统的协同发展对策

（一）三化协调战略

农村剩余劳动力转移是三化协调的核心点和突破口，安居、培训、就业示范区是农村劳动力转移、三化协调、产业发展的实践载体和实现路径。

1. 三位一体示范区、农村劳动力转移与三化协调

三位一体示范区是指在城市扩张区、城乡接合区和基础条件好的乡镇、农村尝试构建创业就业、培训、安居示范园区，并通过制度安排和政策导向，使物流、人流、资金流、信息流、价值流在园区内流动，架构起要素、主体间有机融通路径，打造农村劳动力转移、"三化"协调的实践载体。创业就业园区旨在催化创业与集聚产业，园区内劳动力要素包括创业型企业家、转移农民、进城农民工，其中创业型企业家拥有资本，掌握理论知识或拥有创意，部分转移农民拥有技能，谋生能力较强，可以通过创办创业区，把创业家的创意和转移农民的技能孵化为新兴产业集群，逐步把城郊或城镇的招商引资场所也集中到创业区附近，形成城市、市镇的产业集聚区，以产带城，以城促产，推动工业化进程。培训区旨在提升中原经济区转移农民及其他劳动力的素质，发挥人力资源在城市化、工业化进程中的优势。在培训区创办中高等职业学校以提升转移农民、农民工的

创业、职业技能，建设高质量的示范性中、小学以满足园区内下一代的教育需求。充分动员政府、市场和企业的力量，通过不同途径、不同方式，建立转移农民输出培训、当地就业培训、创业培训体系。安居区旨在通过规模居住实现土地的集约利用，借鉴嘉兴"两分两换"、苏州的"三置换、三集中"、成都"双放弃、三保障"实践模式，将安居工程建设与农村宅基地的整理、农业耕地的保护结合起来。

2. 创业就业、安居、培训示范区建设的配套系统

创业就业、安居、培训示范区的建设是一个系统工程，需要在政府的指导和扶持下充分发挥市场的作用，在建设初期主要依靠政策扶持和制度导向，初具规模后则主要依靠市场化运营。

（1）政策支持系统建设。第一，完善税收、土地优惠政策，如对农民的创业投资项目，可使其参照享受引进外资的优惠条件。第二，完善投资激励政策。通过担保、信贷等途径引导转移农民的资金投向城市创业和城市建设，允许有资金的农民承建城市基础设施建设、兴办各类商业网点或开发住宅小区。第三，完善劳务流动促进政策。取消对企业使用转移农民的行政审批，取消对转移农民进城务工就业、经商的限制政策，建立城乡统一的劳动力市场，实现城乡劳动力双向流动。第四，完善贡献奖励政策。建立转移农民贡献奖，对年生产值或年缴税收达到一定数额或解决一定数量劳动力就业的转移农民给予物质和名誉奖励；为返乡创业、就业或进城打工、居住的农民解决子女上学问题，使其子女在县城享受与当地居民子女同等的就学待遇，以解除其后顾之忧。第五，完善科技创新鼓励政策。地方政府要建立农民科技创新奖，鼓励转移农民进行自主创新。

（2）制度保障系统建设。一要改革户籍制度。简化农民进城落户审批手续，取消不合理收费，降低农民进城的门槛。对有固定住所、稳定的职业或生活来源的人员及与其共同生活的直系亲属，均应根据本人意愿办理城市常住户口。二要完善社会保障制度。创造条件加快建立和规范适合农民外出务工就业的社会保险管理办法，对迁入城镇的农民，要统一将其纳入城镇医疗、工伤、就业等社会保障制度体系。三要探索土地流转制度改革。在继续落实农村家庭承包经营基本政策和稳定土地承包关系前提下，按照"依法、自愿、有偿"的原则，支持和鼓励外出农民转让承包地使用权。为适应农民进城发展的需要，探索农村宅基地与城镇土地置换的改革，通过对土地的整理提高土地利用率。

（3）环境服务系统建设。第一，构建服务于转移农民创业的行政服务中心，使创业人员进一个"门"便可在法律规定的时间内办好所有手续；第二，构建转移农民权益保护体系和环境，由政府牵头、司法部门及共青团和妇联相互配合，成立"维护转移农民合法权益合议法庭"、"转移农民维权法律援助中心"等，依法帮助其维护自身合法权益；第三，建立健全劳动力市场，建立资源共享、信息互通、城乡对接的劳务供需信息平台，引导农村劳动力有序流动、降低劳务输出成本、加快发展劳务中介组织，引导和鼓励各种经济成分创办劳务输出、输入服务型企业或其他经济组织。

（4）文化导向系统建设。所谓培育文化导向系统，就是要在文化导向上倡导、宣传三个理念。其一是新市民主体论。农民是城市发展的主体之一，农民工是现代城市经济发展的新生产力、新动力和新的创造者。如果说联产承包责任制改革使农民成为承包土地的主体、激发了农民的积极性和创造性，那么，建立创业园平台则为确立农民在城市化进程中的主体地位创造了条件，为激发农民创业打开了大门、奠定了基础，尤其增强了农民的自信，使农民在自尊、自爱、自发和解放自我、发展自我过程中实现向新市民的转变。其二是新城市建设论。农民的主体性，不仅决定了农民在城市化发展中的新地位，同时也赋予城市扩张的新内涵，即"新的城市农民建，农民建城转市民"的新城市化内涵和新城市化发展道路。其三是新行政服务论。以建设服务型政府作为政府改革的方向，以社会普遍服务体系全面推进政府功能和组织结构的流程创新。

（二）产业带动战略

产业的发展需要构建现代产业体系，积极承接产业转移，加快产业集聚区建设，促进产业结构转型与升级。

1. 构建现代产业发展新体系

（1）大力发展战略基础产业。战略基础产业是河南省经济的重要保障，是支撑经济运行的基础部门，决定着其他产业的发展水平。战略基础产业越发达，功能越完善、支撑越有力，经济发展后劲就越足，经济运行就越有效，人民的生活就越便利，生活质量也越高。因此，要使经济保持长期、快速、协调和有效地发展，就必须大力发展战略基础产业。河南省的战略基础产业包括能源、水利和信息产业等。在能源基础设施建设上主要是优化能源结构和布局，提高开发利用效率，建立现代能源产业体系，建设全国重要的综合能源基地，突出保障省内能源供应，积极利用省外能源。[1] 在水利基础设施建设上主要是完善防洪减灾体系，加强水资源监测保护和合理开发利用，形成基本完善的水系网络框架，建立现代化水利支撑保障体系。在信息基础设施建设上主要是推动信息化和工业化深度融合，加快经济社会各领域信息化。[2]

（2）积极培育、壮大新兴产业。加快培育和发展中原经济区新兴产业是推进产业结构升级、加快经济发展方式转变的重大举措。新兴产业以创新为主要驱动力，辐射带动力强，加快培育和发展新兴产业，有利于加快经济发展方式转变，有利于提升产业层次、推动传统产业升级、高起点建设现代产业体系，体现了调整优化产业结构的根本要求。河南省培育新兴产业，要坚持创新引领、重点突破，大力实施产业创新发展专项，培育电子信息、新能源汽车、生物、新能源、新材料、节能环保等产业，建成全国重要的新兴产业基地。根据战略性新兴产业各业的竞争力及发展环境，目前，河南应当重点发展新能源、新能源汽车、新一代信息技术、高端装备制造业和生物技术。[3]

（3）努力做强做大战略支撑产业。河南的战略支撑产业是提升产业结构的重要着力点，以科技创新为主要驱动力。做大做强战略支撑产业有利于提升产业层次、推动传统产业升级，实现产业结构优化，更有利于高起点建设现代产业新体系。努力做强做大战略支撑产业就是要壮大产业规模和增强产业核心竞争力，为由经济大省向经济强省的跨越提供强有力的基础。河南省的战略支撑产业包括装备制造业、有色金属、化工、食品和纺织服装五大产业。其中装备制造业的发展要适应市场需求变化，高端、高质、高效发展，建设全国重要的先进制造业基地和全国重要的现代装备制造业基地。以壮大产业规模和增强核心竞争力为主线，推进汽车零部件产业集聚，建成全国重要的汽车制造基地和辐射中西部的汽车服务贸易中心；推进食品、服装产业聚集，建成全国重要的食品、服装基地和贸易

---

①　"三讲三提升学习内容"，百度文库，http://wenku.baidu.com/view/505e4cc9a1c7aa00b52acb22.html，2012-12-24 19:04:31。

②　《中原经济区建设纲要（试行）》，http://blog.sina.com.cn/s/blog_70229f910100wt5p.ht。

③　《国务院关于支持河南省加快建设中原经济区的指导意见》，http://blog.sina.com.cn/s/blog_4f028ccf0100umw1.htr。

中心。

（4）加快发展现代化农业。现代农业是现代产业体系重要内容。加快实现农业现代化就是要加快转变农业发展方式，优化农业产业结构，提高粮食综合生产能力，大力发展优质畜产品和特色高效农产品生产；促进农业生产经营专业化、标准化、规模化、集约化，推动现代农业示范区建设，构建高产、优质、高效、生态、安全的现代农业产业体系，建设全国粮食生产核心区和重要的现代农业基地。具体来说，就是推进农业产业结构战略性调整，加快现代畜牧业发展，建设全国优质安全畜产品生产基地；加快特色高效农业发展，建设全国重要的油料和果蔬花卉生产基地；创建农业产业化示范基地，培育知名品牌，推进农产品的精深加工，不断提高农业产业化经营水平；稳定发展生猪和蛋禽，加快发展肉禽和奶牛，稳定增加水产品养殖总量。提高农业生产经营水平，运用现代科技、物质装备和管理技术改造提升传统农业，稳定提高粮食综合生产能力。积极发展循环农业，提高农业经济的可持续发展能力，加快农村基础设施和公共服务体系建设。①

（5）坚持走新型工业化道路。坚持走新型工业化道路，实现工业内部轻重工业、传统产业与新兴产业均衡发展。党的十八大报告提出了"坚持走中国特色新型工业化、信息化、城镇化、农业现代化道路，推动信息化和工业化深度融合、工业化和城镇化良性互动、城镇化和农业现代化相互协调，促进工业化、信息化、城镇化、农业现代化同步发展"的中国特色新型工业化道路。这为河南省工业发展方式转变指出了明确的方向。河南应发挥交通区位优势，以产业集群为基本的产业布局方式，提升沿陇海经济带、沿京广经济带发展实力。发挥陇海铁路的优势，建设高新技术、装备制造业、汽车、电力、铝工业、煤化工、石油等产业基地，积极推动"郑汴洛"工业走廊向东西延伸，形成贯穿东西、呼应长三角、辐射西部地区的产业密集区。依托京广铁路沿线的人力资源优势和产业基础，以装备制造、钢铁、电子电器、生物医药、轻纺、食品产业为主，建设一批贯穿南北、呼应环渤海、珠三角以及武汉都市圈的产业密集区。以焦作、济源、三门峡、平顶山、南阳等地区为主发挥矿产资源等优势，重

---

① 《关于印发河南省促进中部地区崛起规划实施方案的通知》，http：//guoqing. chi-na. com. cn/gbbg/2012－07/25/content_ 26011764. htm。

点发展重化工业，延长产业链条，推动产业升级，进一步加强与成渝、关中、天水等西部重点开发地区的互动合作。主动承接产业转移，集聚生产要素，优化资源配置，加速实现工业化，提高区域经济发展水平。

（6）加快发展现代服务业。加快发展现代服务业，实现生产性服务业与生活性服务业的发展。以工业转型升级需求为导向，促进现代制造业与生产性服务业有机融合、互动发展。

产业结构优化升级的战略重点是加大服务业的发展力度，合力培育新兴服务业，升级传统服务业，积极扩张服务业的开放领域，促进服务业扩张总量、优化结构、拓展领域、提升水平，突出发展现代物流、文化、旅游和金融等生产性服务业，积极发展生活性服务业，实现生产性服务业和生活性服务业的融合发展，加快发展战略新兴服务业，建设面向中西部的现代服务业中心。鼓励技术创新、商业模式创新和服务产品创新，培育壮大服务业新型产业和新兴产业，发展壮大健康产业、社区服务、养老服务等新型业态。

生活性服务业要围绕满足人民群众多层次、多样化需求和日益增长的物质文化生活需要，推进广播影视、新闻出版、文化艺术等优势文化产业升级，加快发展新兴文化产业和新兴出版发行业态，挖掘整合旅游资源，推动文化旅游融合发展。

生产性服务业要以工业转型升级需求为导向，促进现代制造业与生产性服务业有机融合、互动发展。培育更多与工业转型升级密切关联的生产性服务供给主体，推动生产性服务业集聚发展，促进生产性服务业总量快速扩大。积极拓展服务外包市场，推动制造业企业把产品设计、人力资源、财务管理、设备维护、商贸物流等业务外包出去，加快外包业务规模化、高端化发展。现代物流和电子商务体系要依托大型企业重点，推进第三方物流公司信息化建设，推广应用物联网技术，实现物流配送的智能化识别、定位、跟踪、监控和管理。① 推进钢铁、有色、纺织服装等行业电子商务平台与物流信息化集成发展，构建专业性行业平台，中小企业电子商务应用，促进电子交易与物流服务集成发展。

工业设计和研发要积极发展以功能设计、结构设计、形态及包装设计

---

① 《关于印发河南省工业转型升级"十二五"规划的通知》，http：//guoqing. china. com. cn/gbbg/2012－08/15/content_ 26244309. html.

等为主要内容的工业设计产业。培育发展设计与研发园区，加快建立工业设计公共服务平台、工业设计研发服务中心与工业技术信息交流平台，形成一批以工业设计与研发服务为纽带、具有行业特点与区域特色的新型产业集群。培育知识产权服务市场，构建服务主体多元化的知识产权服务体系。推进各类面向行业应用的信息技术咨询、系统集成、系统运行维护和信息安全服务，完善生物技术服务体系。

2. 促进传统产业和新兴产业融合发展

传统产业在河南经济发展中所占比重大，且长期处于低水平发展状态，技术陈旧、能耗高和环境污染重等问题突出，亟须通过培育新兴产业对其实施带动，加快其转型升级步伐。因此，河南建设中面临提升改造传统产业和重视培育新兴产业的双重任务，实现二者的融合发展是当务之急。传统产业与新兴产业的融合可分为相互适应阶段、协调发展阶段和分化替代阶段，在不同的融合期，要把握好不同的发展侧重点。

在融合发展的相互适应阶段，也是初始阶段，以传统产业转型升级为主。由于融合初期新兴产业企业数量较少、市场受限，难以形成独立生产体系，又由于新兴产业发展条件要求高，短时期内很难形成整个经济的支撑，经济的运行还需要依靠传统优势产业的发展做基础，新兴产业的蓬勃发展也需要传统产业做支撑。传统产业转型升级，尤其是利用高新技术改造传统产业引致传统产业转型升级既可以为新兴产业的发展积累资金，又可以拉高新兴产业的发展起点。目前推进传统产业转型升级的重点应放在化工、钢铁、有色金属和纺织这四大传统优势产业上，改变过去以资源高消耗和环境高污染的发展方式，加快生产方式转变及结构调整步伐。同时要推进传统优势产业的聚集区建设，培育与其配套的产业集群，加速其转型升级。

随着传统产业与新兴产业发展进入相互协调阶段，一方面，传统产业逐渐进入成熟期的中后期，部分产业出现了增长停滞或萎缩，也有部分产业逐渐转型成为新兴产业；另一方面，新兴产业进入成长期，增长速度开始放缓，出现均衡增长，有些成了区域经济发展的主导或支柱产业。这时候，传统产业与新兴产业之间的相互作用平稳有序，产业联系更加紧密，融合成一批新的产业，相互促进效应明显。此阶段应通过出台相关政策，推动传统产业与新兴产业的深度融合和技术链接，尤其在传统产业改造提升和新兴产业培育发展方面出台相应的产业政策，能极大地促进二者之间物质、信息、技术、能量、资本等的流转。此阶段对传统产业的支持将从以结构优化为主转向以高层次、高附加值的创新联合为主,对新兴产业的促进将从以加快培育为主转向以做大做强为主;充分利用传统产业与新兴产业的高产业关联性,从产业链的延伸、技术链的对接以及上下游关联产业的带动发展等方面做强传统产业和做大新兴产业,建立新兴产业园,形成新兴产业集群。

3. 推动产业承接与产业创新融合发展

(1)承接产业转移可以改变地区不合理的产业结构。河南可以依托自身丰富劳动力资源积极承接产业转移,在承接产业转移和产业创新融合发展的过程中,实现产业发展。河南省的农村人口占75%以上,农村劳动力过剩的矛盾突出,到2012年年底,全省农村劳动力转移就业总量已达2570万人。而随着劳动力密集型产业由沿海地区向中西部转移,受金融危机等因素的影响,农民工已经开始大量返乡就业或创业。据调查,2012年八成农民工是在区内就地转移就业。这为大量承接产业转移提供了良好的条件。积极承接产业转移,尤其是承接与第一产业相关的加工制造业和服务业,能有效解决农村剩余劳动力,改变传统农业生产方式,有效带动当地经济效益的提高,实现生产要素的转移;积极承接产业转移能有效地拉长第一产业的产业链,形成规模生产效益,能迅速壮大第二产业,增加对第三产业的需求规模,最终促进第三产业快速成长,改变地区不合理的产业结构。

(2)承接产业转移可以提升产业创新能力。承接产业转移带来的不仅是技术和资金上的资源,更重要的是可以促进产业承接地的科技和人力资源的创新发展,因为承接的先进技术和设备势必影响承接地产业内部生产方式的改变,使产业整体的竞争力得到提升,在技术外溢效应和同业竞争影响下,必定提升产业内部的产业创新能力。主要表现在以下几方面:

一是可以通过实施重大科技专项,突破产业关键技术,锻造产业转型升级所需要的核心技术。就河南来说,借助于产业转移,组织和实施一批具有战略性、前瞻性和全局性的重大科技专项,重点支持农业新品种的培育、电力电气装备、新能源、生物医药、功能型新材料、光电技术、数控技术等领域的重大科技创新活动,形成一批面向未来高端产业发展的关键共性技术、前沿技术和一批特色鲜明、优势明显的主导产品和企业,为河南的产业支撑和促进产业发展提供动力。

二是可以建设产业技术创新体系，推进合作创新。产业发展实力强的地区重视产业的技术研发、资金支持，并且专业教育比较发达，承接产业转移还能将转移地产业创新系统转移到承接地。河南可以依据现代产业发展的需要，针对产业发展中的关键技术问题，建立产、学、研合作的技术创新战略体系，并完善其机制，增强凝聚力和发展合力，发挥联合创新的示范、辐射作用，开创中原经济开放合作创新新局面。

三是可以建设产业创新平台，稳定产业创新基础，培育创新基地，提升自主研发能力。承接产业转移需要为转移者提供良好的发展环境和平台，筑巢才能引凤，加强实验室、工程中心、公共服务平台建设，设备仪器、资源数据共享，这本身也是为承接地自身提供创新平台，稳定创新基础。可以在承接基础上引导社会资源和创新要素向企业特别是创新型企业流动，培育一批自主知识产权。

4. 推动产业聚集区转型升级

（1）中原经济区产业聚集区发展概况。加快产业集聚区建设，是创造新优势、促进经济结构调整升级的重要举措，是落实科学发展观、实现跨越式发展和中原崛起的有效途径。产业集聚区的发展能完善产业链，提高产业整体竞争力。

产业集聚区在建设中依托骨干企业，集中优势资源，做强优势产业的同时，促进企业和项目向产业集聚区集中，加速主导产业聚集，不断壮大主导产业规模。各地在产业集聚区建设中，一方面，加快基础设施建设，包括标准化厂房、道路、水电气暖等，为企业入驻提供良好的条件；另一方面，抓配套服务，包括企业急需的金融、物流、信息、人才引进培训、生活服务等方面，为企业生产和职工生活提供便利，降低生产成本和商务成本，并围绕龙头企业集中引进更多的配套企业，帮助龙头企业实现配套生产本地化。① 同时，一些产业集聚区在发展中结合自身特点，进一步厘清产业定位，积极推动在集聚区内发展上下游产业、重点企业配套产业，产业链逐渐完备，形成较稳定的分工协作关系，提升产业配套能力。

围绕建设产业集聚区内的龙头企业，各地政府从区内骨干企业中选择市场占有率高、发展前景广、辐射带动能力强的企业，加大政策扶持力度，加快重大项目建设，将其打造成支撑发展的行业龙头企业。目前，河

---

① 宋歌：《河南省产业集聚区建设的现状分析与对策建议》，《企业活力》2011 年第 6 期。

南在产业集聚区发展方面取得很大成效，在食品加工、机械制造、工艺陶瓷、冶金、纺织服装、化工医药、煤炭、汽车配件等许多行业形成了特色产业集群，已形成郑州百万辆汽车、洛阳动力装备、中原电气谷、周口鞋业、鄢陵箱包等一批重大产业基地和特色产业集群，主营业务收入超100亿元的产业集聚区超过40个，完成投资超50亿元的集聚区超过20个。

尽管河南省产业集聚区建设成效显著，但各地产业集聚区建设不平衡，一是一些产业集聚区依托原有的产业园区，基础较好，发展较快，而一些新规划产业集聚区则由于起步晚，缺乏产业基础、配套不完善，开工项目和完成投资偏少，个别园区甚至尚未入驻项目。二是产业转型升级步伐缓慢，从河南省产业集聚区的产业布局来看，目前主要集中在制造业的主要行业，且大多数集聚区内所承载产业多为传统型和资源依赖型产业，如农副食品加工、机械及配件加工、纺织、服装加工等劳动密集型行业，还有一些电解铝、钢铁等能源消耗型产业，而高新技术产业较少，产业结构不尽合理。工业总产值排在前几位的分别是有色金属冶炼及压延加工业、农副食品加工业、化学原料及化学制品制造业、非金属矿物制品业、黑色金属冶炼及压延加工业、通用设备制造业等。这样一种仍依赖传统产业的发展路径，必然导致区域产品以低端为主，产品附加值低，并且制造过程中资源、能源消耗大，污染严重，产业结构层次较低，严重制约着产业结构的优化和升级。

河南要加快产业聚集区的发展，扩大增量，拉高存量层次，就要通过招商引资、承接产业转移，直接引进带动力强、关联度高的龙头企业和大企业，带动一批配套企业入驻；要实行省、市、县三级联动，加快产业集聚区主导产业项目建设；围绕高成长性产业、传统优势产业、战略先导产业的发展重点，优先支持汽车及零部件、电子、装备制造、食品、轻工、纺织服装、新型建材等转移趋势明显领域，加快壮大集群规模，提升集群发展水平，打造产业集群品牌。针对中原经济区产业集聚区建设中的问题，需要进一步的政策创新与制度创新。由于各个产业集聚区所处的区位、拥有的资源、发展的阶段、面临的制约等均存在着很大的不同，需要不同的政策措施，避免相互竞争降低入驻项目的质量。

（2）产业聚集区产业升级促进产业发展。产业聚集区的产业转型升级能有效实现传统产业和新兴产业的融合发展。传统优势产业以产业内升级为方向，利用技术改造提升传统产业，提高技术水平与产业层次，在具有比较优势的产业上增加链条竞争力。新兴产业以产业间升级为重点，制定符合每一行业的发展方式。对新能源、新材料等具有比较优势的领域要提升新竞争力，培育新增长点；对新医药、节能环保等尚处于起始阶段、发展薄弱的新兴产业则应加快培育，提供政策支持。①

产业聚集区产业转型升级能加强产业自主创新能力，自主创新是转变工业经济发展方式的根本动力，进一步加强自主创新工作，坚持以企业为主体、市场为导向、技术中心为平台的基本原则，建设工业创新体系，集聚创新资源。

产业集聚区产业转型升级是转变工业经济发展方式的重要载体，应突出各区特色主导产业，逐步形成能够体现自己和发挥自己优势的产业集群，形成特色园区和后发优势。以集聚区重点项目建设为抓手，以大企业集团为龙头，以产业链构建为核心，提升产业的国际竞争力。发挥产业集聚区的集聚效应和规模效应，强化相同产业的空间整合，加快建设集中度高、关联度大、竞争力强的支柱产业群。

二 基于社会系统的协同发展对策

2013 年 2 月 20 日，河南省发改委提出，河南省要进一步完善社会保障体系，加大民生投入，着力解决好"柴米油盐酱醋茶、衣食住行教医保"等事关群众切身利益的问题，"努力实现居民收入增长和经济发展同步、劳动报酬增长和劳动生产率提高同步，使人民群众收入的增加更多地反映在生活质量和幸福感的提高上"②。这表明，社会保障已经是河南省实现协同发展大工程中的一个重要环节，缺一不可。

社会保障不仅是社会系统发展的重要支撑，更是检验地区增长方式的最主要指标，主要表现在三个方面：

第一，社会保障可以节省人们的收入支出状况，从而改变消费行为，改变其对市场的力量，从而有助于拉动经济增长。

第二，社会保障可以改变人们对未来的预期，从而改变其投资行为，

① 刘晓萍：《加快转变河南工业经济发展方式问题研究》，《企业活力》2011 年第 5 期。

② 河南省发改委：《河南将深化收入分配改革解决两大矛盾》，《河南日报》2013 年 3 月 20 日。

并改变其投资的效率和效果，成为经济增长的重要引擎。

第三，社会保障对于低收入人群来说，更能让他们体面地生活，从而改善他们对下一代的教育，从长期来说，这是河南省区域耦合协同发展的重要基础。

（一）社会保障对协同发展的支撑状况

1. 保险状况

大力推动社会保障发展是实现协同发展的一种手段，也为耦合系统协同发展提供社会基础；两者相辅相成，互为基础，相互促进。河南已考虑到这一相辅相成关系，积极推动基本社会保障建设，实现了区内社会保障事业的进一步发展，尤其是基本医疗保险情况得到了改善（见表8－1）。

表8－1　　　　　　　　　　河南省参加各类保险人数　　　　　　　单位：万人

年份	养老保险	失业保险	医疗保险	工伤保险	生育保险
2000	662.68	671.00	287.00	198.00	172.00
2001	639.05	676.00	456.40	245.00	207.00
2002	645.53	670.00	537.28	218.79	204.54
2003	659.25	679.97	567.93	210.61	199.29
2004	688.70	681.60	590.19	324.72	200.66
2005	716.17	681.90	640.70	404.00	228.30
2006	762.60	682.80	704.00	432.90	238.40
2007	804.68	684.65	726.03	452.32	254.02
2008	948.57	689.00	840.87	501.20	313.35
2009	1019.09	694.82	1970.13	521.02	379.76
2010	1079.33	696.46	2043.75	551.74	412.87
2011	1168.38	701.19	2122.26	655.54	460.69
2012	1270.63	735.50	2222.20	720.56	520.29

资料来源：《河南统计年鉴》（2013）。

根据对河南省参加各种基本保险人数趋势比较发现，2008—2010年，河南省参加医疗保险人数实现巨大飞跃，从2008年的840万攀升至2011年的2122.26万，广大人民群众的利益得到了基本保障。可见，河南在发展经济的同时，不忘提升社会保障程度，努力把握经济发展与社会保障的均等化关系。在经济社会协同发展与社会保障均等化的过程中，河南采取了以下重大举措：一是 2007 年河南省逐渐开展城镇、农村基本医疗保险的普及工作，各市参加医疗保险急剧上升，更多的人享受到了医疗保险制度。二是 2009 年河南大学生全部纳入城镇居民基本医保范围。三是 2009 年将以前未参保的关闭、破产的国有企业退休人员纳入职工医保。四是三年内逐步将医保最高支付限额提高到收入的 6 倍以上。五是在郑州、洛阳试点，两市率先建立异地就医结算机制和参保人员就医"一卡通"制度。六是坚持"保基本、广覆盖、有弹性、可持续"原则，加强新型农村社会养老保险试点，普及推广农村养老保险制度。

2. 公共医疗卫生状况

在河南省建设中，坚持公共医疗卫生的公益性性质，不断深化医疗卫生体制改革，建立健全公共医疗卫生体系，推动农村和社区卫生服务体系的全面建设，完善重大疾病防治与救助工作制度，加大监督执法力度，提高全民医疗卫生水平等，是社会保障的重要内容。当前，河南省公共医疗卫生发展的显著特点有以下三个方面：

一是公共卫生体系基本健全。建设了省、市、县 180 个疾病预防控制中心，建立了覆盖城乡的急救指挥体系和急救网络，形成"15 分钟急救圈"①。截至 2011 年年底，仅河南省就有卫生机构 76201 个，病床床位34.92 万张，卫生技术人员 39.52 万人。同时，河南全省县级以上医疗机构突发公共卫生事件和法定传染病网络直报率为 100%，妇幼保健和健康促进工作不断加强，婴儿死亡率下降到 7.1‰，5 岁以下儿童死亡率下降到 8.7‰，孕产妇死亡率下降到 0.152‰。这充分表明，公共卫生体系已经初步具备支撑协同发展的条件，但仍然需要进一步加强公共卫生体系的覆盖面和均等化。

二是医疗服务管理持续加强。河南省内二级以上医院全部实行单病种限价管理，已收治单病种限价和按病种付费病人 17 万例，平均每位患者节约费用 396 元；率先实施全省统一药品集中招标采购，实现全省同药同价，1240 多家县以上医院采购金额约 80 亿元，价格下降 16.6%，患者受益 13.28 亿元。全省设立济困医院 68 所、济困病床 4475 张，已收治济困对象 65 万多人次。

---

① 《河南卫生》，http：//big5. xinhuanet. com/gate/big5/www. ha. xinhuanet. com/zfzx/2012 - 06/26/c_ 112292427. html.

三是河南省人均占有卫生资源量取得显著增长。仅河南省内医疗机构由 2008 年的 11683 个上升为 2010 年 76201 个，病床由 2008 年的 26.83 万张上升为 2011 年的 34.92 万张，每万人拥有卫生机构床位达到 37.2 张，每万人拥有医生达到 16.6 人，都远远高于 2008 年的 27.1 张和 12 人。增长迅速，但整体水平仍旧偏低。

3. 农村医疗卫生及社会保障事业发展状况

表 8 - 2 显示，河南农村医疗点 59.45% 由村或群众集体建立，32.29% 由个体办建立，由此可知，河南省规范农村医疗点医疗标准尤为重要，特别是乡村医生核定标准以及医疗点的基础设施、医疗条件要严格把关。要优先发展医疗卫生事业，切实解决 1 亿人口的健康问题，推动卫生事业实现新的跨越式发展，努力成为卫生部在全国深化改革的试验田、克难攻坚的第一线、促进发展的联系点，造福中原人民，为全国提供借鉴，为全面实现"十二五"深化医改总体目标、促进中原崛起作出新的更大贡献。

表 8 - 2　　　　　　　　　　河南农村医疗卫生概况

指标	2011 年	2012 年
村设置医疗点（个）	64131	57083
村或群众集体办	38123	36130
乡卫生院设点	567	541
乡村医生或卫生员联合办	3940	3304
个体办	20709	16357
其他	792	751
乡村医生和卫生员（人）	132357	124205
乡村医生	123431	114472
其中，行医方式中西医结合	27062	26050
卫生员	8926	9733
其中，行医方式中西医结合	1863	1728
诊疗人次（万人次）	22961	24238

资料来源：《河南统计年鉴》（2013）。

河南省区域生态—环境—经济—社会耦合协同发展不仅要谋求医疗设施、基本建设的改善，更要借此取得整个城乡医疗水平的提高。从表 8 - 2 中可以看出，随着农村医疗设施的完善，农村医疗诊疗人次显著增加，

2012 年达到了 24238 万人次，整体水平呈上升趋势。这表明，农村人员更多地在家门口得到了基本的医疗卫生保健，方便了人们的生活，更是分散了城市大医院的医疗压力。与此同时，从病床使用率的提高上来看，河南省医疗设施建设的利用率逐渐增加，资源使用得到长足的提高。

（二）推动河南省社会保障改革的建议

河南省在中原经济区国家战略和航空港经济区国家战略两个大战略基础上，将呈现出高强度、高规格和高速度发展态势。因此，为了实现协同发展，应该大力推动社会保障改革，具体建议如下：

第一，加大河南省的社会保障体系的一体化运作，这是加强人才无障碍流动的关键。打破社会保障体系各自分割的局面，尽快实现区域无障碍统一使用与报销制度。第二，必须明晰各级政府在社会保障制度中的分级责任并制度化，各级政府必须作为社会保障制度的主导者，承担更大责任，尤其应该承担财政责任、监管责任、推动立法与宏观调控责任等。第三，必须加快社会保障体系内部的相互支撑，尤其是养老保险、工伤保险以及大病医疗保险等，这是确保中原经济区包容性增长的重要手段。笔者通过长期调查发现，影响弱势群体生活质量的关键在于工伤保险和大病医疗保险的严重缺失，必须在这个方面作出强有力的探索。

第四，大力推进社会保障信息化，特别是在中原经济区建设统一的社会保险信息平台与社会救助信息平台，根本上从技术角度确保战略目标的实现。印度的社会保障体系证明，信息化还有利于预防和解决腐败问题。

第五，加大农村社会保障体系与城市保障体系的快速融合，尤其是与发达地区的融合。河南省有大量的农村出现了"空心村"，大量的青壮年劳动力外出打工，主要在沿海，还有海外等，只有实现城乡社会保障体系融合，才能更好地解决农民的社会保障问题。

第六，在老龄化日益严重的社会现实下，切实保障老年人的基本利益，迫在眉睫，协同发展的理念，更是将经济增长与社会和谐相结合，最终实现社会稳定，经济发展。

三 基于资源系统的协同发展对策

河南省在加速工业化和城镇化步伐的同时，自然资源对经济发展的关系日益凸显。在加速建设中原经济区背景下，在当前各种资源价格涨势迅猛面前，河南省需要更加重视自然资源的稀缺性，合理开发利用自然资源，加快新能源、新技术的研发工作，用技术进步来减缓河南省自然稀缺性给人类社会经济发展带来的负面影响。

（一）建立科学合理的资源价格体系

建立科学合理的资源价格体系，发挥市场机制配置资源的基础作用。我国自然资源的价格体系还不合理，市场体系还不完善，资源价格在政府的干预下被严重扭曲。长期以来在政府的干预下，我国水、电、矿产、煤等资源产品的价格普遍低于国际市场价格，过低的资源价格造成了资源被滥用、严重浪费、资源开发利用低效率、资源贸易损失的严峻现象，定价机制不能反映市场需求水平和资源稀缺性，严重制约了资源行业的可持续发展。

为了经济的可持续发展，必须建立科学、合理的资源价格体系，发挥市场机制在价格形成机制中的作用，资源价格必须与市场供求状况、资源稀缺程度和环境损坏成本相结合。首先，放宽资源开发门槛，允许和鼓励有能力的民营企业参与资源的开发；其次，减少不当的行政、经济干预，消除政府失灵，规范地方政府行为，打破地区间封锁，加强各个地区之间的协作，建立统一的自然资源要素市场；最后，加快资源价格与国际接轨，逐步建立既反映国际资源价格的变化趋势，又考虑国内市场供求、生产成本和社会各方面承受能力等因素的资源市场机制。

（二）提高资源综合使用率

深化财政体制改革，提高基础资源综合使用效率。完善有利于资源节约和综合利用的补贴政策和税收政策。一方面，通过财政优惠政策，重点扶持鼓励市场主体加快对资源节约型技术的开发，包括降低资源消耗技术、促进资源循环利用技术和利用新能源、新材料技术，提高水、电、煤等基础资源的综合使用效率。政府公共投资应向耗资大、风险高、周期长的基础科学和关键技术领域倾斜。另一方面，应该取消不利于资源节约的补贴政策，取消资源开发利用的各类优惠政策，设计既有利于提高资源合理利用，又符合社会经济目标的补贴政策，鼓励企业在生产过程中对边角废料的再利用。

（三）推进资源开发管理制度改革

稳步推进资源开发管理制度改革，提高自然资源合理开发利用水平。

河南省现阶段的资源利用不尽完善，很大程度上是因为部分资源的产权不清晰：第一，国土资源部门决定矿产资源由谁开采、在多大空间内开采以及何时开采，也负责矿产资源补偿费的征收；水行政主管部门负责水资源费的征收；税务部门负责资源税的征收。由于对自然资源的占有权、使用权、收益权等产权界定不清晰，真正对资源拥有合法所有权的国家却不能合理地行使所有权。① 因此，河南省首先应稳步推进资源开发管理制度的改革，建立探矿权、采矿权的产权制度，推动自然资源合理开发利用。第二，建立科学民主的决策机制、规范有序的执行机制、公正透明的监督机制，用经济、行政和法律手段监督资源开采权利的交易过程，进一步完善矿业领域市场经济秩序。第三，建立透明的官员监督机制，防止出现腐败、寻租行为，并对已经出现的腐败、寻租行为涉及的官员给予严重的行政处分乃至法律制裁。针对矿山开采权，政府应该通过合理、公正的招标形式，授权有能力的企业开采，并加强对开采过程的监督，防止过度开采和生态环境遭到破坏。

（四）构建产业升级技术创新体系

积极推进产业结构优化升级，建立以企业为主体、产学研相结合的技术创新体系。首先，建设科学研究与高等教育有机结合的知识创新体系，高效利用科研机构、实验室和高等院校的科技资源、设备条件，依靠科技进步，鼓励自主研发创新，不断研制发现新能源，寻求可替代资源。其次，政府应在经济建设过程中，发挥河南省优势、突出重点，立足河南省区域优势和比较优势，做大做强诸如河南平煤等以煤、电等基础能源为主的能源行业，以铁、钢、水泥、有色金属和非金属矿产为基础的冶金制造业，大力发展以生物制药、电子科技、互联网为主的高新技术产业，同时把河南省的旅游业、文化产业等新兴产业作为重要的战略产业和支柱产业加以扶植。最后，作为全国的粮食生产基地，河南省应积极引导农民采用农业科学技术，实行科学种田，将传统的精耕细作与先进的生物技术和机械技术相结合，进行农业标准化生产，提高土地的产出率。同时，提高农副产品的附加值，拉长产业链条，实现农业现代化。

（五）发挥人力资本优势

加大人力资本投入，化人口负担为人口优势，培育经济增长新动力。

---

① 高树印：《资源价格形成基础与资源价格改革》，《贵州财经学院学报》2008 年第 7 期。

河南省人口数量较大，人口负担较重，人力资本的积累与发达地区相比有较大差距，甚至人力资本不断被资源资本和物质资本所挤出。因此，要积极开发人力资源，将巨大的人口负担转化为人力资源优势，使经济发展转变到更多地依靠科技进步和劳动力素质提高上来。首先，持续增加教育投入，抓好基础教育及对普通劳动者的再教育和培训工作。根据河南省经济发展对人才的需要，设立不同专业、不同技能、不同层次的培训中心，有针对性地进行培训。完善高等教育办学体制，高等院校的专业设置应以市场需求为导向，高等教育应结合社会实践培养高素质的大学毕业生。其次，以优厚的待遇等激励机制吸引外来技术人才和知识人才，积累人力资本。同时，通过营造良好的成长环境、企业文化等途径做到以人为本，处处为人才考虑，增强人才的归属感，提高人才的工作积极性。再次，积极拓宽就业门路。近年来，我国失业浪潮多发生在高学历和工作经验丰富的人身上，造成严重的"教育过度"、知识失业现象。政府应建立健全就业服务体系，增加就业信息的传播与流通，推动失业人员再就业，让潜在人力资源转变成现实生产力。最后，在全社会范围营造创新氛围，鼓励劳动者自主创新，培养敢于冒险、勇于创新、追求利润的企业家精神，提高劳动生产率，摆脱对自然资源的依赖，发挥人在生产过程中的主观能动性，实现人口、资源、环境与社会经济的协同发展。

四 基于环境系统的协同发展对策

（一）建立绿色 GDP 政绩考核体系

把绿色 GDP 作为政绩考核指标，促进经济和环境和谐发展。绿色 GDP 的基本思想是由希克斯于 1946 年在其著作中提出的。所谓绿色 GDP 就是从传统的 GDP 中，扣除由于环境污染、自然资源退化、教育低下、人口数量失控、管理不善等因素引起的经济损失成本之后的余额。传统 GDP 没有考虑环境污染成本，并且把资源环境看作无限的，是可以随意索取的，没有意识到资源的可耗竭性和稀缺性，甚至认为治理环境的费用是 GDP 的增加点。与绿色 GDP 相比，传统 GDP 只反映了经济活动的正面效应，所以传统 GDP 所反映的经济也较"虚"。实际上，人类活动会对环境造成很大影响，环境可以为人类创造财富，也会带来灾难。例如拥有良好生态环境的洛阳，旅游业在 GDP 中占一定的比重且逐年增加，成为该市重要经济来源之一。为实现经济和环境的协调发展，政府有必要采取宏观调控手段，把绿色 GDP 作为政绩考核的指标。这样有利于真实地反映经济情况，从而使政府和相关部门作出科学决策。绿色 GDP 的提倡，还可以促进官员更加重视环保工作，增强普通民众的环保意识，更加注重环境和经济的协调，为环境和经济双赢发展提供良好的背景。

（二）推进能源结构绿色化进程

提高资源利用率，推进能源结构"绿色化"，其体现在能源开发、能源消耗、废弃物回收再利用、再生资源生产、社会消费等各阶段。在能源开发时，提高能源开发利用的集约化和规模化程度，例如加快整合矿产资源，可以提高其利用率。通过提高开采技术和工艺、改良开采设备、提高矿产资源回采率、选矿和冶炼回收率，可以提高矿产资源的综合利用。在能源消耗时，通过优化产品设计，提高产品生产技术，可以减少产品能耗、物耗和废弃物排放量。收集能源初次消耗后的余气、尾气及残渣等化工品进行再利用，提高能源的利用效率和综合利用率。例如，利用冶金、电力、煤炭、建材等固体废弃物排放量较大的行业所产生的废渣，生产新型建材产品、铺路和回填等。以秸秆、林业剩余物、农膜、禽畜粪便为原料，大力发展农村沼气，改善农村环境面貌和能源结构。通过引导再生资源回收利用，鼓励垃圾分类收集和分选，不断完善废金属、废塑料、废纸等再生资源的回收利用体系，探索建立生产者和消费者合理分担处理费用的责任制度，可以提高资源的循环利用率。[①]

能源供应方面，为绿色能源提供更多的供应渠道和实行优先供应的绿色能源机制，有利于绿色能源的利用和能源结构的改善。例如，国家电网降低绿色能源入网要求，为绿色能源的输送提供好的硬件设备，让绿色能源可以更好地到达消费者手中。在社会消费时，倡导绿色消费，提升民众的节约意识，鼓励使用再生产品、绿色产品、能效标识产品、节能节水认证产品和环境标志产品，尽可能不使用一次性用品，推广绿色包装，抵制过度包装等浪费资源的行为，都有利于环保及节约资源。

（三）加快产业内及产业间循环经济建设

三次产业与环境之间的作用是不同的，对环境的影响也各有不同。如

---

① 《河南省人民政府关于加快发展循环经济的实施意见》，《河南省人民政府公报》2006 年
8 月 25 日。

果从能源消耗和污染物排放两方面考察，第二产业对环境的压力最大，其次是第三产业、第一产业。第一产业对环境的影响主要体现在土地利用和农药、化肥以及农用物资的使用上，被污染的主要是水土和土壤。第二产业对环境的压力最大，其污染方式除了能源消耗和污染物排放之外，还有对土地、水等资源的占用，污染范围也相对广，水、土地、大气都会受到负面的影响。第三产业大部分产业部门不需要消耗大量的自然资源和能源，也不会排放有害物质。但是对环境还是有影响的，例如对自然旅游资源的过度开发，严重地破坏了生态环境。在 GDP 相同的情况下，不同的三次产业结构会带来不同的环境影响，加快三产发展，致力于提高三产比重，将有利于环境保护。河南产业结构是"二、三、一"，第二产业主要是附加值低的制造业，从国内分工来看，目前中原经济区的农业具有先天优势，作为中原经济主体的河南虽然已经是全国新兴的工业大省，却处于"微笑曲线"靠近低端的位置。为此，应从改造传统产业开始，推动工业产品深加工，提高其附加值。在传统产业改造中，要进一步加大治理力度，对污染严重、能耗高的企业和落后的工艺要坚决淘汰，对造纸业、化工业、冶炼业、炼焦业等污染严重的行业加以规范监督，严格执行国家产业政策和环境政策。[①] 另外，河南在发展过程中引进企业时，不仅要考虑到河南就业等问题，还应该把环境容量和经济发展规划相结合加以考虑，引进高新技术产业，逐步优化河南产业结构。

加快循环经济的发展。在生产、消费、生活等各领域，持续做好循环经济模式的宣传，使循环经济理念逐步深入人心。循环经济的技术研发和推广要充分重视，建立和完善循环经济的创新机制。把循环经济技术开发列入河南各市的重点项目之中，和高校、科研机构等有较强科研能力的单位进行合作和交流，加快科研成果的转化。建立畅通的循环经济信息系统，及时地向社会提供有关循环经济的技术、管理和政策方面的信息。提供循环经济技术服务，建立循环经济咨询站，为循环经济的信息咨询、技术交流、技术人员培训等提供良好的机会。再次，根据各地资源分布不同，制定不同的规划，打造不同的产业链。建立循环经济示范点，发挥榜样的力量；利用价格杠杆的作用，通过优惠的财政政策，支持循环经济体

---

① 杨冉冉：《河南省环境与经济协调发展时空变化分析》，硕士学位论文，河南大学，2011年。

系建立和循环经济发展；加强相关法律法规体系建设，加大监管力度。最后，把循环经济和产业结构相结合，努力把循环经济引入各个产业中，实现绿色可持续增长；调整产业结构促进产业对循环经济的接纳能力；不断总结经验教训，探索更加有效的循环经济发展模式。

（四）推行有利于环保的经济政策

在影响经济与环境的众多因素中，业界大多数学者认为技术是实现二者和谐发展的关键，而忽视了环保投资的重要性。应该看到环保投资的潜在作用，加大对污染防治、环境科技、环保监管等的资金投入，把环保投资列为政府财政支出的重点内容。强化环境保护专项资金的使用监管，对资金使用进行绩效评价，绩效评价差的对其负责人追究相应责任，对资金所资助的项目进行后续管理，提高财政性环保资金的投资收益。推行有利于环境保护的经济政策，提高环境保护的参与积极性。对有利于环境保护的给予税收、土地、资源价格优惠等优惠政策。例如，对污染处理设备折旧给予扶持，对污染处理所需的用地审批放宽条件，用电价格给予优惠。政府在对垄断性资源进行定价时，应该考虑到资源的稀缺性和是否可再生，在资源的价格中加入环境成本。对于有损环境的行为，应该严厉制止或者取缔。例如，对严重不符合国家环保标准且多次劝说无效的企业，可以吊销其营业执照。对于不符合国家产业政策和环保标准的企业，不审批用地，不批信贷，加大税收力度。尽快完善生态补偿政策，建立生态补偿机制，政府财政转移要考虑到生态因素，开展生态补偿试点。另外，运用市场机制，推进污染治理，引导社会资金参与环境保护基础设施投入，政府要建立多元化投入机制，加大项目建设管理力度，积极筹集建设资金，确保治理项目能够正常运行。①

（五）完善预防性的环境管理措施

预防性环境管理措施主要包括三个方面：一是环境影响评价制度；二是建设项目中防治污染的措施，必须与主体工程同时设计、同时施工、同时投产使用的“三同时”制度；三是清洁生产制度。

环境评价工作要坚持以保护人民群众的合法环境权益为前提，坚决解决危害群众健康的环境问题；要坚持以改善生态环境质量为解决问题的最

---

① 《河南省环境保护“十一五”规划》，http://www.hnep.gov.cn/tabid/75/infoid/891/default.as。

终目标，从源头减少污染排放；要坚持以转变经济发展方式为手段，加快经济结构战略性调整。还要意识到，中原经济区内环境压力的不断增大和群众环保意识的不断增强，自 2013 年以来连续多日出现的雾霾天气，引发了群众对环境的高度关心和强烈期盼。完善环境评价工作不仅要调整经济增长方式，解决现有的企业、工厂、个体的环境污染问题，还要对环境评价领域进行不断的制度完善、创新改革，把环评管理渗入建设项目的全过程，以解决影响可持续发展和损害群众健康的突出环境问题。加强环境评价队伍建设十分关键。对环境评价的工作人员要进行认真的选拔，并且通过定期的培训，提高其专业素质，建立严格的反腐制度，强化反腐倡廉能力，努力做到科学、严格、高效、廉洁环评。河南各地在开发新区建设时，要认真落实"三同时"制度。

在建设项目设计、施工和投产过程中，污染防治措施要与之同步。各级主管部门要认真审查、严格验收，把好关。各地区要根据自己实际情况，灵活且有针对性地选用不同的清洁生产措施，促进产业升级转型，减少污染物排放。例如，鹤壁、平底山是以煤炭行业为主的城市，要利用自身资源的优势改善开采结构，提高优质煤比重，发展当地生态，使生产与生态恢复同步。在这方面，焦作的做法值得借鉴。焦作也是以煤炭行业为主的城市，在煤炭行业发展的基础上，利用当地的资源环境，大力发展影视城、云台山等旅游产业，加快第三产业发展，同时对煤炭进行治理，有效地提高了城市环境，增强了城市竞争力。

（六）重点抓好工业污染防治

实践证明，坚持污染防治结合有利于节约环境质量成本，有利于提高环境的治理效率。生态系统的承受能力是有限的，超出承载限制，会对生态环境造成严重的破坏，大部分受到破坏的生态环境不是朝夕之间就可以恢复的。砍伐一片森林可能只需要几个月，砍伐后的森林荒漠化只需要几年，而要恢复一片森林则需要几十年甚至上百年。工业革命后，工业迅速发展使生产力迅猛提升，为人类创造了极大的物质财富的同时，工业污染也成为环境污染的主要因素。河南刚刚步入工业化中期，传统高污染工业仍是工业主体，工业污染相当严重。在环境治理中，应该重点抓好工业污染防治，坚持防治结合的治理方式。坚决执行各种环保法律法规，在追求削减排污总量、遏制水污染恶化基础上，鼓励企业实施清洁生产。完善政府环境目标，并细化环保责任，把环保责任落实到企业、单位甚至个人，把监督管理责任落实到执法者个人，对监管者和污染者两方进行明确的责任约束。进一步加大对生活用水质量的监管，保障居民生活用水安全。加快城镇生活污水处理设施建设，对重点水域和饮用水源地加强保护，建立24 小时生活用水预警机制，全面排查排放有毒有害物质的工业污染源。加快发展对煤气、水能、风能、太阳能等清洁能源的开发利用，减少生产生活中对原煤的消耗，实施城市集中供气、供暖等措施，以便更加有效地利用资源。对火电、钢铁、建材等行业加大整治力度，减少工业大气污染。对工业固体废弃物，加快开发新技术，提高其回收利用效率。同时支持和推广清洁技术和工艺，宣传和开展资源综合利用活动，从源头上减少固体废弃物的产生。打击非法排放、非法进出口工业固体废弃物等非法活动。对于高危险性的废弃物，应构建区域性集中收集和处理中心，实现节约、集约处理高危废弃物，解决地方财力和技术瓶颈问题。

本章小结

本章构建了河南省生态—环境—经济—社会耦合系统协同发展的对策，阐释原则是"分别以某一子系统为主，其他系统配套"的发展战略、路径与对策。

经济系统坚持"三化协调战略"、"产业带动战略"，"三化"协调的关键点是农村劳动力转移，顺利转移农村劳动力的关键是构筑创业就业、培训、安居"三位一体示范区"，针对示范区建设政策支持系统、制度保障系统、环境服务系统、文化导向系统等配套系统。产业带动战略主要实施路径有构建现代产业新体系，促进传统产业和新兴产业融合发展，推动产业承接与产业创新融合发展，推动产业聚集区转型升级。

社会系统协同发展的关键是推动河南省社会保障改革，具体实施对策包括：加大河南省社会保障体系的一体化运作，明晰各级政府在社会保障制度中的分级责任并制度化，加快社会保障体系内部的相互支撑，大力推进社会保障的信息化，加大农村社会保障体系与城市保障体系的快速融合等。

资源系统协同发展对策包括，建立科学合理的资源价格体系；深化财政体制改革，提高基础资源综合使用率；推进资源开发管理制度改革，提高自然资源合理开发利用水平；推进产业结构优化升级，建立以企业为主体、产学研相结合的技术创新体系；发挥人力资本优势。

环境系统协同发展的措施有，把绿色 GDP 作为政绩考核指标，促进经济和环境和谐发展；推进能源结构"绿色化"；加快产业内及产业间循环经济建设，推行有利于环保的经济政策；完善环境影响评价制度、建设项目中防治污染的措施、清洁生产制度等预防性的环境管理措施；重点抓好工业污染防治工作。

第九章 内蒙古生态—环境—经济—社会 耦合系统协同发展测度

区域生态—环境—经济—社会协同发展的程度和水平是相对的、动态的,不同区域在同一时段或同一区域在不同时段其协同程度不同,水平有高低,且低水平协同发展与高水平协同发展之间存在转化关系。因此,评判某一区域耦合系统协同发展的程度和水平,必须从横向和纵向两个方面着手,定量与定性相结合。本章从横向考察内蒙古生态—环境—经济—社会耦合系统在全国各地区中所处的位置,搞清楚内蒙古自治区生态环境、经济社会发展的水平,再通过纵向分析,透视内蒙古自治区自身生态环境、经济社会耦合系统演化态势,以评判其时间序列上的发展状况。

一 基于纵向评价的内蒙古 耦合系统协同发展测度

(一) 纵向样本选取和数据来源

纵向上,本章以年份作为决策单元,分别选取 1990—2011 年反映内蒙古生态环境、经济、社会子系统的输入输出指标,以评价内蒙古自治区耦合系统协同发展状况,同时验证协同发展评价模型的可行性和有效性。横向上,选取我国 31 个省(区、市)作为决策单元,对 2009 年我国各区域耦合系统协同发展度进行评价,同时比对内蒙古在全国所处的位置和水平。相应数据分别来源于 1991—2012 年《内蒙古统计年鉴》和《中国统计年鉴》(个别数据进行了简单处理)。

1. 内蒙古生态环境子系统的输入/输出指标数据

输入指标:以能源消费总量反映资源消耗投入;以环保系统人员数反映生态环境系统人力投入;立足循环经济、资源再利用角度以工业废水排放量、工业粉尘排放量、工业固体废物产生量之和作为投入指标，测度变废为宝、资源再利用的效率。数据见表9－1。2011年以后统计年鉴中不再单独出现"工业粉尘排放量"的数据，也不再出现"工业废水达标排放率"数据，因此，为研究方便，数据选取截至2010年。

表9－1　　内蒙古1990—2010年生态环境子系统数据（输入指标）

样本（年份）	能源消费总量（万吨标准煤）	环保系统人员数（人）	"三废"产生量和（万吨）
1990	2423.51	1852	28152
1991	2505.19	1896	28889
1992	2554.99	1964	29068
1993	2676.11	2031	27670
1994	2812.19	2030	29162
1995	3268.44	2113	30527
1996	3144.36	2393	30792
1997	3708.95	2419	29408
1998	3440.06	2701	27499
1999	3634.88	2729	25415
2000	3937.54	3199	24237
2001	4453.48	3042	23457
2002	5190.12	3293	25541
2003	6612.77	3626	27256
2004	8601.81	3828	27586
2005	10788.9	4001	32376
2006	12835.27	4167	36020
2007	14703.32	4395	35993
2008	16407.63	5177	39810
2009	17473.68	5400	40725
2010	18882.66	5500	56548

资料来源：《内蒙古统计年鉴》（1991—2011）。

输出指标：以人均占有公共绿地面积反映生态环境的美化程度；以"三废"达标排放率反映环境治理输出效果；与输入指标"三废"产生量之和对应，以"三废"综合利用产品产值反映循环经济、资源再利用绩效。其中"三废"达标排放率取工业废水排放达标率、工业粉尘达标排放率、工业固体废物综合利用率三者的均值，鉴于统计数据中 1993 年、1994 年、1995 年、1996 年、2000 年工业粉尘回收率数据缺失，因此，取剩余两者的均值。数据见表 9－2。

表 9－2　　内蒙古 1990—2010 年生态环境子系统数据（输出指标）

样本（年份）	城市人均绿地面积 （平方米）	"三废"达标排放率 （%）	"三废"综合利用产值 （万元）
1990	3.40	38.97	5598.00
1991	3.40	51.47	9725.00
1992	2.60	54.47	12887.00
1993	3.70	48.00	15946.00
1994	3.80	44.15	18860.00
1995	4.50	46.90	30921.00
1996	4.50	49.95	27392.00
1997	5.30	58.90	29725.00
1998	5.90	57.53	28327.00
1999	6.00	39.66	21153.00
2000	6.04	43.94	29992.00
2001	6.33	53.44	26300.00
2002	5.59	50.00	33276.00
2003	6.22	50.15	36429.00
2004	6.97	40.83	79750.00
2005	7.78	43.89	86505.00
2006	9.39	65.50	83917.00
2007	10.63	73.30	198533.00
2008	11.10	74.79	218529.00
2009	11.65	76.39	217935.00
2010	12.26	79.30	272375.40

资料来源：《内蒙古统计年鉴》（1991—2011）。

2. 内蒙古经济子系统的输入/输出指标数据

输入指标：以全社会固定资产投资额反映经济子系统资本投入；以全

社会从业人员数反映经济子系统的人力资源投入；以实际利用外资额反映
外资投入。数据见表9－3。

表9－3　　内蒙古1990—2011年经济子系统数据（输入指标）

样本（年份）	固定资产投资额（亿元）	从业人员数（万人）	实际利用外资额（万美元）
1990	70.77	924.6	2530
1991	100.66	962.90	5532
1992	149.24	976.00	7910
1993	217.40	1008.20	19213
1994	250.99	1033.40	29086
1995	273.06	1029.40	61801
1996	275.54	1039.00	38355
1997	317.50	1050.30	44209
1998	350.16	1050.30	44253
1999	383.37	1056.70	40133
2000	430.42	1061.60	54819
2001	496.43	1067.00	47342
2002	715.09	1086.00	58211
2003	1209.44	1005.00	66529
2004	1808.91	1026.00	89664
2005	2687.84	1041.10	140007
2006	3406.40	1051.20	196863
2007	4404.75	1081.50	238780
2008	5604.67	1103.30	285556
2009	7535.15	1142.50	318019
2010	8971.63	1184.70	355876
2011	10899.79	1249.30	404125

资料来源：《内蒙古统计年鉴》（1991—2012）。

输出指标：以人均GDP反映经济规模；以第三产业占GDP的比重反映经济结构；以居民消费支出反映经济活力。数据见表9－4。

表 9 – 4　　　　　　内蒙古 1990—2011 年经济子系统数据（输出指标）

样本（年份）	人均 GDP（元）	居民消费支出（元）	第三产业比重（%）
1990	1478	786	32.6
1991	1642	861	32.9
1992	1906	941	33.7
1993	2423	1142	34.3
1994	3094	1460	33.4
1995	3772	1817	33.6
1996	4457	2040	33.7
1997	4980	2232	35.4
1998	5406	2309	36.6
1999	5861	2520	38.1
2000	6502	2687	39.3
2001	7216	2868	40.8
2002	8162	3341	41.8
2003	10039	3565	41.9
2004	12767	4042	41.8
2005	16371	5021	39.5
2006	20693	5800	39.1
2007	26777	7062	38.4
2008	35263	8284	37.8
2009	40282	9668	38.0
2010	47347	10925	36.0
2011	57974	13264	34.9

资料来源：《内蒙古统计年鉴》（1991—2012）。

3. 内蒙古社会子系统输入/输出指标数据

输入指标：以每万人有医生数反映医疗保健层面的投入；以每万人拥有电话数反映信息水平层面投入；以每万人拥有铁路和公路长度反映交通运输层面的投入。数据见表 9 – 5。

输出指标：以城市化率反映区域社会进步程度；以登记失业率的反向指标反映社会稳定程度（具体测算是 1 减去登记失业率）；以每万人口中在校大学生数反映教育水平及现代文明程度。数据见表 9 – 6。

表 9 – 5　　　　内蒙古 1990—2011 年社会子系统数据（输入指标）

样本（年份）	每万人有医生数（人）	每万人有电话数（部）	每万人有铁路和公路长度（公里）
1990	19	77. 82	22. 60
1991	19	84. 62	22. 46
1992	21	95. 98	22. 42
1993	21	125. 65	22. 21
1994	22	276. 35	22. 09
1995	22	289. 94	22. 12
1996	22	374. 6	23. 12
1997	22	454. 23	24. 52
1998	24	640. 05	27. 94
1999	22	657. 35	30. 13
2000	22	872. 11	31. 41
2001	22	1087. 51	32. 66
2002	21	1308. 64	33. 70
2003	21	1807. 19	34. 30
2004	21	2107. 30	35. 17
2005	21	2270. 78	55. 38
2006	21	2260. 49	57. 10
2007	20	2183. 85	61. 61
2008	21	1914. 05	64. 69
2009	22	1824. 93	65. 39
2010	22	1679. 38	69. 48
2011	23	1534. 15	69. 86

资料来源：《内蒙古统计年鉴》（1991—2012）。

表 9 – 6　　　　内蒙古 1990—2011 年社会子系统数据（输出指标）

样本（年份）	1 - 登记失业率（%）	万人在校大学生数（人）	城市化率（%）
1990	96. 51	15. 10	36. 1
1991	97. 32	14. 40	37. 0
1992	96. 51	14. 50	37. 0
1993	97. 38	16. 90	37. 2
1994	97. 14	17. 03	37. 5

续表

样本（年份）	1−登记失业率（%）	万人在校大学生数（人）	城市化率（%）
1995	96. 83	16. 39	38. 2
1996	96. 53	16. 93	38. 5
1997	96. 60	17. 29	38. 9
1998	96. 87	18. 65	39. 9
1999	96. 90	21. 05	41. 0
2000	96. 66	29. 60	42. 2
2001	96. 30	41. 94	43. 5
2002	95. 90	50. 79	44. 1
2003	95. 50	66. 71	44. 7
2004	95. 41	82. 74	45. 9
2005	95. 74	96. 15	47. 2
2006	95. 87	105. 85	48. 6
2007	96. 00	118. 42	50. 1
2008	95. 90	131. 20	51. 7
2009	95. 95	145. 30	53. 4
2010	96. 10	150. 20	55. 5
2011	96. 20	154. 90	56. 6

资料来源：《内蒙古统计年鉴》（1991—2012）。

（二）各子系统内协同发展评价结果

依据第六章中区域耦合系统协同发展的 DEA 评价模型以及各子系统内发展效度、协同效度、协同发展效度计算公式，利用内蒙古生态环境、经济、社会子系统的输入/输出指标数据，在 EXCEL 中输入数据，运用 DEA Excel Soever 插件，可求得内蒙古 1990—2010 年生态环境、经济、社会子系统的协同有效性、发展有效性、协同发展综合有效性。结果见表 9−7、表 9−8 和表 9−9 所示。

1. 生态环境子系统内部评价结果

根据表 9−1 和表 9−2 的输入、输出数据，利用 Excel 和 DEA Excel Solver 插件，即可得到结果（见表 9−7）。如果 DMU 的技术效率为 1，则具有技术有效性，意味着 DMU 各生产要素间处于经济学上的最佳匹配状态，系统的结构比例最适，即协同有效；如果 DMU 的规模效率为 1，则具有规模有效性，意味着系统产出随着系统投入发生同向等比变化，投入与产出间的相对效益达到经济学上的最佳状态，即发展有效；如果 DMU 纯技术效率为 1，而规模效率小于 1 时，综合效率小于 1，即系统协同有效但发展非有效，协同角度上系统要素配合比例得当，综合非有效原因在于投入和产出规模未达到最佳，需要相应增加或减少规模。在发展非有效的评价结果中"Increasing"项表明应增大规模；"Decreasing"项表明应缩小规模；"Constant"项表示规模效益不变。后续各子系统评价均采用此方法，评价结果直接在表格中表示。

表 9 - 7　　内蒙古 1990—2010 年生态环境子系统协同发展评价结果

评价单元（年份）	协同效度	发展效度	协同发展效度	规模效应
1990	1.0000	0.7608	0.7608	Increasing
1991	1.0000	0.9801	0.9801	Increasing
1992	1.0000	1.0000	1.0000	Constant
1993	1.0000	0.9319	0.9319	Increasing
1994	0.9961	0.9000	0.8966	Increasing
1995	1.0000	1.0000	1.0000	Constant
1996	1.0000	1.0000	1.0000	Constant
1997	1.0000	1.0000	1.0000	Constant
1998	1.0000	1.0000	1.0000	Constant
1999	0.9945	0.7401	0.7360	Increasing
2000	1.0000	0.8560	0.8560	Increasing
2001	1.0000	1.0000	1.0000	Constant
2002	0.9392	0.9297	0.8732	Increasing
2003	0.8877	0.9214	0.8179	Increasing
2004	0.9914	0.7301	0.7238	Increasing
2005	0.8673	0.7481	0.6489	Increasing
2006	0.8771	0.9773	0.8572	Decreasing
2007	1.0000	1.0000	1.0000	Constant
2008	1.0000	0.9952	0.9952	Decreasing
2009	1.0000	0.9702	0.9702	Decreasing
2010	1.0000	1.0000	1.0000	Constant

2. 经济子系统内部评价结果

利用表9－3和表9－4的输入输出数据，利用 Excel 和 DEA Excel Solver 插件，即可得到结果，如表9－8所示。

表9－8　　　　内蒙古1990—2011年经济子系统协同发展评价结果

评价单元（年份）	协同效度	发展效度	协同发展效度	规模效应
1990	1.0000	1.0000	1.0000	Constant
1991	0.9619	0.9295	0.8941	Increasing
1992	0.9509	0.9128	0.8680	Increasing
1993	0.9271	0.7670	0.7111	Increasing
1994	0.9283	0.8480	0.7872	Increasing
1995	0.9622	0.9350	0.8997	Increasing
1996	1.0000	1.0000	1.0000	Constant
1997	1.0000	0.9999	0.9999	Decreasing
1998	0.9957	0.9990	0.9947	Increasing
1999	1.0000	1.0000	1.0000	Constant
2000	1.0000	1.0000	1.0000	Constant
2001	1.0000	1.0000	1.0000	Constant
2002	1.0000	1.0000	1.0000	Constant
2003	1.0000	1.0000	1.0000	Constant
2004	0.9951	0.9994	0.9945	Decreasing
2005	0.9834	0.9552	0.9393	Increasing
2006	0.9913	0.9580	0.9497	Increasing
2007	0.9881	0.9770	0.9654	Increasing
2008	1.0000	1.0000	1.0000	Constant
2009	1.0000	1.0000	1.0000	Constant
2010	1.0000	1.0000	1.0000	Constant
2011	1.0000	1.0000	1.0000	Constant

3. 社会子系统内部评价结果

利用表9－5和表9－6的输入输出数据，利用 Excel 和 DEA Excel Solver 插件，即可得到结果，如表9－9所示。

表9-9 内蒙古1990—2011年社会子系统协同发展评价结果

评价单元（年份）	协同效度	发展效度	协同发展效度	规模效益
1990	1.0000	1.0000	1.0000	Constant
1991	1.0000	1.0000	1.0000	Constant
1992	0.9987	0.9986	0.9973	Increasing
1993	1.0000	1.0000	1.0000	Constant
1994	1.0000	1.0000	1.0000	Constant
1995	1.0000	1.0000	1.0000	Constant
1996	0.9869	0.9926	0.9796	Decreasing
1997	0.9712	0.9796	0.9514	Decreasing
1998	0.9474	0.9184	0.8701	Decreasing
1999	0.9857	0.9339	0.9205	Decreasing
2000	1.0000	0.9353	0.9353	Decreasing
2001	1.0000	0.9521	0.9521	Decreasing
2002	1.0000	0.9896	0.9896	Decreasing
2003	0.9864	0.9999	0.9863	Decreasing
2004	1.0000	1.0000	1.0000	Constant
2005	0.9462	0.9969	0.9433	Increasing
2006	0.9579	0.9997	0.9576	Increasing
2007	1.0000	1.0000	1.0000	Constant
2008	0.9962	0.9989	0.9951	Increasing
2009	1.0000	1.0000	1.0000	Constant
2010	1.0000	1.0000	1.0000	Constant
2011	1.0000	1.0000	1.0000	Constant

由表9-7、表9-8和表9-9总结如下：生态环境子系统内部1994
年、1999年、2002年、2003年、2004年、2005年、2006年等年份协同
非有效、发展非有效，1990年、1991年、1993年、2000年、2008年、
2009年协同有效、发展非有效；经济子系统内部1991年、1992年、1993
年、1994年、1995年、1998年、2004年、2005年、2006年、2007年等
年份发展非有效、协同非有效，1997年协同有效、发展非有效；社会子
系统内部1992年、1996年、1997年、1998年、1999年、2003年、2005
年、2006年、2008年协同非有效、发展非有效，2000年、2001年、2002

年等年份协同有效、发展非有效。

（三）两两子系统间的协同发展评价

根据第六章中两两子系统间发展效度、协同效度、协同发展综合效度计算方法，利用（6 - 10）式至（6 - 15）式，以及内蒙古自治区生态、环境、经济、社会子系统的输入/输出指标数据，并采用 Excel、DEA Excel Solver 插件，求得内蒙古1990—2010 年生态环境子系统、经济子系统、社会子系统两两之间发展效度 Fe、协同效度 Xe 和综合效度 Ze。结果见表9 - 10、表9 - 11 和表9 - 12。其中，A 代表生态环境子系统，B 代表经济子系统，C 代表社会子系统。

1. 生态环境与经济子系统间评价结果

利用表9 - 1 至表9 - 4 的输入/输出数据，运用 Excel 和 DEA Excel Solver 插件，依据（6 - 13）式、（6 - 14）式、（6 - 15）式计算，最终结果见表9 - 10。

表9 - 10　　　　内蒙古1990—2010 年生态环境与经济子系统间
协同发展评价结果

DMU	Xe (A/B)	Xe (B/A)	Xe (A, B)	Fe (A/B)	Fe (B/A)	Fe (A, B)	Ze (A/B)	Ze (B/A)	Ze (A, B)
1990	1.0000	1.0000	1.0000	1.0000	1.0000	1.0000	1.0000	1.0000	1.0000
1991	0.9946	1.0000	0.9946	0.9984	1.0000	0.9984	0.9930	1.0000	0.9930
1992	1.0000	1.0000	1.0000	1.0000	1.0000	1.0000	1.0000	1.0000	1.0000
1993	1.0000	0.9588	0.9588	1.0000	0.9370	0.9370	1.0000	0.8984	0.8984
1994	1.0000	0.9389	0.9389	1.0000	0.8916	0.8916	1.0000	0.8371	0.8371
1995	1.0000	1.0000	1.0000	1.0000	1.0000	1.0000	1.0000	1.0000	1.0000
1996	1.0000	1.0000	1.0000	0.9907	1.0000	0.9907	0.9907	1.0000	0.9907
1997	0.9941	1.0000	0.9941	0.9988	1.0000	1.0008	0.9929	1.0000	0.9949
1998	1.0000	1.0000	1.0000	1.0000	1.0000	1.0000	1.0000	1.0000	1.0000
1999	1.0000	1.0000	1.0000	1.0000	1.0000	1.0000	1.0000	1.0000	1.0000
2000	1.0000	0.9928	0.9928	1.0000	0.9999	0.9999	1.0000	0.9927	0.9927
2001	1.0000	1.0000	1.0000	1.0000	1.0000	1.0000	1.0000	1.0000	1.0000
2002	1.0000	0.9315	0.9315	1.0000	0.9231	0.9231	1.0000	0.8599	0.8599
2003	1.0000	1.0000	1.0000	0.9452	0.9648	0.9452	0.9452	0.9648	0.9452

续表

DMU	Xe (A/B)	Xe (B/A)	Xe (A, B)	Fe (A/B)	Fe (B/A)	Fe (A, B)	Ze (A/B)	Ze (B/A)	Ze (A, B)
2004	1.0000	1.0000	1.0000	0.9807	1.0000	0.9807	0.9807	1.0000	0.9807
2005	0.9319	0.9834	0.9319	1.0000	0.9591	1.0000	0.9319	0.9432	0.9319
2006	0.9499	1.0000	0.9499	0.9995	1.0000	0.9995	0.9494	1.0000	0.9494
2007	1.0000	1.0000	1.0000	1.0000	1.0000	1.0000	1.0000	1.0000	1.0000
2008	0.9666	1.0000	0.9666	0.9972	1.0000	0.9972	0.9639	1.0000	0.9639
2009	1.0000	1.0000	1.0000	1.0000	0.9993	0.9993	1.0000	0.9993	0.9993
2010	1.0000	1.0000	1.0000	1.0000	1.0000	1.0000	1.0000	1.0000	1.0000

2. 生态环境与社会子系统间评价结果

利用表9-1、表9-2、表9-5和表9-6的输入/输出数据，运用 Excel 和 DEA Excel Solver 插件，依据（6-13）式、（6-14）式和（6-15）式计算，最终结果见表9-11。

表9-11　　　　内蒙古1990—2010年生态环境与社会子系统间
协同发展评价结果

DMU	Xe (A/C)	Xe (C/A)	Xe (A, C)	Fe (A/C)	Fe (C/A)	Fe (A, C)	Ze (A/C)	Ze (C/A)	Ze (A, C)
1990	1.0000	1.0000	1.0000	1.0000	1.0000	1.0000	1.0000	1.0000	1.0000
1991	1.0000	1.0000	1.0000	1.0000	1.0000	1.0000	1.0000	1.0000	1.0000
1992	0.9879	1.0000	0.9879	0.9964	1.0000	0.9964	0.9843	1.0000	0.9843
1993	1.0000	1.0000	1.0000	1.0000	1.0000	1.0000	1.0000	1.0000	1.0000
1994	0.9798	1.0000	0.9798	0.9968	0.8850	0.8850	0.9767	0.8850	0.8850
1995	0.9974	1.0000	0.9974	0.9555	1.0000	0.9555	0.9530	1.0000	0.9530
1996	0.9305	0.9799	0.9305	0.9764	0.9571	0.9764	0.9085	0.9379	0.9085
1997	0.9252	1.0000	0.9252	0.9999	1.0000	0.9999	0.9251	1.0000	0.9251
1998	0.9617	1.0000	0.9617	0.9958	0.9877	0.9958	0.9577	0.9877	0.9577
1999	1.0000	0.9860	0.9860	1.0000	0.9858	0.9858	1.0000	0.9720	0.9720
2000	1.0000	0.9711	0.9711	1.0000	0.9745	0.9745	1.0000	0.9463	0.9463
2001	1.0000	0.9734	0.9734	1.0000	0.9871	0.9871	1.0000	0.9608	0.9608
2002	1.0000	0.9457	0.9457	1.0000	0.8872	0.8872	1.0000	0.8390	0.8390

续表

DMU	Xe (A/C)	Xe (C/A)	Xe (A, C)	Fe (A/C)	Fe (C/A)	Fe (A, C)	Ze (A/C)	Ze (C/A)	Ze (A, C)
2003	1.0000	0.9754	0.9754	1.0000	0.9409	0.9409	1.0000	0.9178	0.9178
2004	1.0000	1.0000	1.0000	1.0000	1.0000	1.0000	1.0000	1.0000	1.0000
2005	1.0000	0.9336	0.9336	1.0000	0.8293	0.8293	1.0000	0.7742	0.7742
2006	0.9964	0.9508	0.9508	0.9984	0.9622	0.9622	0.9948	0.9149	0.9149
2007	1.0000	1.0000	1.0000	1.0000	1.0000	1.0000	1.0000	1.0000	1.0000
2008	0.9620	0.9919	0.9620	0.9994	0.9927	0.9927	0.9614	0.9847	0.9614
2009	1.0000	1.0000	1.0000	1.0000	1.0000	1.0000	1.0000	1.0000	1.0000
2010	1.0000	1.0000	1.0000	1.0000	1.0000	1.0000	1.0000	1.0000	1.0000

3. 经济与社会子系统间评价结果

利用表9-3、表9-4、表9-5和表9-6的输入/输出数据，运用 Excel 和 DEA Excel Solver 插件，依据 (6-13) 式、(6-14) 式和 (6-15) 式计算，最终结果见表9-12。

表9-12　　　　　　内蒙古1990—2010年经济与社会子系统间
协同发展评价结果

DMU	Xe (B/C)	Xe (C/B)	Xe (B, C)	Fe (B/C)	Fe (C/B)	Fe (B, C)	Ze (B/C)	Ze (C/B)	Ze (B, C)
1990	1.0000	1.0000	1.0000	1.0000	1.0000	1.0000	1.00000	1.0000	1.0000
1991	1.0000	1.0000	1.0000	0.9808	1.0000	0.9808	0.9808	1.0000	0.9808
1992	0.9679	1.0000	0.9679	0.9931	1.0000	0.9931	0.9612	1.0000	0.9612
1993	1.0000	1.0000	1.0000	0.9331	1.0000	0.9331	0.9331	1.0000	0.9331
1994	0.9319	1.0000	0.9319	0.9785	0.9877	0.9785	0.9119	0.9877	0.9119
1995	0.9390	1.0000	0.9390	0.9891	1.0000	0.9891	0.9288	1.0000	0.9288
1996	0.9314	0.9996	0.9314	0.9958	0.9967	0.9958	0.9275	0.9963	0.9275
1997	0.9289	1.0000	0.9289	0.9935	1.0000	0.9935	0.9229	1.0000	0.9229
1998	0.9587	0.9370	0.9370	0.9837	0.9851	0.9851	0.9431	0.9230	0.9230
1999	1.0000	1.0000	1.0000	0.9598	0.9765	0.9598	0.9598	0.9765	0.9598
2000	1.0000	0.9901	0.9901	0.9784	0.9786	0.9784	0.9784	0.9689	0.9689
2001	1.0000	1.0000	1.0000	1.0000	0.9737	0.9737	1.0000	0.9737	0.9737

续表

DMU	Xe (B/C)	Xe (C/B)	Xe (B, C)	Fe (B/C)	Fe (C/B)	Fe (B, C)	Ze (B/C)	Ze (C/B)	Ze (B, C)
2002	1.0000	1.0000	1.0000	1.0000	1.0000	1.0000	1.0000	1.0000	1.0000
2003	1.0000	1.0000	1.0000	1.0000	1.0000	1.0000	1.0000	1.0000	1.0000
2004	1.0000	1.0000	1.0000	1.0000	1.0000	1.0000	1.0000	1.0000	1.0000
2005	1.0000	0.9806	0.9806	1.0000	0.9867	0.9867	1.0000	0.9676	0.9676
2006	1.0000	0.9681	0.9681	1.0000	0.9799	0.9799	1.0000	0.9486	0.9486
2007	1.0000	1.0000	1.0000	1.0000	0.9751	0.9751	1.0000	0.9751	0.9751
2008	1.0000	1.0000	1.0000	1.0000	1.0000	1.0000	1.0000	1.0000	1.0000
2009	1.0000	1.0000	1.0000	1.0000	1.0000	1.0000	1.0000	1.0000	1.0000
2010	1.0000	1.0000	1.0000	1.0000	0.9996	0.9996	1.0000	0.9996	0.9996
2011	1.0000	1.0000	1.0000	0.9749	1.0000	0.9749	0.9749	1.0000	0.9749

由表 9 - 10、表 9 - 11 和表 9 - 12 得出：生态环境与经济子系统在 1991 年、1993 年、1994 年、1997 年、2000 年、2002 年、2005 年、2006 年、2008 年等年份是协同非有效、发展非有效，1996 年、2003 年、2004 年、2009 年是协同有效、发展非有效，2005 年是协同非有效、发展有效；生态环境与社会子系统在 1992 年、1994 年、1995 年、1996 年、1997 年、1998 年、1999 年、2000 年、2001 年、2002 年、2003 年、2005 年、2006 年、2008 年等年份协同非有效、发展非有效；经济子系统与社会子系统在 1992 年、1994 年、1995 年、1996 年、1997 年、1998 年、2000 年、2005 年、2006 年是协同非有效、发展非有效，1991 年、1993 年、1999 年、2001 年、2007 年、2010 年、2011 年是协同有效、发展非有效。

（四）多个子系统间协同发展评价结果

根据第六章整个区域生态环境、经济、社会耦合系统发展效度、协同效度、协同发展综合效度计算公式（表 9 - 13 为生态环境对经济和社会子系统、经济对生态环境和社会子系统、社会对生态环境和经济子系统的各效度计算结果），在已有计算结果和分析基础上，利用（6 - 16）式、（6 - 17）式、（6 - 18）式，求得 1990—2010 年内蒙古生态—环境—经济—社会耦合系统发展效度、协同效度、协同发展综合效度（结果见表 9 - 14）。

表 9 – 13　　内蒙古 1990—2010 年生态环境、经济与社会三个子
系统间协同发展评价结果

DMU	Xe (A/B,C)	Xe (B/A,C)	Xe (C/A,B)	Fe (A/B,C)	Fe (B/A,C)	Fe (C/A,B)	Ze (A/B,C)	Ze (B/A,C)	Ze (C/A,B)
1990	1.0000	1.0000	1.0000	1.0000	1.0000	1.0000	1.0000	1.0000	1.0000
1991	1.0000	1.0000	1.0000	1.0000	1.0000	1.0000	1.0000·	1.0000	1.0000
1992	1.0000	1.0000	1.0000	1.0000	1.0000	1.0000	1.0000	1.0000	1.0000
1993	1.0000	1.0000	1.0000	1.0000	0.9619	1.0000	1.0000	0.9619	1.0000
1994	1.0000	0.9481	1.0000	1.0000	0.9949	0.9877	1.0000	0.9433	0.9877
1995	1.0000	1.0000	1.0000	1.0000	1.0000	1.0000	1.0000	1.0000	1.0000
1996	1.0000	1.0000	1.0000	1.0000	1.0000	0.9962	1.0000	1.0000	0.9962
1997	0.9897	1.0000	1.0000	0.9990	1.0000	1.0000	0.9887	1.0000	1.0000
1998	1.0000	1.0000	1.0000	1.0000	1.0000	0.9877	1.0000	1.0000	0.9877
1999	1.0000	1.0000	1.0000	1.0000	1.0000	1.0000	1.0000	1.0000	1.0000
2000	1.0000	1.0000	1.0000	1.0000	1.0000	0.9981	1.0000	1.0000	0.9981
2001	1.0000	1.0000	1.0000	1.0000	1.0000	1.0000	1.0000	1.0000	1.0000
2002	1.0000	1.0000	1.0000	1.0000	1.0000	1.0000	1.0000	1.0000	1.0000
2003	1.0000	1.0000	1.0000	1.0000	1.0000	1.0000	1.0000	1.0000	1.0000
2004	1.0000	1.0000	1.0000	1.0000	1.0000	1.0000	1.0000	1.0000	1.0000
2005	1.0000	1.0000	0.9806	1.0000	1.0000	0.9867	1.0000	1.0000	0.9676
2006	1.0000	1.0000	0.9717	1.0000	1.0000	0.9976	1.0000	1.0000	0.9694
2007	1.0000	1.0000	1.0000	1.0000	1.0000	1.0000	1.0000	1.0000	1.0000
2008	0.9703	1.0000	1.0000	0.9996	1.0000	1.0000	0.9699	1.0000	1.0000
2009	1.0000	1.0000	1.0000	1.0000	1.0000	1.0000	1.0000	1.0000	1.0000
2010	1.0000	1.0000	1.0000	1.0000	1.0000	1.0000	1.0000	1.0000	1.0000

表 9 – 14　　内蒙古 1990—2010 年 EEES 耦合系统协同发展评价结果

DMU	协同效度 Xe（A，B，C）	发展效度 Fe（A，B，C）	协同发展综合效度 Ze（A，B，C）
1990	1.0000	1.0000	1.0000
1991	1.0000	1.0000	1.0000
1992	1.0000	1.0000	1.0000
1993	1.0000	0.9865	0.9865
1994	0.9822	0.9947	0.9770

续表

DMU	协同效度 Xe（A，B，C）	发展效度 Fe（A，B，C）	协同发展综合效度 Ze（A，B，C）
1995	1.0000	1.0000	1.0000
1996	1.0000	0.9987	0.9987
1997	0.9966	0.9997	0.9963
1998	1.0000	0.9957	0.9957
1999	1.0000	1.0000	1.0000
2000	1.0000	0.9994	0.9994
2001	1.0000	1.0000	1.0000
2002	1.0000	1.0000	1.0000
2003	1.0000	1.0000	1.0000
2004	1.0000	1.0000	1.0000
2005	0.9936	0.9951	0.9887
2006	0.9906	0.9991	0.9897
2007	1.0000	1.0000	1.0000
2008	0.9899	0.9998	0.9897
2009	1.0000	1.0000	1.0000
2010	1.0000	1.0000	1.0000

计算结果中，协同效度反映系统间、系统内的协调、同步程度，协同效度越高，表明区域 EEES 耦合系统的子系统间、子系统各要素间配合比例越恰当；发展效度反映了系统产出随着与投入的变化关系，发展效度越高，区域 EEES 耦合系统规模就越恰当。而协同发展综合效度则同时考虑结构与规模两个层面。如果评价单元综合有效，则必定既协同有效、又发展有效；如果评价单元综合非有效，则分为三种情况：协同非有效，发展有效；协同有效、发展非有效；协同和发展同时非有效。比对内蒙古1990—2010 年耦合系统协同发展效度可知，1990—1992 年、1995—1996年、1999 年、2001—2004 年、2007 年、2009—2010 年几个时间段内耦合系统的发展效度、协同效度、协同发展效度均为 1，即 $Xe(A，B，C) = Fe(A，B，C) = Ze(A，B，C) = 1$，表明这几个年份生态环境经济社会耦合系统同时满足发展有效、协同有效、综合有效，系统输入、输出间的效率最佳，投入产出规模最优，耦合系统各子系统之间、子系统各要素间结构比例恰当，相对而言，耦合系统整体协同发展效果最好。而 1993 年、

1996 年、1998 年、2000 年几个年份是协同有效、发展非有效，即各子系统和要素间结构比例适当，但投入产出规模不是最佳状态，存在投入不足或者投入冗余。1994 年、1997 年、2005 年、2006 年、2008 年几个年份是协同非有效且发展非有效，无论是要素之间的结构比例，还是投入产出规模，均有较大的改进余地。

二　基于横向比对的内蒙古耦合系统协同发展评价

（一）横向样本选取及数据来源

将 2009 年我国各省、自治区、直辖市生态环境经济社会耦合系统看作 DEA 的决策单元。由于西藏地区的部分统计资料缺乏，本书选择 30 个省、市、自治区（除西藏外），共 30 个决策单元。由于全国各地区自然资源、环境状况区别较大，因此，本书选择了具有通用性和一般性的代表性指标构成输入输出指标体系。

输入指标：能源消费量 x_1、电力消耗量 x_2、用水消耗量 x_3 三个指标反映资源投入；以工业废水排放总量 x_4、工业废气排放总量 x_5、工业固体废物产生量 x_6 作为环境投入指标，测度循环经济及资源再利用状况；全社会固定资产投资额 x_7、全社会从业人员数 x_8 作为经济投入指标，反映物力、人力投入状况。具体数据如表 9 - 15 所示。

表 9 - 15　　2009 年各地区 EEES 耦合系统原始数据（输入指标）

样本	资源投入			环境投入			经济投入	
	x_1（万吨标准煤）	x_2（亿千瓦小时）	x_3（亿立方米）	x_4（万吨）	x_5（亿立方米）	x_6（万吨）	x_7（亿元）	x_8（万人）
北京	7364.736	739.15	35.5	8713	4408	1242.4	4616.9	1255.1
天津	6288.267	550.16	23.4	19441	5983	1515.7	4738.2	507.3
河北	28266.19	2343.85	193.7	110058	50779	21975.8	12269.8	3899.7
山西	17395.04	1267.54	56.3	39720	23693	14742.9	4943.2	1599.6
内蒙古	19568.16	1287.93	181.3	28616	24844	12108.3	7336.8	1142.5
辽宁	21890.77	1488.17	142.8	75159	25211	17221.4	12292.5	2190

续表

样本	资源投入			环境投入			经济投入	
	x_1（万吨标准煤）	x_2（亿千瓦小时）	x_3（亿立方米）	x_4（万吨）	x_5（亿立方米）	x_6（万吨）	x_7（亿元）	x_8（万人）
吉林	8800.009	515.25	111.1	37563	7124	3940.5	6411.6	1184.7
黑龙江	10424.62	688.67	316.3	34188	9977	5274.7	5028.8	1687.5
上海	10938.77	1153.38	125.2	41192	10059	2254.6	5043.8	929.2
江苏	26222.01	3313.99	549.2	256160	27432	8027.8	18949.9	4536.1
浙江	17035.85	2471.44	197.8	203442	18860	3909.7	10742.3	3825.2
安徽	10233.89	952.31	291.9	73441	15273	8470.8	8990.7	3689.7
福建	9923.826	1134.92	201.4	142747	10497	6348.9	6231.2	2168.9
江西	6736.558	609.22	241.3	67192	8286	8898.2	6643.1	2244.1
山东	36337.21	2941.07	220	182673	35127	14137.9	19034.5	5449.8
河南	22519.41	2081.38	233.7	140325	22186	10785.8	13704.5	5948.8
湖北	15942.15	1135.13	281.4	91324	12523	5561.5	7866.9	3024.5
湖南	15697.75	1010.57	322.3	96396	10973	5092.4	7703.4	3907.7
广东	27006.07	3609.64	463.4	188844	22682	4740.9	12933.1	5643.3
广西	8201.432	856.35	303.4	161596	13184	5693.1	5237.2	2862.6
海南	1406.079	133.77	44.5	7031	1353	200.9	988.3	431.4
重庆	7711.942	533.8	85.3	65684	12587	2551.8	5214.3	1878.5
四川	18934.41	1324.61	223.5	105910	13410	8596.9	11371.9	4945.2
贵州	9186.973	750.3	100.4	13478	7786	7317.4	2412	2341.1
云南	9223.776	891.19	152.6	32375	9484	8672.8	4526	2730.2
陕西	9575.006	740.11	84.3	49137	11032	5546.7	6246.9	1919.5
甘肃	6314.412	705.51	120.6	16364	6314	3150.2	2363	1406.6
青海	2907.535	337.24	28.8	8404	3308	1347.6	798.2	285.5
宁夏	4674.333	462.96	72.2	21542	4701	1398.3	1075.9	328.5
新疆	8271.815	547.88	530.9	24201	6975	3206.1	2725.5	829.2

资料来源：《中国统计年鉴》（2010）。

输出指标：GDP 反映经济总量 y_1；居民消费水平 y_2 反映经济发展的绩效；"三废"综合利用产品产值 y_3 反映资源再利用以及循环经济效果；城市化率 y_4 用于综合反映经济社会发展的程度；每万人拥有卫生技术人

员数 y_5、每万人口高等学校在校学生数 y_6、城市每万人拥有公共交通车辆 y_7 三个指标分别反映医疗、教育、交通水平，综合反映社会发展指数。城市人均公共绿地面积 y_8 与人均住宅建筑面积 y_9 反映生态环境生活美化指数。具体数据如表 9 – 16 所示。

表 9 – 16   2009 年各地区 EEES 耦合系统原始数据（输出指标）

样本	经济发展指数		环境指数	社会发展指数				生态指数	
	y_1 (亿元)	y_2 (元)	y_3 (万平方米)	y_4 (%)	y_5 (人)	y_6 (人)	y_7 (台)	y_8 (平方米)	y_9 (平方米)
北京	12153.03	22154	71680	85.00	129.20	641.0	24.75	12.11	26.65
天津	7521.85	15149	187882	78.01	69	443.2	15.38	8.59	26.05
河北	17235.48	7193	936390	43.00	37.10	187.10	9.02	11.19	26.82
山西	7358.31	6854	342721	45.99	53.80	205.00	7.09	8.21	25.91
内蒙古	9740.25	9668	217936	53.40	55.00	179.40	7.50	11.65	24.75
辽宁	15212.49	10848	443699	60.35	53.20	265.90	10.34	9.76	23.02
吉林	7278.75	8410	308741	53.32	48.70	269.50	9.56	9.82	23.04
黑龙江	8587.00	7737	247210	55.50	45.60	242.00	10.14	10.47	22.63
上海	15046.45	29572	161409	88.60	94.80	439.30	12.76	8.02	34.83
江苏	34457.3	11993	2014356	55.60	41.60	278.60	13.24	13.21	29.96
浙江	22990.35	15790	2513210	57.90	56.50	230.30	13.7	10.76	37.18
安徽	10062.82	6829	509654	42.10	30.70	174.20	8.61	10.23	23.99
福建	12236.53	10950	492686	51.40	37.40	203.90	11.51	10.51	32.56
江西	7655.18	6229	470277	43.18	32.50	211.80	9.22	11.48	26.14
山东	33896.65	10494	1725361	48.32	43.90	215.30	10.34	15.09	27.63
河南	19480.46	6607	693261	37.70	33.80	177.40	8.15	8.72	26.05
湖北	12961.1	7791	699428	46.00	40.20	282.90	11.02	9.58	26.07
湖南	13059.69	7929	695004	43.20	36.20	204.00	10.59	8.47	27.04
广东	39482.56	15291	509827	63.40	50.40	195.20	10.43	12.27	27.75
广西	7759.16	6893	432197	39.20	33.20	143.60	9.94	9.6	23.96
海南	1654.21	6695	24440	49.13	43.00	200.10	7.77	9.96	25.19
重庆	6530.01	8308	274133	51.59	30.50	231.70	7.85	11.25	31.36
四川	14151.28	6863	612686	38.70	33.70	173.20	11.18	9.49	28.15
贵州	3912.68	5044	165524	29.89	23.70	104.30	8.28	6.13	22

续表

样本	经济发展指数		环境指数	社会发展指数				生态指数	
	y_1 (亿元)	y_2 (元)	y_3 (万平方米)	y_4 (%)	y_5 (人)	y_6 (人)	y_7 (台)	y_8 (平方米)	y_9 (平方米)
云南	6169.75	5926	604415	34.00	30.20	129.80	9.80	8.89	28.24
陕西	8169.8	7069	222059	43.50	44.60	304.50	13.36	9.34	24.60
甘肃	3387.56	5284	260170	32.65	33.80	180.60	8.20	7.99	24.13
青海	1081.27	6495	26311	41.90	44.30	108.00	17.62	8.13	23.02
宁夏	1353.31	7858	66672	46.10	44.80	172.10	10.06	14.96	25.25
新疆	4277.05	5990	152865	39.85	54.70	143.00	12.22	8.46	23.01

资料来源:《中国统计年鉴》(2010)。

在运用 DEA 模型进行评价和测度时，指标个数不宜太多，指标个数太多容易导致 DMU 评价差异不明显。为了尽量包含更多信息，全面反映 EEES 耦合系统涉及的多个层面与多种因素，本书中对变量进行了综合加成。而表 9 – 15、表 9 – 16 中的数据单位不同，而不同单位的数据无法直接进行加成，若直接代入 DEA 模型中，则会因为指标过多而不利于求解线性规划问题，需要对数据进行无量纲化处理。数据无量纲处理的方法较多，具体有数据初值化、数据均值化、数据级差化、数据标准化和归一化等，最简单常用的是数据的初值化和均值化，初值化侧重保留变化趋势，均值化侧重反映数据变化幅度。根据本书的需要，对表 9 – 15 和表 9 – 16 中数据进行初值化处理（即在全国 30 个地区中选择最小的数据值，其他地区的数据值除以这一最小值）。处理后，进行综合加成，则输入变量综合为资源投入、环境投入、经济投入共 3 组（包括原有的 8 项指标）；输出变量综合为经济发展指数、社会发展指数、环境指数、生态指数 4 组（包括原有的 9 项指标）。

表 9 – 17　　2009 年各地区耦合系统无量纲综合加成处理结果

样本	资源投入	环境投入	经济投入	经济发展指数	社会发展指数	生态指数	环境指数
北京	12.28041	10.68134	10.18029	15.63174	17.9318	3.186894	2.932897
天津	9.584931	14.73162	7.712989	9.959866	11.93983	2.585396	7.68748
河北	45.90212	162.5707	29.03103	17.36608	6.070087	3.04454	38.31383

续表

样本	资源投入	环境投入	经济投入	经济发展指数	社会发展指数	生态指数	环境指数
山西	24. 25281	96. 54499	11. 79574	8. 16409	6. 774168	2. 517042	14. 02295
内蒙古	31. 29264	82. 70242	13. 19343	10. 92489	6. 885092	3. 025489	8. 917185
辽宁	32. 79607	115. 04430	23. 07103	16. 21977	8. 271565	2. 638533	18. 15462
吉林	14. 85817	30. 22206	12. 18214	8. 398995	7. 770997	2. 64923	12. 63261
黑龙江	26. 07922	38. 49180	12. 21086	9. 475489	7. 531272	2. 73663	10. 11498
上海	21. 75217	24. 51571	9. 573609	19. 77834	12. 97581	2. 891502	6. 604296
江苏	66. 89291	96. 66707	39. 62906	34. 24511	8. 153988	3. 516794	82. 42046
浙江	39. 04414	62. 33532	26. 8564	24. 39281	8. 461422	3. 445302	102. 83180
安徽	26. 87169	63. 89782	24. 18736	10. 66037	5. 588425	2. 759296	20. 85327
福建	24. 14875	59. 66312	15. 40341	13. 48771	6. 876049	3. 194519	20. 15900
江西	19. 65722	59. 97239	16. 18285	8. 314737	6. 147042	3. 060939	19. 24210
山东	57. 23067	122. 31620	42. 9354	33. 42941	6. 991545	3. 717573	70. 59579
河南	41. 56232	90. 04308	38. 00568	19. 32615	5. 537821	2. 606603	28. 36583
湖北	31. 84934	49. 92742	20. 44950	13. 53153	7. 501849	2. 747806	28. 61817
湖南	32. 49224	47. 17019	23. 33818	13. 65007	6. 422275	2. 61082	28. 43715
广东	65. 99400	67. 22130	35. 96921	39. 54651	7. 590304	3. 262995	20. 86035
广西	25. 20031	61. 06561	16. 58788	8. 542543	5. 491092	2. 655159	17. 68400
海南	3. 901709	3. 00000	2. 749194	2. 857196	6. 472454	2. 769796	1. 00000
重庆	13. 12045	31. 34693	13. 11226	7. 686309	6. 341585	3. 260691	11. 21657
四川	32. 91953	67. 76654	31. 56812	14. 44827	5. 954152	2. 827669	25. 06899
贵州	16. 43323	44. 09465	11. 22180	4. 618597	4. 167842	2. 00000	6. 772668
云南	19. 7434	54. 78395	15. 23313	6. 880883	5. 038481	2. 733881	24. 730560
陕西	15. 94499	42. 75161	14. 54953	8. 957212	8. 141000	2. 641836	9. 085884
甘肃	14. 91869	22. 67451	7. 887206	4. 180527	5. 406601	2. 400244	10. 645250
青海	5. 819645	10. 34803	2. 00000	2. 287669	6. 791670	2. 372628	1. 076555
宁夏	9. 87071	13. 49854	2. 498521	2. 809484	6. 501565	3. 588184	2. 727987
新疆	32. 66662	24. 55594	6. 318936	5. 143130	6. 735838	2. 426007	6. 254705

（二）各地区耦合系统协同发展聚类分析

单纯的横向评价不足以发现规律，找出差异，建立在 DEA 方法相对效率评价基础上，本书运用最优分割点法对评价结果进行聚类分析，通过定量分析与计算找到最优分割点，这一方法与人为给定分割点、设定聚类标准相比，客观性和科学性更强。[①]

最优分割法的分类依据是离差平方和，是一种针对有序样品进行聚类的方法，假设样品按一定次序排列是 x_1，x_2，$\cdots$，x_n，每个均为 m 维向量，则其聚类步骤为：

第一，界定类的直径；设 G_{ij} 是某一类，记为 $\{x_i$，x_{i+1}，$\cdots$，$x_j\}$，$j>i$，此类的均值记成 $\bar{x}_{ij}$，其中：

$$\bar{x}_{ij} = \frac{1}{j+i+1} \sum_{l=i}^{j} x_l \qquad (9-1)$$

G_{ij} 类的常用直径 $D(i,j)$ 表示为：

$$D(i,j) = \sum_{l=i}^{j} (x_l - \bar{x}_{ij})^T (x_l - \bar{x}_{ij}) \qquad (9-2)$$

第二，定义目标函数；假设 n 个样品被分成 k 类，其中一种分法是：$P(n,k)$：$\{x_{i_1}$，$x_{i_1}+1$，$\cdots$，$x_{i_2}-1\}$，$\{x_{i_2}$，$x_{i_2}+1$，$\cdots$，$x_{i_3}-1\}$，$\cdots$，$\{x_{i_k}$，$x_{i_k}+1$，$\cdots$，$x_n\}$；或简记成 $P(n,k)$：$\{i_1$，i_1+1，$\cdots$，$i_2-1\}$，$\{i_2$，i_2+1，$\cdots$，$i_3-1\}$，$\cdots$，$\{i_k$，i_k+1，$\cdots$，$n\}$；分点 $1=i_1<i_2<\cdots<i_k<i_{k+1}=n$；定义此种分类的目标函数为：

$$e[p(n,k)] = \sum_{j=1}^{k} D(i_j, i_{j+1}-1) \qquad (9-3)$$

n，k 固定，$e[p(n,k)]$ 越小则各类的离差平方和越小，分类越趋于合理。

第三，求出最优解；如下递推公式较容易验证：

$$e[p(n,2)] = \min_{2 \le j \le n} \{D(1,j-1) + D(j,n)\} \qquad (9-4)$$

$$e[p(n,k)] = \min_{k \le j \le n} \{e[p(j-1,k-1)] + D(j,n)\} \qquad (9-5)$$

假设分成 k 类，则首先需要找出 j_k 满足（9-5）式取得极小值，即：$e[p(n,k)] = e[p(j_k-1,k-1)] + D(j_k,n)$，则 $G_k = \{j_k$，j_{k+1}，j_k，$\cdots$，$n\}$，依次需要寻找 j_{k-1} 使其满足等式 $e[p(j_k-1,k-1)] = e[p(j_{k-1}-1,k-2)] + D(j_{k-1},j_k-1)$，则可得到类 $G_{k-1} = \{j_{k-1}$，$\cdots$，$j_k-1\}$，运用相似的方法求得所有类 G_1，G_2，$\cdots$，G_K，即可获得最优解。

用最优分割法对 DMU 进行聚类分析建立在 DEA 模型效度评价基础

[①]　段永瑞：《数据包络分析——理论和应用》，上海科学普及出版社 2006 年版。

上，将 DEA 评价模型对各 DMU 相对效率的评价值依照从大到小的顺序进行排列，根据样本多少给定聚类数目，则可计算出最优的分割点，具体过程如图 9-1 所示，本书运用此方法将 30 个不同地区分成四类，结果如表 9-18 第二列。

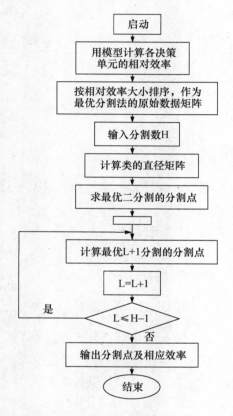

图 9-1 DEA 最优分割法聚类步骤

表 9-18   各地区耦合系统 DEA 评价结果

地区	分类	Ze	规模收益	投入冗余率（%）				产出不足率（%）		
				资源	环境	经济	经济	社会	生态	环境
北京	1	1.0000	CON	0	0	0	0	0	0	0
上海	1	1.0000	CON	0	0	0	0	0	0	0
天津	1	1.0000	CON	0	0	0	0	0	0	0
浙江	1	1.0000	CON	0	0	0	0	0	0	0
海南	1	1.0000	CON	0	0	0	0	0	0	0

续表

地区	分类	Ze	规模收益	投入冗余率（%）			产出不足率（%）			
				资源	环境	经济	经济	社会	生态	环境
重庆	2	0.7112	DEC	0	37.63	19.25	0	52.01	0	0
江苏	2	0.7030	DEC	0.30	1.49	0	0	106.19	39.78	0
山东	2	0.6863	DEC	0	25.51	1.20	0	265.71	56.42	0
福建	2	0.6683	DEC	0	33.33	0	0	64.86	0	0
广东	2	0.6493	DEC	4.56	0	0	0	333.12	104.59	0
吉林	2	0.6478	INC	0	27.39	6.27	0	17.08	0	0
新疆	2	0.6043	INC	32.24	4.99	0	0	0	0	0
云南	2	0.5998	INC	0	29.57	6.21	11.77	28.69	0	0
陕西	3	0.5769	INC	0	34.50	9.47	0	25.27	0	0
江西	3	0.5738	DEC	0	33.16	7.85	0	37.99	0	0
青海	3	0.5723	INC	0	39.11	13.11	0	0	0.95	0
宁夏	3	0.5664	INC	0	38.55	0	0	11.92	0	0
湖北	3	0.5489	INC	0	7.72	0	0	25.53	0	0
甘肃	3	0.5395	INC	0	3.42	0	0	0	0	0
山西	3	0.5255	INC	0	34.55	0	0	0	0	0
黑龙江	4	0.5085	INC	0	7.85	0	0	5.38	0	0
辽宁	4	0.5074	INC	0	33.74	0	0	72.11	10.2	0
湖南	4	0.5034	INC	0	4.11	0	0	64.87	0	0
内蒙古	4	0.4955	INC	0	26.20	0.	0	30.01	0	0
河北	4	0.4930	INC	0	30.17	0	0	78.87	0	0
四川	4	0.4872	INC	0	18.69	10.72	0	109.54	0	0
河南	4	0.4857	DEC	0	21.13	8.18	0	211.57	36.4	0
安徽	4	0.4769	INC	0	22.05	8.9	0	75.36	0	0
广西	4	0.4522	INC	0	21.15	0	0	39.20	0	0
贵州	4	0.3564	INC	0	20.50	0	0	34.32	0	0

（三）地区聚类评价及结论

根据表9-18所得结果，做如下分析：

第 I 类地区的 DEA 效率值等于1，表明此类地区生态、环境与经济、社会耦合、协同发展状况很好，以资源消耗、环境污染为代价而换取经济增长的传统非协同发展观正在向生态、环境、经济、社会协同发展观转变，经济子系统的发展也从传统的依靠投入量的增加向全面提高生产效率转变，粗放型生产方式正在向生态经济、循环利用生产方式转变，其中北京、上海、天津、浙江、海南 5 个省市 DEA 有效，表明这些地区以最低的能源、电力、水资源消耗和最低的物质资本及人力投入，减少了污染物排放量，同时充分发挥工业"三废"的循环再利用，这正体现了系统耦合演化、协同发展的实现形式和具体要求。从规模收益看，第 I 类地区 5 个省市规模收益不变，表明规模适度。

第 II 类地区 DEA 效率值介于 0.5998—0.7112，此类地区协同发展良好。大多在能源、资源、经济投入中存在 1—2 项冗余，这类地区 DEA 无效的主要原因是资源消耗过多或循环利用不足。因此，此类地区需节约能源，提高资源利用效率。其中，新疆的资源投入冗余率高达 32.24%，而重庆、山东、福建、吉林、云南的环境投入冗余率普遍较高，重庆、福建环境投入冗余率超过 30%，表明资源循环利用效率低，循环经济体系尚未形成。今后，此类地区应大力发展循环经济，提高工业"三废"的利用效率，加大废物利用，从而变废为宝。

第 III 类属于中级协同区域，第 IV 类则属于初级协同。第 III 类地区的协同发展程度略好，第 III 类、IV 类地区环境投入冗余率较高，说明 DEA 无效的原因在于工业"三废"循环利用投入未得到相应的产出，即资源循环利用效率低，循环经济实现状态不佳，其生态经济、循环利用刚刚起步，且除河南省外绝大部分规模收益递增，意味着可以通过增加投入来实现经济社会的发展，然而，在增加资源投入的同时，必须提高利用效率、循环使用。进一步提高资源综合利用效率、加强环境监管是发展中的关键，一方面关闭污染较强、危害较大的工业、企业，另一方面严格把关审批新上项目。

通过 DEA 聚类分析发现，内蒙古生态—环境—经济—社会耦合系统协同发展状况属于第 IV 类，处于初级协同状态，环境投入冗余率为 26.20%，规模收益递增，在区域发展中，不能一味通过增加投入求得经济、社会发展，更不能盲目扩大生产规模，需综合运用技术手段、管理方法来提高资源的利用率和废弃物的循环利用效率，实现耦合系统协同发展。

本章小结

纵向上，以年份作为决策单元，选取1990—2010年反映内蒙古生态环境、经济、社会子系统的输入输出指标，评价内蒙古自治区生态—环境—经济—社会耦合系统协同发展结果如下：

子系统内部：生态环境子系统内部1994年、1999年、2002年、2003年、2004年、2005年、2006年等年份是协同非有效、发展非有效，1990年、1991年、1993年、2000年、2008年、2009年是协同有效、发展非有效；经济子系统内部1991年、1992年、1993年、1994年、1995年、1998年、2004年、2005年、2006年、2007年等年份是发展非有效、协同非有效，1997年是协同有效、发展非有效；社会子系统内部1992年、1996年、1997年、1998年、1999年、2003年、2005年、2006年、2008年是协同非有效、发展非有效，2000年、2001年、2002年等年份是协同有效、发展非有效。

两两系统之间：生态环境与经济子系统两子系统在1991年、1993年、1994年、1997年、2000年、2002年、2005年、2006年、2008年等年份是协同非有效、发展非有效，1996年、2003年、2004年、2009年是协同有效、发展非有效，2005年是协同非有效，发展有效；生态环境与社会子系统在1992年、1994年、1995年、1996年、1997年、1998年、1999年、2000年、2001年、2002年、2003年、2005年、2006年、2008年等年份是协同非有效、发展非有效；经济子系统与社会子系统在1992年、1994年、1995年、1996年、1997年、1998年、2000年、2005年、2006年是协同非有效、发展非有效，1991年、1993年、1999年、2001年、2007年、2010年、2011年是协同有效、发展非有效。

多个子系统：内蒙古生态—环境—经济—社会耦合系统1990—1992年、1995—1996年、1999年、2001—2004年、以及2007年、2009—2010年几个时间段内耦合系统的发展效度、协同效度、协同发展效度均为1；而1993年、1996年、1998年、2000年几个年份是协同有效、发展非有效；1994年、1997年、2005年、2006年、2008年几个年份是协同非有效且发展非有效。

　　横向上，以 2009 年我国各省、自治区、直辖市为决策单元，评价我国 30 个地区生态—环境—经济—社会耦合系统协同发展效度，运用最优分割点法将评价效率聚为四类，结果如下：北京、上海、浙江、天津、海南属于第 Ⅰ 类地区，协同发展状况很好；重庆、江苏、山东、福建、广东、吉林、新疆、云南属于第 Ⅱ 类地区，协同发展良好；其余省份属于第 Ⅲ 类中级协同、第 Ⅳ 类初级协同地区。

　　其中，内蒙古、河南省耦合系统协同发展状况属于第 Ⅳ 类，处于初级协同状态，资源投入、环境投入冗余率高，且规模收益递减，表明通过增加资源消耗并不能实现经济社会发展，在现有生产规模基础上，通过技术进步提高资源的利用率和废物的循环利用效率，积极采取协同发展模式。

第十章 内蒙古生态—环境—经济—社会耦合系统协同发展战略路径与对策

本章从战略指导、路径选择、实施措施三个层面阐述如何促进内蒙古生态—环境—经济—社会耦合系统的协同发展。战略层面提出构建科技支撑下的内蒙古生态经济功能区，解决内蒙古生态环境经济社会发展中"三个问题"、完成"四个转化"、实现"三个目标"；路径选择上指出要发展生态农业、生态工业、耦合生态旅游与产业旅游，构建"大金三角"和"小金三角"产业旅游区；实施措施上面向政府、企业、公众等不同主体制订不同方案，并提出生态移民过程中的"三园互动"机制。

一 构建科技支撑下的内蒙古生态经济功能区——战略层面

（一）生态经济功能区的含义

生态经济功能区不同于国家环保部和中国科学院联合编制的《全国生态功能区划》中生态功能区概念，也不同于战略层面国家经济区划概念。生态功能区划分，即《全国生态功能区划》以我国不同区域的气候、地貌等自然条件为依据，将我国陆地生态系统划分为西部干旱生态大区、东部季风生态大区和青藏高寒生态大区三个生态大区；进而遵照《生态功能区划暂行规程》将全国生态功能区划分为一级区、二级区和三级区三个等级；一级生态功能区依据生态系统的自然属性及其主要服务功能，具体被划分为产品提供、人居保障、生态调节三类；依据生态功能的重要程度，在一级区划分的基础上，生态功能二级区被分为9类，共67个区；二级区具体承载三种功能：第一，防风固沙、土壤保持、调蓄洪水、涵养水源、维持多样的生物物种等生态调节功能；第二，林产品、农产品等产品提供功能；大都市群和重点城镇群的人居保障功能；生态功能三级区建立在二级区划基础上，综合考虑生态系统和生态功能的空间分异性、地形地貌差异、土地综合利用状况，根据承载的防风固沙、涵养水源、保持土壤、调蓄洪水、维持生物多样性、提供农产品、提供林产品、保障人居等不同功能，共 216 个[①]；例如大兴安岭北部落叶松林、天山及丹江口水库库区等属于水源涵养功能区，内蒙古科尔沁沙地、呼伦贝尔沙地、毛乌苏沙地、阴山北麓——浑善达克沙地属于防风固沙功能区，内蒙古东部草甸草原属于农产品提供功能区。

本书的生态经济功能区以区域生态—环境—经济—社会耦合系统为基础，将单纯自然生态分析升级为生态、环境、经济、社会等方面的综合分析，整合发展过程中的生态要素、环境要素、资源要素、经济要素和社会要素，考虑自然因素和人为因素等诸多因子，综合运用生态学、环境科学、资源开发利用理论和经济学、管理学、系统科学等相关理论进行的区域规划和定位，其主要目的是实现生态、环境、经济、社会的耦合，协同、友好、可持续发展。

（二）生态经济功能区构建目标和战略意义

内蒙古毗邻俄蒙、地跨东北、西北、华北"三北"，是我国向北进行经济辐射、资源吸附的前沿，其特殊区位形成了我国北疆安全屏障和重要的天然生态屏障；内蒙古资源富集，是我国经济增长的重要能源基地和后方保障，改革开放以来，尤其是 21 世纪以来，内蒙古以不可阻挡之势成为我国经济增长最快的地区。但是，内蒙古经济规模快速增长的背后是落后的生产方式，这种缺乏科技支撑的落后生产方式使内蒙古付出了巨大的资源、生态代价，致使内蒙古境内诸多人地系统脆弱区出现生态经济结构的失衡，持续下去不仅会使内蒙古失去区域可持续发展的现实基础，也对全国的生态安全构成严重威胁。所以，构建生态经济功能区，实现落后生产方式向现代化的以高科技为支撑的生态型生产方式转化，促进内蒙古生态与经济协调发展，具有突出重要的现实意义。

构建生态经济功能区要着重解决三个问题。第一，解决生态经济结构的失衡问题；内蒙古是一个资源富集区，但同时也是干旱、半干旱条件下

---

① 李果、王应明：《对 DEA 聚类分析方法的一种改进》，《预测》1999 年第 4 期。

的生态环境脆弱区。长期以来，从事的是缺乏高科技支撑的粗放型、自然资源和生态掠夺型生产方式，致使内蒙古的资源与环境在开发过程中遭到严重的破坏，生态承载力越来越低，生态环境恶化的趋势明显加剧。构建生态经济功能区，在搞好自然生态建设的同时实现社会的良性循环，使人及整个社会得到充分发展，并最终实现自然界、人、经济、社会发展的有机统一、相互促进，取得共生、共赢和共盛的效果。第二，解决生产过程中碳的零排放问题；生态经济功能区的生态型生产方式要求工业生产以碳的零排放为目标，使碳单质和化合物在参与生产的过程中得以消耗再利用。第三，解决技术进步下的产业高端化问题；内蒙丰富的资源正在吸引着先发国家的眼球，必须依靠科技和创意实现产业高端化。生态经济功能区正是高科技、高创意、高社会效益、高附加值产业集群的孵化器，通过构建生态经济功能区一方面使内蒙古自身产业高端化，提升产业附加值；另一方面辐射俄罗斯、蒙古等周边地区，形成产业链条上的分工，使其成为中国的资源供给和加工基地。

实现四大新的转化与突破。首先，实现资源经济向生态经济的转化。资源经济是传统的以资源为基础的经济，称为物本经济或消耗型经济。生态经济以形成经济实力不断增强，集约、高效、持续、健康的社会—经济—自然耦合系统为目的，通过生态经济功能区建设实现资源经济向生态型经济的转化。其次，完成追随型经济向先导型经济转化。内蒙古属于西部经济欠发达地区，在我国经济发展中处于第三梯队，长期以来形成了思维定式，产业和技术以追随和模仿东中部地区为主。政府和学者提出的承接东中部产业转移的建议一定程度上也形成了内蒙经济社会发展的追随性，容易产生"习得性困境"（Learned dilemma，最早产生于心理学，本书将其引入区域经济研究，指区域经济发展中，由于后发地区经济发展、管理体制、思维方式长期处于模仿、跟随与学习先发区域的状态，承接先发区域的产业转移，长期的学习形成了一种服从性认知和行为习惯，养成某种程度上的发展路径依赖，难以高起点、高端化设计区域的发展路线，单纯对比自身的纵向发展，成就喜人，进步巨大。而一旦与先发地区或同类地区横向比较，则差距越来越大，难以摆脱落后的困境，在竞争中持续处于落后地位而产生无能为力的发展状态）。构建生态经济功能区，可以树立和宣传内蒙古模式，形成品牌效应，率先实现科技、创意支撑下的生态型生产，实现经济由追随型向先导型转化。再次，实现资源供给地向资源吸附地的转化。内蒙古与资源丰富的俄、蒙接壤，同时内蒙古自治区与蒙古同根共祖，在内蒙打造生态经济功能区将更有利于吸附蒙古和俄罗斯的资源，加强与蒙古、俄罗斯的经济交流，使俄罗斯、蒙古丰富的资源为我所有，实现资源供给地向资源吸附地转化。最后，生态经济功能区可以实现环境保护向环境生产的转化；环境保护的口号和理念日益深入人心，环境的保护阻止了环境和生态的破坏与恶化，但仅仅进行环境的保护却只能使环境停滞，不会使环境改善，必须进行环境的生产。例如，鄂尔多斯棋盘井生态园利用处理过的疏干水进行绿化和人工湖的建设，每年节约水费 600 万元，同时绿化了一方地区、美化了一方环境；蒙西工业园用二氧化碳生产 PVC 异型材料，改善了环境，创造了价值，此类事例证明仅仅进行环境的保护是不够的，必须进行环境的生产，生态经济功能区实现环境保护向环境生产的转化。

解决三个问题、实现四个转化的根本宗旨是完成"三个目标"，目标一：构筑中国北方绿色长城；目标二：打造东北亚经济网络中心；目标三：建成国家生态型能源重化工高端产业基地。具体生态功能区意义见图 10 – 1。

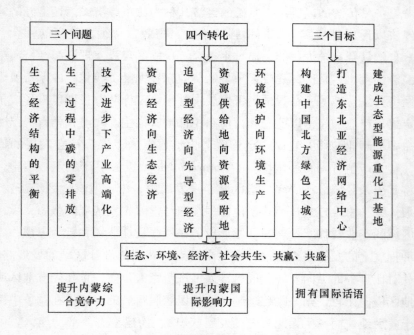

图 10 – 1　内蒙古建设生态经济功能区的意义框架

（三）生态经济功能区软环境与硬环境支撑系统

生态经济功能区建设包括构成主体建设、政策法规建设、生态经济建设、管理信息系统建设四个方面，主体建设是基础、政策法规是保证、生态经济是核心、管理信息系统是运行的有力支撑。生态经济功能区建设体系见图 10 - 2。

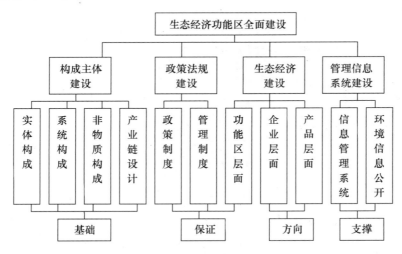

图 10 - 2　内蒙古生态经济功能区系统建设

构成主体建设是生态经济功能区的基础。生态经济功能区以产业为落脚点，以产业链的形成为主线，最终将形成城市群、城市带，并最终辐射较大范围的区域发展。生态经济功能区包括实体成员、非实体成员、系统集成建设、园区生态产业链网设计等部分（见图 10 - 3）。构成包括政府、企业群、大学群、中介群等实体群落。非物质构成包括知识群、文化群、创意网络在内的虚拟群落及所进行的科研开发、技术服务等工作。系统构成有物质集成建设、水系统集成建设、能源集成建设、技术集成建设、信息共享建设、设施共享建设六个组成部分。在系统集成中，围绕废物减量化、再利用、资源化等循环经济、生态经济理念，在成员内部和成员间综合利用或共享物质、废水、能量、信息，达到最大限度地利用园区内物质和能量，最小化干扰生态环境的目标，促进生态经济的发展和 EEES 系统的耦合与协同。

政策法规体系是生态经济功能区的保证。功能区的政策法规建设包括政策制度建设和功能区管理制度建设。政策制度建设包括生态经济发展、政府经济调控、市场机制培育等方面。制定促进生态经济发展的政策法规

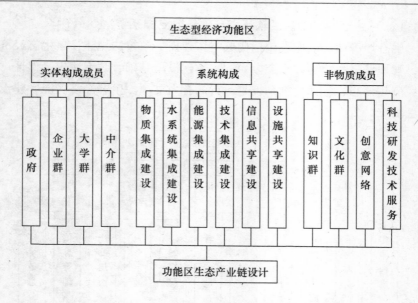

图 10 – 3　内蒙古生态型经济功能区系统结构

是首要任务，在充分发挥政策作用，形成政策优势的同时完善政府服务功能，保证生态经济功能区拥有良好的运行环境；其次，政府应运用经济政策，给予必要支持，给予功能区企业一定的税收优惠政策和宽松的信贷政策，同时鼓励商业银行提供帮助，积极支持各类环保建设、生态经济项目，促进企业在生态技术创新、环境技术创新领域的研发、改造投入；所征收的排污费，应专门用于维持生态平衡、环境保护与治理、资助生态、环保类的科研活动。功能区管理制度建设包括功能区基础设施的完善、严格设定和把关入区条件与标准、完善功能区环境管理制度等方面。

　　生态经济建设是生态经济功能区的核心和方向。应围绕功能区层面、企业层面和产品层面等不同层次，推进功能区生态经济发展。通过物质集成、水资源集成和能量集成建设措施，鼓励生态经济发展，实现面向园区层面的可持续发展。开展企业层面的生态经济建设，推广清洁生产并引入ISO14001 认证。产品层面开展生命周期评价（Life Cycle Assessment，LCA），LCA 作为一种全新的生态环境管理工具与方法，其以预防为目的，在产品生产前期就针对能量流动、物质利用及废弃物的排放量进行量化研究，具体评估产品、工序和生产活动对环境的影响和压力，并寻找环境改善的途径与方法。

　　管理信息系统建设是生态经济功能区的支撑。生态经济功能区的建立与完善具有长期性和复杂性，完备、准确的信息在整个过程中至关重要，供需方、市场、生产流程、管理理念、技术方法、法律法规、政府、专家和培训机构等各方都需要顺畅的信息流动，信息管理系统的建设有利于全面组织、系统研究、科学管理，及时公开园区内工业企业间能源、生产资料、可利用废物的冗余量，为资源、能源共享、废弃物的交换利用提供技术支持。充分利用区域当前的信息基础设施，整合利用各种数据库，内部实现数据共享，外部实现信息交换；同时建立和完善专家信息库，为功能区的有效管理维护、战略发展、科学决策提供保证，具体需要构建信息管理系统平台和环境信息公告系统。

　　（四）导入耦合分区规划与治理原则

　　生态经济功能区中生态环境、经济、社会是一种相互关联、相互推动、相互制约、协同发展的关系。结合内蒙古自治区经济发展、生态建设、环境保护状况，生态经济功能区的规划与建设应围绕不同地区特点进行：类型Ⅰ：生态环境良好—经济社会贫困区，此类区域生态环境较多地保持了原有状态，经济社会发展速度缓慢，区域经济社会落后，但良好的自然条件及生态环境是区域耦合系统协同发展的必要条件；类型Ⅱ：生态环境脆弱—经济社会发达区，此类区域经济社会发展速度较快，发展过程中进行了必要的生态建设，在某种程度上注重改善环境质量，但总体上生态环境破坏速度大于建设速度，致使生态承载力濒临极限，如不及时挽救会导致生态环境恶化，区域耦合系统恶性循环。类型Ⅲ：生态环境退化—经济社会发展落后区，此类区域生态环境保护重视不够，经济社会发展速度缓慢，对生态环境的掠夺式开发加剧了资源环境压力，该地区生态破坏与环境污染严重，区域耦合系统尚未形成或者濒临崩溃。

　　内蒙古地域辽阔，生态环境具有复杂性和多样性，无法按照某一固定模式刻画生态环境与经济社会发展状态，必须结合各区域的实际情况，遵循自然规律，找出主要矛盾，针对重点地区，治理关键问题。对于经济发达—生态破坏环境污染严重的地区，优先考虑生态创新、环境创新等技术问题，以遏制环境污染；生态环境良好—经济社会贫困地区要注重脱贫致富，采取智力扶贫、生态扶贫等多元模式，解决温饱促发展；对生态环境问题突出的地区，应采取相应措施遏制生态恶化和环境破坏。严格意义上，绝不能狭隘地以生态环境的牺牲来换取经济社会短期的发展，也不能偏激地以经济社会的停滞求得生态环境的重建与恢复。处理好经济社会发展、资源消耗、生态环境改造之间的关系，根据不同类型区域的特点制定治理措施：

Ⅰ型：生态环境良好—经济社会落后耦合区

生态环境良好区是指人类经济社会发展对生态环境的干扰强度尚处于生态环境可承载的范围内，生态环境保存较好、生态环境系统良性循环、人类与生态环境协调发展的地区。主要包括内蒙古自治区各级各类生态功能区和自然保护区。这些自然保护区、生态功能区在整个内蒙古自治区中发挥了保持水土、涵养水源、防风固沙、稳定区域小气候等功能。尽管区域生态环境质量良好，大部分动植物生存状态良好，但从经济社会发展角度，这些保护区多面临贫困问题袭击，经济落后、居民生活水平低下。同时此类区域与外部的交流与联系缺乏，使得经济社会发展中市场、投资、产业发展、劳务输出型就业等信息极度闭塞，难以脱贫。[①]

此类地区应转换思路，充分利用其独具特色的自然资源、地形地貌和生态环境良好的优势，利用独特的景观效果与丰富的生物资源等生态效应发展生态旅游，打造个性化、垄断性的旅游品牌；将其独具特色的生态特性、奇妙动人的文化特性、民族特色的手工制品相结合，形成具有高效益的服务产业；充分发挥良好的生态环境优势，以驯育、人工养殖、人工栽培等技术生产稀缺性动植物产品，造就高品位的动植物资源；利用原生态生物的种质与基因，辅助以现代生物工程技术发展生物工程产业，在保护生态的同时发展经济，脱贫致富。

Ⅱ型：生态环境脆弱—经济社会发达耦合区

生态脆弱区指生态承载力已接近承载阈值，人类小幅度的开发与建设都可能成为序参量导致生态环境崩溃，生态环境对于人类活动的扰动相当敏感，人类与生态环境关系处于不协调的边缘。如果生态环境的保护、恢复与重建，资源的合理开发与高效利用，环境污染的遏制和综合整治工作

---

① 汪中华：《我国民族地区生态建设与经济发展的耦合研究》，博士学位论文，东北林业大学，2005年。

在短期内仍然得不到重视，生态破坏的后果及严重程度将难以想象。生态环境脆弱—经济社会发达耦合区的特征是经济社会的快速发展牺牲了生态环境，包括资源过度开发区、土地退化区、水土流失区以及环境自净能力被打破的区域，生态环境脆弱—经济社会发达耦合区大多依然采用先污染后治理、边污染边治理的发展模式。

此类地区中人口超载或人类的频繁活动对生态环境的干扰濒临阈值，应叫停可能严重污染环境的一切工程项目，停止导致生态环境退化的人为开发与破坏活动；控制人口规模，对于人口超载的区域采取必要的移民措施；实现粗放型生产模式向生态型模式的转变，重建和恢复已破坏的生态系统，遏制生态环境进一步退化。要切实加强保护城市化进程中各类生态用地，为城市建设和城区扩张预留一定的生态用地和公共绿地，加强城市绿化带、草坪、片林、公园的保护和建设，注重新建道路、桥梁、住宅的绿化和美化。深入开展对于中小城镇的环境综合整治，严把城镇建筑工地、建设项目的环境管理，打造生态产业链，治理废物污染的同时节约能源。开展农村生态脆弱区的小流域综合治理工作，融合工程建设和生物措施共同推进。

Ⅲ型：生态环境退化—经济社会落后耦合区

生态退化区指人类经济社会活动已超出生态环境可承载范围，生态环境破坏已达到相当程度，对外界干扰高度敏感，耦合系统恶性循环、人类与生态环境严重不协调的区域。该地区生态环境只有负向功能，已成为经济社会发展和人类生活质量提高的制约因素，生态环境的恢复与重建迫在眉睫。生态环境退化—经济社会落后耦合区主要包括污染物严重超标区、资源枯竭区、土壤严重沙化地区、生物多样性濒危区和自然灾害多发区等区域。

生态环境退化——经济社会落后耦合区产生的原因不是单一的，有气候原因，但更多的是人为原因造成的，缘于过度放牧、滥垦滥伐、过度采用水资源等。此类地区环境破坏、资源贫乏、基本生存条件极度恶劣，因此，异地开发、生态移民成为解决该地区经济社会、生态环境问题的重要路径，也是此地区脱贫致富的有效方式，此类地区应充分把握建设重点基础设施项目和国家西部大开发的战略机遇，实现生态移民和异地开发的有效结合。

二　实现产业的生态化转型——路径选择

产业生态转型是遵循生态学原理设计产业链，以生态化理念配置产业结构、形成产业组织，从广义上讲的产业生态转型是围绕物质、能量、信息等相关角度重新构造和重组原有组织。[①] 产业生态化转型具有多重目标：资源利用率最高、产量最大化、废物循环再利用率最高、生态系统运行最佳，以生态产业为支柱，注重生态再生产、经济再生产的有机融合与统一，体现系统耦合、协同和共生等特性。产业生态化转型的本质也是将经济社会的发展建立在生态环境承载能力基础上，同时推进自然再生产和经济再生产，实现经济发展、社会进步、生态环境保护的多赢，建立区域生态环境经济社会良性耦合系统。延长耦合系统产业链，以新的技术、新的文化、新的创意提升产业附加值，在产业链上形成技术、文化、创意的衍生点，从而产生新的价值，创造新的经济机会，形成新的经济生态位，最终将一个个新的生态位联结起来，形成有机统一、互利共生的系统，在物质、信息、价值的流动与循环中实现经济效益和生态效益。内蒙古产业生态转型的实现必须以生态产业为支撑，发挥资源的基础作用、市场的导向作用和技术的推动作用，最大化生态价值和经济价值。通过生态产业化和产业生态化，寻求区域生态—环境—经济—社会耦合系统的协同发展。

（一）大力发展生态农业与草原碳汇

生态农业作为高效优质农业，通过合理轮作、立体种植、选择归还率高的作物、增施有机肥等方式，依据整体协调、循环再生的生态原理，建立良性物质循环体系，注重再生利用，变废为宝，化害为利，减少外部投入，追求生态效益与经济效益的统一，融生态建设、环境保护、农民增收、农业增效为一体，实现农业、农村的持续发展。

改革开放以来，内蒙古农业生产成果喜人。但长期以来存在的巨大生存压力导致其忽视生态环境，单纯追求粮食生产，滥砍滥伐、过度放牧，浪费了农业资源，破坏了生态环境。当前内蒙古生态环境非常脆弱，生态

---

① 汪中华、郭翔宇：《农村贫困地区实现生态建设与经济发展良性耦合的补偿机制》，《中国农学通报》2006 年第 6 期。

压力、环境压力、人口压力同时袭来，农业生产前景不容乐观，大力发展生态农业成为内蒙古农业的出路。内蒙古发展生态农业可以保护现有资源，遏制生态环境退化，建立新型生产模式，引入生态保育系统新技术，实现农业种、养、加工等步骤的集约化、规模化、标准化生产。其突出优势表现在以下几方面：第一，降低了整个生产过程中资源的消耗量和污染物排放量；第二，引入生态农业技术，推动清洁生产技术在农业生产中的应用，减少甚至避免副产品、废弃物对农业环境的污染；第三，运用标准控制和检测终端农产品，保证提供给市场的是无公害的生态产品；第四，拓宽流通渠道，完善市场机制以保证生产者与消费者的利益。当前，内蒙古农业正处于传统农业向现代农业、生态农业转换的过渡期，具备了发展生态农业的基础和条件，依据内蒙古的地理位置及相应气候条件，适宜其发展的生态农业类型如下：

1. 高效节水农业

内蒙古先天性水资源短缺，后天性水资源利用低效、浪费，两者叠加成为其农业发展的重大制约，节约用水、可持续利用水资源是问题解决的关键。灌溉用水占全自治区用水量的80%以上，农业当之无愧地成为内蒙古用水大户。近年来，随着新的节水技术和节水设施的采用，用水量有了较大的减少，但灌区建设仍存在一系列的问题，诸如投入少、标准低、渠系不配套，渠系田间渗漏严重等问题，灌溉用水有效利用系数仍停留在0.4—0.5。由此看来，内蒙古发展高效节水农业迫在眉睫。

高效节水农业旨在全面高效利用农业生产过程中的水资源量，可以从灌溉水节约和自然降水充分利用两个方面实施。以色列虽然耕地资源和淡水资源严重缺乏，但其节水成就在世界上独一无二、令世人瞩目。内蒙古可借鉴其成功做法：第一，研发并推广节水灌溉技术，大力提高农业灌溉用水利用率；第二，促进种植结构的优化，大力发展水果、蔬菜和花卉业，实现农业创汇；第三，促进水资源的循环利用，用废水灌溉农业；第四，完善相关节水法律法规，健全配套服务体系；第五，建设跨区域、综合性国家引水工程，调配并综合利用水资源，解决水资源分布不均问题；第六，产、学、研、农户四位一体、紧密结合，建立农民与研究人员的沟通机制。

当前，各种节水技术持续进步、不断完善，有条件实现农业节约用水与农业生产持续快速增长的同步。内蒙古发展高效节水农业也必须以综合技术为保证，充分利用工程技术、生物技术和农艺技术。工程技术层面改进输水方法和灌水设施，建设蓄水工程。生物技术层面进一步挖掘农作物节水的潜力，在满足生长的前提下按照作物需水规律和生理特性细化用水量，提高蒸腾水的利用效率。农艺技术涉及合理耕作布局、覆盖栽培、品种选用等多个步骤，贯穿于农业生产过程中，具有可操作、成本低、易推广等特点。

2. 创建沙产业

干旱半干旱气候特点导致内蒙古荒漠化问题严重，防沙治沙成为其生态环境建设的又一紧迫任务。沙漠具有双重性，一方面，其残酷的自然条件危害人类生活和农牧业生产；另一方面，其蕴藏独特的生物资源和丰富的太阳能资源。应趋利避害、综合开发利用，在原有防范性的固沙、防沙、治沙基础上，发展沙产业，开发沙漠资源的生产性。发展沙产业要求建立一个人工生态经济系统，这一系统在自然规律和经济规律双重作用下运作，一方面维持沙区自身的生态平衡，另一方面充分开发利用沙漠地区热能、光能、沙地资源，在提高生物产量的同时，形成和发展高层次产业，同步提高沙区的生态效益、经济效益和社会效益。

充分开发利用沙漠和戈壁上药用、油用、食用价值的藻菌类和沙生物，如开发利用甘草、银柴胡、麻黄、苦豆子、小檗、草苁蓉、锁阳等药用价值的作物，打造制药业的原料供给地；开发利用沙木耳、发菜、地衣、蘑菇等营养丰富的藻菌类作物，作为高级菜肴的原料；开发利用沙葱、沙芥、苦菜等野生草本植物，作为稀缺的、天然无污染、原生态食品；凭借沙棘果丰富的营养成分发挥其食用、饮用、药用多种价值；利用白刺果浆生产天然饮料；发挥沙棘作为重要饲料树种的作用；对沙漠中的上述植物进行保护和人工种植，扩大其分布面积，提升产出量，使沙地成为稀缺饮品、食品和药品的原料供给地。此外，也应充分开发利用沙漠地区动物资源，如沙狐、獾、鼬等珍贵的皮毛资源，野兔可供食用，环颈雉、沙鸡、山鹑等可作为食用鸟类。

沙漠生物资源的开发需要注重科学性：一要开展沙生植物生长规律和利用价值研究及其相关种植技术的研究与开发，诸如扬柴、花棒、沙芥果实、柠条、白刺种子油的综合利用研究，沙油蒿、沙蒿的综合利用及新产品开发研究，人工繁育环颈雉、沙鸡、山鹑、獾、鼬、狐的研究等；二要发展加工型企业，走规模化经营、产品附加值提升的路径，变资源优势为经济优势；三要注意适度开发，处理好开发利用与保护的关系，在开发利用资源的同时注重人工种养，保证可持续性。

3. 发挥草原碳汇作用

长期以来，由于生产力发展水平的制约和惯性思维的局限，人们非常重视草地提供饲草料量和供给牲畜量，而对其涵养水源、保持水土、防风固沙、维护生态多样性等功能的重视程度不足。在全球呼唤绿色经济、生态经济、循环经济、低碳经济的大背景下，草原作为重要资源和动植物的重要栖息地，理应受到重视，不断强化其重要性，各界要像珍视与保护耕地一样保护草场牧场资源，像重视农业生产一样重视草业生产。此外，随着低碳经济时代的到来，国家比较关注森林碳汇，在充分认识森林固碳功能的同时，却忽视了草原碳汇的作用。事实上，草原固碳占陆地碳源固化总量的一半。我国草原面积是森林面积的 2 倍，内蒙古草场资源丰富，拥有 8800 万公顷的天然草场，自治区草原面积是森林面积的 4 倍，堪称我国名副其实的草原碳汇大区。内蒙古草场的碳汇作用对于我国及全球应对温室效应将会发生重要的作用。因此，内蒙古应充分认识草原碳汇的价值，高度重视草场资源的保护，积极筹备建立内蒙古碳汇草业研究院，尝试进行碳交易，走出一条富有创新性、科学性的草原利用道路。

（二）积极推进和完善生态工业

生态工业是将自然界生态系统物质循环、能量流动、信息传递的规律、方式运用到工业生产系统规划中，在从原材料→中间产品→废物→废物利用→新的物质循环这一生产过程中实现资源、能源、资本的最优利用。生态工业与传统工业的不同之处在于，其将工业生产与生态环境优化相结合，将生态环境优化视为工业生产质量的重要组成部分，认为工业生产只是区域耦合系统中物质循环的一个环节。生态工业系统中各生产过程、各单元不是孤立存在的，通过物质流、能量流和信息流形成复杂的关系网，某一生产过程的副产品或废物可能作为另一生产过程的原材料。当前，我国生态工业发展主要通过生态工业园区这一实体的生产运作体现出来，生态工业园区内各企业、各环节有各自的产品输出和废弃物的排放，不同企业、不同环节通过中间产品或废弃物的交换利用实现衔接，形成具有系统的、完整的、闭合的工业网络，最终实现园区内资源配置最佳、废弃物有效利用度最高、环境污染程度最低的目标。

长期以来，内蒙古自治区 GDP 的增长主要依靠传统工业支撑，传统工业中物质是粗放型生产下的单向流动，路径是资源→产品→污染物排放，从而导致环境污染和生态破坏。生态工业能够改变工业生产中先污染后治理、边污染边治理的落后模式，通过源头及全过程生产的检测与控制来降低工业污染，高效利用物质、信息和能量，促进经济、社会、生态、环境协同发展。生态工业的应用对象和范围不一，可以是过程单元、单个企业，也可以是整个工业生态系统，实践中生态工业在微观层面指企业的清洁生产，中观层面指生态工业园区的建设。生态工业园区是生态工业发展的重要载体和有效模式，产业生态网络作为生态工业园区复杂系统的基本形态，由若干个产业生态链交织而形成，位于产业生态链上的若干部门或企业通过原料、废弃物和中间产品的相互利用达到高效利用，取得自身价值的增值和园区整体效益的提高，形成理想的循环经济态。多个纵横交错的产业生态网络构成完整的生态产业园区，最终实现区域生态环境经济社会耦合系统的持续、协同发展。

发展生态工业、构筑生态工业示范区是区域 EEES 耦合系统行之有效的做法，当前内蒙古生态工业园区建设已初具规模，以下代表性生态工业园区运作模式值得借鉴和推广。

内蒙古包头国家生态工业（铝业）示范园区是以高载能企业为核心的我国第一个生态工业园区建设规划，其核心企业是包头铝业集团（简称包铝集团），包铝集团实施铝电联营，以铝业为骨干、电业为基础，通过各子系统之间、各单元间产品或废物的交换与利用，形成工业生态链（网），实现了园区内资源的最佳配置、废物的最有效利用、环境污染的最低水平。

棋盘井工业园原处于乌海市、阿拉善左旗、鄂托克旗交界的"小黑三角"一翼，一度因为污染严重屡屡登上国家环保总局黑名单。经过几年努力，该工业园区现已构建起生态工业发展的框架，主要围绕三个层面开展资源循环利用：第一层次，引导企业用高技术、新技术改造、提升传统产业，延长产业链，提升附加值，促进产业优化升级，形成一批高新技术产业、资源高效利用及废物循环产业（静脉产业），形成了企业内部的小循环。第二层次，引进有利于资源循环利用的环保项目，构建产业循环链，搭建起基于资源循环利用的园区管理平台；目前，已基本形成的产业生态链有两条：一是煤矸石、中煤、煤泥综合利用产业链，利用大量废弃煤矸石、炉渣、风积沙等为辅料，制备高标号低碱水泥，年产量已达220万吨。二是煤矸石、电、高载能、粉煤灰、氧化铝、水泥的产业链，煤矸石用于发电，发电产生的粉煤灰用于提取冶金氧化铝，提取氧化铝过程中产生的废渣用于生产水泥，整个过程既保护了生态环境，又提高了资源利用效率，形成了企业间的中循环。第三层次，致力于构筑面向社区、城区等社会层面的大循环。

1998 年年底蒙西高新技术工业园区始建，2005 年被国家发改委等六部委列为全国第一批循环经济 13 家试点园区之一。园区主要针对产业布局以及废弃物综合利用来设置产业生态链。其中，水泥、涂料、纳米碳酸钙、PVC 异型材、高岭土部分用于蒙西集团公司房地产开发，部分满足社会需求；矸石发电厂为园区内企业提供电力，并向园区提供工业蒸汽和生活用气，电厂的废渣、废水用于水泥生产，实现零排放。位于蒙西高新技术工业园区内的内蒙古蒙西高新技术集团公司是自治区重点培育和发展的 20 户大型企业之一，也是园区内产业生态链中的典范。蒙西集团产业生态链及蒙西集团生态经济系统见图 10－4 和图 10－5。

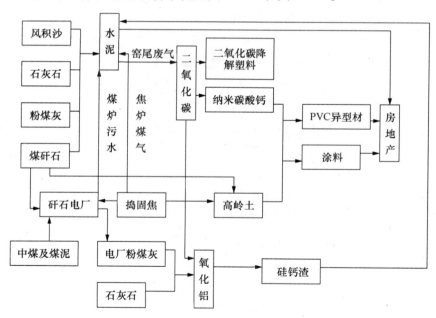

图 10－4　蒙西集团生态产业链

如上文所述，水资源短缺是内蒙古地区发展的严重制约，因此，发展生态工业过程，需要根据区域特点制订合适的水污染防治技术和节水措施，根据区域特点建立水污染防治控制指标体系，根据区域特点研发废水

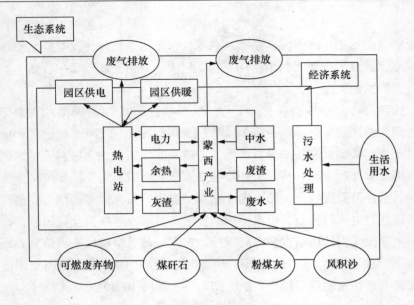

图 10 – 5 蒙西集团生态经济系统

处理工艺与技术，推广清洁生产，实施污水处理、回收、利用；运用经济手段来规避水资源的浪费，同时实行污染者付费、受益者补偿等经济政策。

总之，生态工业的发展、工业生态化的实现必须引入市场竞争机制，创新生态建设机制，改革投融资体制，适度放开环境经营权和资源经营权，可采用的具体办法有：大型生态环境工程的建设以国家投资为主体，鼓励私营部门参股投资；建立专业化的生态环境保护公司从事生态环境保护和治理工作；吸纳农村剩余劳动力形成专业性组织，以县乡或小流域为单位成立环保公司，从事沙地、草地的保护和治理工作；加强污水处理工程建设，建立面向多个企业甚至某个城区的污水处理公司，实现集中、规模化处理。

（三）实现生态旅游与产业旅游的耦合发展

生态旅游不同于自然旅游，是自然旅游、工业旅游和可持续旅游的交集，是关注地方生态环境、社会文化可持续性的一种旅游形式；生态旅游又不同于大众旅游，它具有前瞻性，体现了大众旅游未来的发展与走向，属于体现环保意识的选择性旅游形式。生态旅游实现了旅游发展、区域建设、生态环境保护的结合，运用生态、生态学的观点来指导旅游产业发展，承担起保护生态环境及资源，促进区域经济发展的双重功能。生态旅游提供的是未曾受到干扰或干扰幅度很小的、独特的自然、文化旅游产品，同时要求旅游者行为符合生态建设、环境保护、资源节约等价值观念。内蒙古地区发展生态旅游业能有效遏制传统农牧业对生态环境的破坏，提升区域经济水平，减缓或消除贫困。与此同时，内蒙古旅游资源丰富，密集度高，其独特的自然生态景观和民族文化气息给人们的美感和心灵冲击力，及其传递出的信息和知识是不可替代、难以复制的。生态旅游业作为经济与文化高度融合，附加值较高的第三产业，理应成为内蒙古地区生态优势向经济优势转化的最佳选择。

产业旅游是将工业、现代农业、科技产业的经营场所、生产过程、生产成果、管理经营经验作为旅游资源，吸引游客参观、访问、考察、学习和购买的一种专项旅游，也可看成一类特殊的综合型旅游产品。产业旅游不是"产业"与"旅游"的简单结合，而是把产业、科技魅力渗透旅游诸要素中，向人们展示产业等科技文明，拓展了科技旅游以传播科学文化为主要目的的功能。文中将产业旅游分为传统工业游、科技游和环保游三类。传统工业游可以让游客对传统的或即将被淘汰的工艺模式有所了解；科技游包括现代科学技术和先进工艺介绍等内容；环保游重在介绍产业链如何实现循环经济、生态经济，实现零排放、低碳生产。发展产业旅游有一些深层次的机制原动力，具有深刻的社会效益、经济效益和环境效益。[①]

产业旅游耦合生态旅游，将旅游发展、产业发展、区域发展、生态环境保护相结合，实现了生态效益、经济效益、社会效益的多赢。产业旅游、生态旅游作为综合性很强的产业，关联带动作用强，能迅速带动住宿、餐饮、交通运输、邮电通信、园林建筑、商贸等产业的发展，会较大地改善内蒙古地区产业结构不合理，第三产业发展滞后的状况。同时，旅游业作为劳动集约型产业，可以转移、吸纳剩余劳动力，具有投资少、见效快的特点，是内蒙古生态环境良好——经济社会发展落后区域脱贫致富的有效途径。

1. 构建"呼—包—鄂"大金三角产业旅游区

构建"呼—包—鄂"金三角产业旅游区。"十五"期间，呼包鄂三市

经济增长速度平均达到 23.4%，高出全国经济增速 1 倍以上，占内蒙古自治区生产总值的比重由 39.2% 提高到 51.8%。而根据规划，"十一五"末，呼包鄂"金三角"经济总量将占全国生产总值的 2% 左右。呼包鄂"金三角"的闪耀，不仅是内蒙古自治区成立 60 年来经济建设突飞猛进的一个典型缩影，更是未来内蒙古经济腾飞的最大驱动力，呼包鄂"金三角"突飞猛进的产业发展，为产业旅游的发展奠定了基础。

呼和浩特有蒙牛、伊利两大乳业巨头，蒙牛和伊利已经具备工业旅游基础，因此呼和浩特可以开展乳业旅游。此外，呼和浩特的生物制药产业也初具规模，可以发展以蒙药为特色的生物制药产业旅游。包头是内蒙古老工业基地和工业集中地域，也是我国稀土富集地和研究基地，其中有包头钢铁有限责任公司、内蒙古第一机械制造有限公司、内蒙古北方重型汽车股份有限公司、内蒙古北方重工业集团有限公司、包头市北方奔驰重型汽车有限责任公司和内蒙古包钢稀土高科技股份有限公司等一批现代化大型重工业企业，具有开展重化工业旅游的雄厚基础。早在 2006 年，鄂尔多斯市财政收入已超过包头和呼和浩特，成为新型工业城市。为走可持续发展道路，鄂尔多斯市提出了高起点、高科技、高效益、高产业链、高附加值、高度节能环保"六个高"的新型工业发展思路，一批技术含量颇高的产业在鄂尔多斯高原纷纷开花结果。华泰汽车就是其中的代表。此外，鄂尔多斯羊绒集团是驰名中外的名牌产品，已经走向世界，因此，产业旅游在鄂尔多斯大有可为，可发展羊绒产业旅游、科技工业游和生态工业游。基于呼和浩特、包头和鄂尔多斯不同的工业发展方向和发展道路，选取各自产业特色，打造"大金三角"产业旅游区具有重要的战略意义。

2. 构建"乌海—阿拉善—蒙西"小金三角生态产业旅游区

内蒙"小金三角"是指乌海市、阿拉善盟乌斯太经济技术开发区和鄂尔多斯市蒙西工业园区、棋盘井工业园区。其特征是工业化程度和城镇化水平高，工业化方面主要是引进实力雄厚的大企业大集团作支撑，发展典型的循环经济。城镇建设方面是规划建设起点高，市场化运作水平高。三地已经初步形成工业化带动城镇化，速度、质量、效益相统一，人口、环境、社会相协调的良性互动发展格局。乌斯太经济技术开发区引进并建成国内著名的企业支撑地区经济发展模式，主要有亚洲第一、世界第三大的"兰太金属钠厂"，亚洲最大靛蓝粉生产基地"西北燃料厂"，拥有中国西部最大煤炭配送中心的庆华集团、太西煤集团等企业。蒙西高新技术园区主要企业有蒙西集团70万吨的焦化厂、2×30万千瓦的发电厂和150万吨的干法水泥厂，园区初步形成了三条循环经济产业链。棋盘井工业园区主要有鄂尔多斯集团的煤炭、发电、高载能联产项目，双欣坑口矸石电厂项目，星光集团的双氰胺项目等。园区形成了"煤—电—高载能—化工"、"煤—焦—油（气）—化工"、"天然气—化工"三条产业链。三个园区工业发展模式，既回收了生产过程产生的废气、废渣，又延伸了产业链条，提高了产品的附加值，是典型的循环经济模式。此外，"小金三角"地区采取工农互补，发展高效生态农业。城市建设注重生态建设、环境建设。因此，"小金三角"地区应主要围绕科技旅游、生态工业旅游、生态农业观光游等发展生态产业旅游。

3. 创意推动产业旅游与生态旅游

创意是不同于科技创新的发展动力。在未来产业经营中，创意将是重要的竞争力来源，它可以用无形资源提升有形资源价值。旅游业更需要创意，每一个优秀旅游景点的背后都有一个甚至多个好的创意，一个好的创意将把一个无人问津地区的潜力充分挖掘起来，打造成为著名的旅游景点。国内外很多创意产业的成功案例，都是将创意与旅游业结合起来，取得双赢的经济、社会效益。

工业遗产旅游是一个将工业和旅游业结合，推进旅游业及相关产业发展的极佳创意。德国鲁尔工业区是开发工业遗产旅游的著名例子，也是全世界发展创意产业的典型案例。可借鉴德国鲁尔区创意产业、工业旅游相结合的成功经验，针对内蒙古文化优势和特色资源，运用创意推进产业旅游和生态旅游的发展，实现创意产业联姻产业旅游、生态旅游业。内蒙古以创意发展产业旅游、工业旅游的案例见表10-1。

表10-1　　　　　内蒙古以创意发展产业旅游、生态旅游案例

地区	已有资源	创意产品	带动产业	社会效益
棋盘井	煤矸石	水泥	旅游、第二产业、第三产业	变废为宝、节约资源
棋盘井	煤矸水	生态园	旅游、环保、第三产业	美化环境、变废为宝
蒙西	二氧化碳	PVC材料	旅游、第二产业、第三产业	无碳经济、美化环境
呼和浩特	蒙牛、伊利	工业旅游	旅游、第三产业、工业	扩大城市影响力、提升企业品牌

4. 实施景观特色营造措施

无论传统工业还是新型现代工业，无论是国营企业还是个体经营企

业，无论是外资企业还是合资企业，只要各具特色都有可能成为旅游目标。市场经济条件下的今天，任何一个企业都希望有宣传自己的机会。知名企业往往都有自己的闪光点和卖点，都有丰富的文化内涵与传奇性创业历程，都有物质上和精神上的实力。产业旅游这条红线串起来的必将是璀璨的"珍珠"。

工程设计和项目兼顾旅游活动。工业项目规划建设须考虑开展旅游活动要求。除按工业地理原则布局外，规划设计阶段还应考虑工业项目同时考虑这也是一项大型旅游观光项目。要提高工业设计旅游功能美学水准，在规划设计时，在建设过程中，均应考虑增加某种旅游观光功能。在满足生产、科研前提下，做到既是工业设施，又是新型旅游景点。游览路线、景区划分，景观序列、配套服务、内外人流、交通组织等方面的设计应与工艺设计统筹进行，实现高科技与高情感平衡协调的景观。工业企业是人化的地面上的印记，是人类活动附加在自然景观上的形态。随着社会进步，科技发达，今天的工厂车间均应是一个园林化单位、生态化的环境。

保护遗产，兴建遗址公园。当延绵数百里的德国鲁尔老工业区完成它的工业使命后，通过生态复育，景观大变，建成生态化的工业遗址公园，其三大效益无与伦比。从污染—废墟—废墟更新，再到工业遗址观光旅游区，是一条工业文明之路。国内外优秀范例越来越多。城区改造工作中，有关部门应当做到像保护历史建筑一样保护一些有价值的工厂企业旧址；一批超过百年历史的老厂，要适当保留一批，或留下一条生产线、一个车间，甚至几台旧机器，这些"活体的工业博览园"是重要的文化、经济命脉，也是开展工业旅游的根基。要将现有的资源进行全盘挖掘和整合，选择代表性的工厂企业，再根据旅游要素设计改造为景点。进一步将内蒙工厂企业整合成概念化的"内蒙工业历史博览馆"，使体现刚性美的工业文明与已有的乳都、草原、民族等柔性文化成分有机融为一体，丰富内蒙旅游的形象。

优化旅游产品措施。旅游线路，是专为旅游者设计，能提供各种旅游活动的旅行游览路线。旅游线路的设计与销售直接关系到旅游点、旅游设施、购物等利用程度和旅游业兴衰。一个城市的工业布置，一般都在郊区。有的城市相对集中，有的较分散。虽范围不大，但均处于繁忙的城市交通网络内。设计中制约因素较多，但也较为灵活。一条路线就是一种"货色"、一种"商标"、一种"系列产品"。

大力开发利用民族风情游。绚丽多姿的民俗风情是极富动态性和文化特色的旅游景观，蒙古族的那达慕、鄂温克族的牧场欢歌、达斡尔族的春江放排等特色民俗风情都是内蒙古生态旅游的丰富宝藏。

总之，内蒙古应结合自身实际，发挥旅游资源的独特优势，围绕自然、生态、环境、文化等生态旅游资源和特色工业、企业产业旅游资源的开发，使旅游产业成为新的经济增长点，用经济生态化、生态经济化方式改变贫困地区落后、被动的现状。在发展特色旅游产业的同时，突出生态建设与环境保护，树立品牌效应，在生态环境和经济社会协同的原则下开发旅游资源，一方面获得适度利润，另一方面维护环境资源价值，以生态环境建设支撑旅游发展，以旅游效益反哺生态环境建设，实现旅游地生态环境有效保护、资源可持续利用和经济社会持续发展三位一体间的耦合协同。

三　多元措施推进内蒙古耦合系统协同发展——实施层面

（一）发挥政府的导向作用

1. 建立新的国民经济核算方法

随着资源紧缺与环境危机的出现，可持续发展与系统耦合协同发展理论研究的完善，我国当前运用的以 GDP 为核心的国民收入核算体系越来越暴露出其弱点。这种忽略资源禀赋、生态基础和环境条件，只注重经济增长速度及经济产值的核算体系使得人们单纯追求总量和速度的攀比，置资源损耗、生态破坏、环境恶化于不顾。也因此在实践中产生一种可怕的假象：某一地区 GDP 快速增长的背后，可能是自然资源的耗尽，生态环境的极度破坏，出现所谓的虚假繁荣。区域 EEES 耦合系统协同发展的实现呼唤一种强有力的宏观调控手段，即改革现行的国民经济核算体系，借鉴学者的相关研究，本书建议通过绿色 GDP（可持续收入）、GPI（真实增长指标）两种测度方法来改进传统的 GDP 测算法。

简言之，绿色 GDP 是在现行 GDP 的基础上，去除自然资源消耗和自然环境改变损失的价值。构造上，绿色 GDP 将把环境资源的投入计入发展成本，反映真实的经济增长状况，便于科学决策，建立起资源环境保护与经济发展的量化计算渠道，兼顾了生态环境保护与经济发展，塑造生态环境与经济协调发展的宏观背景，有利于颠覆当前的发展观，避免地方经济发展中以资源环境为代价换取经济增长的错误观念和极端行为。目前在内蒙古自治区全面开展绿色 GDP 核算尚存在难度，主要困难有：第一，基础数据严重缺乏，自治区对资源、生态、环境的存量、流量的统计近乎空白；第二，统计方法不成熟，目前无论是国际国内尚没有一个公认的、完善的、操作性强的核算方法，因此，整体推进工作任重而道远。

GPI 是近期建立的一个专门用于弄清楚经济增长对可持续发展福利影响的指标。它包括许多项单独的收益和成本项，包括社会、环境效益及成本、经济的多样性标准。GPI 与 GDP、GSP 相比有两大优点，更能充分表现经济增长对每个公民福利的影响，更容易反映经济增长对生态环境、自然资源的当前影响和潜在影响。其计算过程需要扣除不可再生资源的损耗成本、农业用地消失成本、灌溉用水使用成本、木材消耗成本、空气污染成本、城市废水污染成本、长期环境污染成本等数据。

2. 实行领导干部环境问责制

我国各级政府生态建设、环境保护一直没有列入领导干部考核评价体系，或者在对领导干部的考评中所占比重甚小。政绩考核评价指标对激励和约束政府官员的行为有重要意义，政绩很大程度上决定政府官员升迁去留。传统的以经济增长（GDP）为核心的考核体系导致政府部门重经济、轻环境、轻生态，在区域开发与发展过程中单纯追求经济增长速度，忽视生态建设与环境保护。

因此，应进一步调整和完善干部考核评价指标体系，制定相对完整、符合实际、可操作性强的涵盖生态环境、社会发展诸因素的评价体系，并对各项指标进行科学赋权，突出生态建设、环境保护在干部政绩考核中的重要地位；其次，形成责任到人的环境问责长效机制，转变环境保护的短期行为，彻底改变"上级推一推下级动一动、上级不推下级不动"的尴尬局面，使生态建设、环境保护真正深入人心，成为发展理念。明确各级领导的生态环境责任，建立政府及各有关职能部门资源环境目标责任制和行政责任追究制，在决策过程中借鉴并实行环境一票否决制，从而使各级政府自觉地把资源利用、生态建设、环境保护与经济社会发展有机地结合起来。

3. 建立健全资源与环境生态补偿机制

1976 年德国实施的 Engriffsregelung 政策和 1986 年美国实施的湿地保护 No-net-loss 政策被称作生态补偿的起源，生态补偿有力促进了生态环境的保护。生态补偿作为资源环境保护的一种经济手段，一方面对保护、培植生态资源者的利益进行补助，另一方面向使用资源、破坏生态者索取赔偿。有学者将生态补偿分为抑损补偿和增益补偿两类，抑损补偿具有弥补倾向和被动性，其设计旨在抑制生态资源过快受损，发挥抑损作用；增益补偿具有进取倾向和主动性，旨在使生态资源受益，增加效益。

生态补偿机制融合了利益驱动、激励、控制与协调多种作用，本质是通过相关的政策手段使生态环境的外部性实现内部化，让损害生态环境获取个人利益者支付相应的费用，让生态环境建设者和保护者得到应有补偿，通过完善制度使生态投资者获得回报、生态破坏者受到惩罚，提高人们资源生态环境保护的积极性，实现生态资本的保值和增值。

生态补偿的对策多种多样，主要包括以下几项：严格按照谁受益谁获补、谁污染谁赔偿的规则建立机制；综合运用经济和行政手段健全破坏环境的惩罚及收费措施；完善环境保护的相关税收政策，确保生态补偿机制的资金来源；贯彻资源有偿使用的原则，征收自然资源开发补偿费，扩大相关收费范围；在中央财政、省级财政设立生态环境维护专项资金，并列入同级财政预算，同时资金投入中要突出重点、有所倾斜，加大对生态技术创新、环保技术创新资金的投入。

（二）使企业成为实施主体

1. 通过绿色消费需求推动企业技术创新

需求具有层次性，随着生活水平的提高，生态需求、绿色需求及其形成的巨大市场成为企业进行生态技术创新和绿色技术创新的强大推动力。调查表明，约 89% 的美国人十分关心其购买产品的环境影响，在购物时约 78% 的人愿意多支付 5% 的费用而购买绿色产品；约 70% 的荷兰人购物时会选择有绿色标志的产品。① 绿色需求、生态需求正成长为全球普遍性的、持续增长的需求热点，必然形成新的市场，推动技术的创新。

《全国城市公众环境调查报告》显示，目前我国公众环保习惯仍然是

---

① 冯刚：《北京—张家口区域生态与产业协调发展研究》，《城市发展研究》2007 年第 2 期。

低层次的，主要仍局限于节能产品的使用、注意关紧水龙头等行为层次上，诸如尽量不使用一次性餐具、绿化植树、废电池掷入回收桶、分类处理生活垃圾等其他典型的环保行为尚未上升成行为习惯，或者仅仅是不经意为之。由此可见，我国公民的环保行为仍围绕利己性进行，尚没有形成绿色产品、生态产品需求的规模性市场。因此，应制定合理的税收政策对废旧物资回收与综合利用企业和使用再生资源、生产绿色产品、注重环保的企业给予必要的税收减免；对致力于生态技术创新、环境技术创新、绿色技术研发、改造、应用的企业给予必要的财政补贴；健全绿色消费的相关法律法规保障，引导和约束公民进行绿色消费，促进企业生态技术创新、环保技术创新，并向生态型企业转型。

2. 健全环保法规

法律是促使企业生态技术创新、环保技术创新最有力、最有效的外源强制力，环境立法和环境执法直接激励企业生产生态技术型、环境技术型产品的积极性，锚定企业生态环境领域的研发方向。相反，如果违法成本比较低，那些生产低端、非环保产品的企业就会受到鼓励、纷纷上马，产生柠檬效应，挤出技术含量高、成本高、环保性好的产品生产商，因此应提高违法成本，规避次品驱逐良品市场的出现，建立技术进步激励机制。

3. 缩短环境技术的产业化过程

积极采用并推广高新技术成果，跟踪研究、及时反馈已建成的污染防治设施，加强项目和设施的技术经济评价，筛选出适合内蒙古区情的实用技术。建议将生态恢复与重建技术、环境污染防治技术的研究纳入自治区科技研究总体规划中；建立生态环境技术的供需信息网络体系，完善技术信息市场；制定相关政策以鼓励企业与科研单位合作开发实用技术；加强自治区企事业单位与国内外科研机构的联系，促进生态建设、环境友好技术向我国、向内蒙古自治区的转移；培养一批推广、使用生态技术、环境技术的人才。

4. 以政策优惠激励企业发展

完善扶持政策，在用电、用地、设备折旧等方面对污染处理项目的建设进行资助，并给予税收优惠；产出角度，减免资源循环再生品、环保产品的税收；针对生态环保企业建立扶持性融资机制，可以开通专门的政策性扶持通道由政府直接筹措资金，或者建立生态建设、环境保护专项资金对生态环保型企业进行贷款贴息、给予补助；在政策支持基础上筹措社会资金，建立商业性融资扶持机制，采用担保、贷款、发行企业债券和股票等形式；对于具有污染控制设备的企业进行折旧优惠；可效仿日本的做法，凡是生产工艺中具备污染控制设备的企业，其设备折旧费扣除比例为16%—25%，折旧优惠大大鼓励了企业装备污染控制设施的积极性。

（三）调动全民参与的积极性

政府、企业、公民是生态建设、环境保护的主题和依托，离开了公民的参与，生态建设与环境保护就失去了重心。因此，应在深入开展环境保护教育的基础上，逐步公开环境信息，完善公众参与机制，全面提高公民的环保意识。

1. 提高全民保护生态环境的意识

决策层的环境意识是提高全民生态环境保护意识和确保生态环境与经济社会协调发展的重要条件，决策层领导生态环境意识的提高是保证决策正确和投资明确的基础。对公众而言，普及全民生态环境保护的教育，可以使公众正确认识生态环境与自身利益的紧密相关性，唤醒公众绿色消费、生态需求的意识，提高公众环境参与积极性，从而有效监督各种环境违法行为，通过教育的影响力使环境保护与环境美化成为人们潜意识的自觉行为。企业，要树立全球市场观，摒弃一切逆全球发展主流或不符合全球市场运行规律的思维习惯和做法，强化产品生产和环境保护中的科技意识，变资源消耗型经济发展模式为技术、知识、创意支撑型发展模式；比对国内外规范与标准，研究国外生态、环境标准，走生态环境与经济社会良性耦合、协同发展道路。

生态环境意识建设涉及诸多方面，包括人类如何对待自然环境的环境道德教育；以当前环境污染、环境破坏状况为教材，分析、预测当前和未来生态环境安全状况的生态环境安全教育，生态环境安全意识教育可以培养全社会生态环境安全意识，有利于生态措施、环境保护在生产生活中推行，其中生态措施包括绿色GDP核算体系的建立、循环经济和清洁生产的推广、提倡绿色消费、满足生态需求，等等；组织生态环境教育领域有关专家和工作人员深入各市、县乡、镇进行培训与讲解，扩大宣传面；在广大中小学生、幼儿教育中普及环境教育，增强其渗透力，从小培养孩子们的环保意识。

2. 实行环境信息公开

我国公众获得环境信息的手段单一，环境信息的公开极为有限。借鉴国外的成功经验，构建我国政府环境信息公开制度包括以下几点：第一，明确提供环境信息是政府的义务，通过立法明确列举出哪些相关机构应该提供哪些环境信息[①]；第二，明确获取环境信息是公众的权利，环境信息权应该属于所有公众，而不仅仅是所涉公众，提供信息的种类、内容和形式由公众决定，对于信息持有机构不合理的收费、索要不必要的证明等要求，公众有权坚决拒绝；第三，建立强制性环境信息收集制度和环境信息传播制度，通过政府正式发布、资料备查、公众申请等途径，及时提供环境信息，使公众对正在进行的、可能对环境造成重大影响及其他公众关心的活动予以充分了解。

企业层面的环境信息公开包括以下几点，第一，扩大环境信息公开的范围，原来仅仅是"污染严重企业"需公开环境信息，应转变为"所有可能产生环境影响的企业"均需公开环境信息；第二，扩大环境信息公开的内容，具体包括环境问题对财务、经营效果的影响和企业环境绩效，以满足政府、投资人和公众的需要；第三，制定环境会计准则，加强对公开的环境信息的鉴证；第四，按照一定标准将企业的环境行为区分为不同等级公之于众，加强环境行为等级信息披露，形成对污染者的"非正式规制"。

3. 完善公众参与机制

公众参与是生态环境保护的根本，也是区域 EEES 耦合系统协同发展的必要条件，更是建立民主社会的具体要求。首先，制定环境公益诉讼制度。当前，我国环境违法现象比比皆是，但行政部门法定授权有限，强制性的行政执法措施明显不足，在一定程度上放纵了那些侵害部分人利益的区域环境破坏者，建立环境公益诉讼制度迫在眉睫。环境公益诉讼指当行政机关、企业、其他社会组织或个人的违法行为或不法行为侵害或者即将侵害环境公共利益时，为维护环境公共利益，法律允许公民或团体向法院提起诉讼。环境公益诉讼制度的建立包括几个方面：环境诉讼的主体应扩大至公众、政府各级环保部门、各环保组织，而不仅仅是直接受害者；不受时效限制；减免一定比例的诉讼费用；实行举证责任倒置。其次，建立

---

① 严复雷：《FDI 与我国环境保护的关系研究》，硕士学位论文，西南财经大学，2008 年。

公众全过程参与机制。明确公众在全过程参与中不同阶段的权利义务，享受权利、履行义务的规定程序，当公众合法权益受到侵害或者违反程序时追究相关人员的法律责任；明确参与不同阶段征求公民意见的方式、意见形式及意见如何反馈等方面的细节。让部分公众以法院环境陪审员的身份依法参加环境案件的审理过程，让部分公众有机会参与环境管理部门针对环境纠纷的讨论会，形成环境陪审员和环境案例听证会制度。再次，建立和完善公民环境权交易制度。以往的环境权交易制度忽视了公民的环境使用权和收益权，通常只考虑企业与企业、政府与企业间的环境权交易。应鼓励民间资本投入环境保护领域，制定相应的优惠政策，确保私人投资者获得相应的经济收入，建立环境保护市场投资机制。公众应有偿使用环境公共用品、有偿享受服务，为生活污水和垃圾付费。最后，扶持环境保护类的非政府组织。环境保护和生态建设中"搭便车"现象普遍存在，公众希望能坐享其成，缺乏参与动力。需要大力扶持环保组织，形成群体利益和集体力量，调动公众参与环境评价的积极性。通过立法，明确环境保护非政府组织的成立条件、成立程序、活动规则及运行规范，完善此类非政府组织参与环境管理各项事务的机制和程序。

（四）在生态移民中引入三园互动机制

生态移民以生态环境保护为目的，在不破坏迁入地生态环境前提下，将生态脆弱区的超载人口迁到生态承载能力较强的农牧业区或城镇郊区，从事工业、农业、牧业、农畜产品加工业或第三产业。生态移民可以有效减轻生态脆弱区的人畜承载压力，减轻由于人畜活动而导致的土壤沙化、生态环境破坏，有利于进行小流域治理，彻底消除生态贫困。国际上把生态移民作为缓解生态贫困地区人口压力、遏制当地生态环境退化、脱贫致富的一项重要措施。

本书中提出的"三园互动"机制是指在推进城市化或者安置移民过程中尝试构建创业园、培训园、安居园的"三园"，并通过制度安排和政策导向作用，使物流、人口流、资金流、信息流、价值流在三园之间流动，架构起三园之间的有机融通路径。将"三园互动"机制与生态移民工程安置相结合，实现安居、培训与创业的结合是彻底消除生态贫困的有效途径。

1. 三园互动内涵、要素及途经

创业园旨在催化创业与集聚产业。部分转移农民拥有技能，谋生能力较强，可以通过创办创业园，运用创意把转移农民的技能孵化"小微企业"，进而衍生成为新的产业集群，在创业园区进行城市、城镇发展的招商引资，形成城市发展的产业集聚区，将政府管理与市场运作有效结合，进行开发、建设和管理，提供一流的公共服务平台、资金平台、信息平台，为创业园区内的新创企业成长与发展营造优良的环境，发挥产业催化功能、创业示范功能和聚集功能；培训园旨在提升劳动力素质。在培训园建设高质量的示范性学校以满足园区内下一代的教育需求，创办中高等职业学校以提升转移农民的创业、职业技能。充分动员政府、市场和企业的力量，通过不同途径、不同方式，建立转移农民输出培训、当地就业培训、创业培训体系；安居园建设旨在实现规模居住，将安居工程的建设与农村宅基地的整理、农业耕地的保护结合起来，在转移农民入住的同时与其签订放弃农村宅基地的继承权和农地承包权，为农业的规模化经营、生产方式的转变、土地集约提供可能。

创业园、安居园、培训园之间的互动按程度可以划分为初级互动（开始互动，彼此开始相互影响，例如以行政手段要求入住农民参与培训，而后加入新创企业，否则不提供安居房）、中级互动（双方的互动程度逐渐增加，相互促进共同发展，如市场行为下人才、资金、技术、信息等生产要素在三园之间的流动与转移等）和高级互动（互动程度越来越强烈，互动时间长且互动相当频繁，包括许多不同种类的互动活动或事件，相互之间的影响力很大，创业与培训相辅相长）。创业园、安居园、培训园按要素分为知识智力互动、资源互动、科学技术互动、资本互动、信息互动、人才劳动力互动、服务互动、政策互动、经营管理互动等。从空间上，三园可以集中，也可以分散建立，例如可考虑将创业园建在开发区，培训园建在大学群或学校集聚区，安居园建在城市郊区，因此，按空间分为就地互动、内外互动、异地互动（针对跨区域生产建设）。

互动途经具体表现为三个层面。首先，政策制度互动。可采取用农村宅基地置换安居房政策，转移农民凡其直系亲属在农村拥有空置宅基地的，必须先腾退才能享受安居房；安居房入住与技能培训证书捆绑，转移农民必须取得技能培训证书后才能享受安居房；采取安居贷款，通过政府授信贷款，促进培养创业意识。其次，交互创业。据统计，一个大学生创业可带动12—16人就业。一方面，大学生实现了创业，可以很好地带动技能培训后的农民就业，不断形成联动，解决就业问题。在初期为了鼓励大学生创业带动转移农民就业，可要求园区内新创企业在招收一定数量经培训的农民后，就可享受一定程度的税收减免；另一方面，为保证创业成功率，技能型农民创业需聘请1—2位创业成功人士做顾问。以此形成大学生、转移农民之间的交互影响与学习，不断衍生新创企业，提升技能。最后，应采取混合安置途径。融合利于稳定，群体性孤立易导致动乱。以2009年新疆地区社会秩序混乱为例，凡多民族混居的区域，其秩序相对稳定，没有出现过恶性暴力事件。经作者所在的《宅基地换城里房》调研组问卷调查统计，进城后，72%的农民会听从村委会安排，可以与其他人混居。由此，混合安置以避免本村人居住在一起引起不必要的扰动，也便于统一管理，具有可行性。

2. "三园互动"系统工程建设

"三园互动"既是一种机制，也是一个系统运行过程，通过建立和完善政策支持系统、制度保障系统、环境服务系统、文化导向系统等为不同群体营造良好的创业、就业环境。

（1）政策支持系统建设。第一，完善税收、土地优惠政策。如对大学生、农民的创业投资项目，可使其参照享受引进外资的优惠条件。第二，完善投资激励政策。通过担保、信贷等途径引导转移农民的资金投向城市创业和城市建设，允许有资金的农民承建城市基础设施建设、兴办各类商业网点或开发住宅小区。第三，完善劳务流动促进政策。取消对企业使用转移农民的行政审批，取消对转移农民进城务工就业、经商的限制政策，建立城乡统一的劳动力市场，实现城乡劳动力双向流动。第四，完善贡献奖励政策。建立转移大学生、农民贡献奖，对年生产值或年缴税收入达到一定数额或解决一定数量劳动力就业的大学生或转移农民给予物质和名誉奖励；为返乡创业、就业或进城打工、居住的农民解决子女上学问题，使其子女在县城享受与当地居民子女同等的就学待遇，以解除其后顾之忧。第五，完善科技创新鼓励政策。地方政府要建立农民科技创新奖，鼓励转移农民进行自主创新。

（2）制度保障系统建设。一要改革户籍制度。简化农民进城落户的审批手续，取消不合理收费，降低农民进城的门槛。对有固定住所、稳定的职业或生活来源的人员及与其共同生活的直系亲属，均应根据本人意愿办理城市常住户口。二要完善社会保障制度。创造条件加快建立和规范适合农民外出务工就业的社会保险管理办法，对迁入城镇的农民，要统一将其纳入城镇医疗、工伤、就业等社会保障制度体系。三要探索土地流转制度改革。在继续落实农村家庭承包经营基本政策和稳定土地承包关系前提下，按照"依法、自愿、有偿"的原则，支持和鼓励外出农民转让承包地使用权。为适应农民进城发展的需要，探索农村宅基地与城镇土地置换的改革，通过对土地的整理提高土地利用率。

（3）环境服务系统建设。首先，构建服务于转移农民创业的行政服务中心，使创业人员进一个"门"便可在法律规定的时间内办好所有手续；其次，构建转移农民权益保护体系和环境，由政府牵头、司法部门及共青团和妇联相互配合，成立"维护转移农民合法权益合议法庭"、"转移农民维权法律援助中心"等，依法帮助其维护自身合法权益；最后，建立健全劳动力市场，建立资源共享、信息互通、城乡对接的劳务供需信息平台，引导农村劳动力有序流动、降低劳务输出成本、加快发展劳务中介组织，引导和鼓励各种经济成分创办劳务输出、输入服务型企业或其他经济组织。

（4）文化导向系统建设。所谓培育文化导向系统，就是要在文化导向上倡导、宣传三个理念。其一是新市民主体论。农民是城市发展的主体之一，农民工是现代城市经济发展的新生产力、新动力和新的创造者。如果说联产承包责任制改革使农民成为承包土地的主体、激发了农民的积极性和创造性，那么，建立创业园平台则为确立农民在城市化进程中的主体地位创造了条件，为激发农民创业打开了大门、奠定了基础，尤其增强了农民的自信，使农民在自尊、自爱、自发和解放自我、发展自我的过程中实现向新市民的转变。其二是新城市建设论。农民的主体性不仅决定了农民在城市化发展中的新地位，同时也赋予了城市扩张的新内涵，即"新的城市农民建，农民建城转市民"的新城市化内涵和新城市化发展道路。其三是新行政服务论。以建设服务型政府作为政府改革的方向，以社会普遍服务体系全面推进政府功能和组织结构的流程创新。

本章小结

本章阐述了内蒙古生态—环境—经济—社会耦合系统协同发展的战略路径和对策，包括战略层面、路径选择和实施措施三个层次。战略层面指出要构建科技支撑下的内蒙古生态经济功能区，以解决生态经济结构失衡、生产过程中碳的零排放和技术进步下的产业高端化三个问题，完成内蒙古资源经济向生态型经济、追随型经济向先导型经济、资源供给地向资源吸附地和环境保护向环境生产的"四个转化"，避免经济社会发展中的"习得性困境"。生态经济功能区建设包括构成主体、政策法规建设、生态经济建设、管理信息系统建设四个方面，主体建设是基础、政策法规是保证、生态经济是核心、管理信息系统是运行的有力支撑。此外，内蒙古生态—环境—经济—社会耦合系统的协同发展需要导入耦合分区原则，划分为生态环境良好—经济社会落后耦合区、生态环境脆弱—经济社会发达耦合区、生态环境退化—经济社会落后耦合区，采取不同方法分类治理。

　　结合内蒙古区情，生态农业层面应大力发展高效节水农业、创建沙产业、发挥草原碳汇作用；生态工业应注重微观企业层面、中观园区层面和宏观城区层面中间产品、副产品，废弃物的共享、循环、利用；针对内蒙古独特的生态资源、民族风情和产业特点，实现产业旅游与生态旅游的耦合，分别构建"呼和浩特—包头—鄂尔多斯""大金三角"产业旅游区和"乌海—阿拉善—蒙西""小金三角"生态产业旅游区，运用新的创意理念推动产业旅游与生态旅游发展。

　　实施层面应制定面向政府、企业、公众不同主体的激励与约束措施，发挥政府导向作用，参照绿色 GDP、GPI 等指标建立新的国民经济核算方法，实行领导干部环境问责制；使企业成为生态环境保护的主体，通过绿色消费需求推动企业技术创新，给予政策优惠激励企业发展，缩短环境技术的产业化过程；提高全民保护生态环境的意识，实行环境信息公开，完善公众参与机制；对于生态贫困区，导入生态移民过程中创业园、安居园、培训园的"三园互动"机制。

第十一章　结论与展望

一　重点工作及主要结论

本书综合运用区域经济学、环境经济学、资源经济学、生态经济学、制度经济学、可持续发展理论、政策学、地理科学、系统科学等相关理论，贯穿了系统分层思路，采用定性分析与定量研究相结合、实证研究与规范研究相结合、纵向比较与横向比较相结合。本书重点开展的工作和主要结论如下：

第一，本书从认识论、耦合观、方法论、时空域研究四个层面对区域生态环境与经济社会耦合协同发展的相关研究进行综述与评价。认识论上经历了传统的财富追求观、悲观的零增长论、乐观的经济发展论直到辩证耦合协调观的形成；耦合观层面生态化理念已渗透经济、管理、社会系统的方方面面，生态系统与经济系统耦合产生了零资源经济、排泄资源经济、环境经济、循环经济、绿色经济、生态经济、低碳经济和碳汇经济等新理念；生态系统与管理系统耦合产生了生态型领导、生态管理、生态型服务、生态供应链及生态型设计等理念；生态系统与社会系统耦合在执行层面产生了生态型政府、生态型企业、生态型社区、生态型城市、生态省、生态功能区等实施方案；生态系统与社会系统耦合在具体操作层面产生了清洁生产、生态型生产、环境经营、生态产业等做法；方法论上将国内外生态环境与经济社会评价方法分为基于指数综合加成、基于功效系数、基于变异和距离、基于动态变化、基于模糊理论、基于灰色理论、基于 DEA 模型、基于系统演化及系统动力学理论的耦合协调度测量；最后，对国内外研究成果进行述评，认为国内外研究中存在构成论研究多，生成论研究少；概念界定不一，研究方法重叠；理论成果难与实践对接等问题。特定时空域下，将快速城镇化地区生态、环境、经济、社会耦合与协同研究梳理为三个方面，快速城镇化地区内涵外延界定、现状问题判定；快速城镇化地区生态—环境—经济单一维度的研究；快速城镇化地区生态—环境—经济不同要素、不同维度耦合关联与协同发展的研究。总结出当前研究存在的三个不足，提出快速城镇化地区生态—环境—经济耦合协同在研究层次、研究重点、研究内容、研究视角、研究方法上的努力方向。

第二，阐述了区域生态—环境—经济—社会耦合系统的要素、特征和功能，子系统间的耦合关系、耦合原则及其协同发展的含义。区域耦合系统由生态（Ecology）、环境（Environment）、经济（Economy）、社会（Society）子系统耦合形成；生态、环境、经济、社会子系统之间是相互作用、相互促进、互相渗透、互相制约的耦合关系，耦合原则是整体性、综合性、多方兼顾、国际导向等，耦合运行模式包括协同模式、整合模式和利益模式，在耦合原则和耦合运行模式的指导下力求实现四个子系统之间的正合作效应，即产生 $1+1=3$ 或 $1+1 \geq 2$ 的效应；从要素上讲区域耦合系统由人口、环境、科技、信息、制度等基本要素组成，人口是耦合的主体，环境是耦合的基础，科技与信息是耦合的重要中介和桥梁，制度是耦合的催化剂；该耦合系统具有整体性和共生共存性、开放性和动态性、复杂性和不确定性、自组织性和他组织性等特征；基本功能是保障物质流、能量流、信息流、人口流和价值流"五流"的合理高效运转，实现生态、经济、社会"三效益"的协同；区域耦合系统协同发展是自组织、被组织、序参量支配下的正向演进，协同发展实现的外部条件是负熵流的存在且值足够大，内部条件是结构的合理，协同发展的目标包括发展的持续性、协调性和效益性，发展的持续性体现为生态保持平衡、环境质量提升、经济持续发展和社会的良性运转；发展的效益性体现为生态效益、经济效益和社会效益的同步提高；发展的协调性包括子系统内部要素、子系统之间的协调。

第三，分别建立 Logistic 方程、熵变模型、协同发展序参量模型，分析了区域生态—环境—经济—社会耦合系统的演化机理。区域耦合系统的演化建立在系统开放性、远离平衡态、系统内部存在复杂的非线性作用、涨落和熵流的存在等条件上，本书以时间为横轴、以耦合状态为纵轴运用逻辑斯蒂曲线方程描述了耦合系统的整个演化过程，并具体分为指数型增长、S 形增长、多条 S 形螺旋上升等演化趋势，在此基础上根据负熵和信息的采集进一步将区域耦合系统演化模式分为倒退型、循环型、停滞型和组合 logistic 曲线增长型。引入耦合熵的概念,度量耦合系统的有序度,建立了耦合熵计算方程;区域耦合系统耦合熵可进一步分为耦合规模熵、耦合速度熵、耦合结构熵,耦合规模熵反映内外环境中耦合规模适宜程度,耦合速度熵反映系统因耦合速度不同产生的无序度,耦合结构负熵描述结构的有序度;通过寻找耦合速度熵、耦合规模熵、耦合结构熵影响因素,对各影响因素赋值测度其耦合程度,求得各子系统的耦合熵值,建立耦合熵值矩阵,建立各子系统交互耦合矩阵等步骤,可以计算出生态—环境—经济—社会耦合系统的总熵值;根据耦合演化过程,区域耦合系统分为无耦合阶段、低度耦合阶段、中度耦合阶段和高度耦合阶段;最后,耦合系统的参量分为快变量与慢变量,建立了四个子系统多个序参量的理论模型,分别以两个序参量、三个序参量为例对耦合系统协同发展模式进行了理论分析,根据特征根解出系统演化的模式和方向。

第四,选择 DEA 模型时间序列上,评价河南省生态—环境—经济—社会耦合系统协同发展状况。首先,用 DEA 的技术效率反映协同效度,用规模效率反映发展效度,综合效率反映协同发展效度,定义了两两子系统、三个以上子系统协同效度、发展效度、协同发展效度的计算。以年份为决策单元,分别选取 1990—2012 年反映河南省生态环境、经济、社会子系统的输入输出指标,评价时间序列上河南省 EEES 耦合系统协同发展状况,结果表明,河南省 1990—1993 年、1998—2004 年、2007—2008 年、2010 年几个时间段内耦合系统的发展效度、协同效度、协同发展效度均为 1,而 1995 年、1996 年、1997 年、2009 年是协同有效、发展非有效,1994 年、2005 年、2006 年协同非有效且发展非有效。空间序列上,选取河南省 18 个地市作为决策单元,选取资源投入、环境投入和经济投入三组 5 项输入指标,经济发展指数、环境指数、社会发展指数和生态指数四组 8 项输出指标对 2012 年度各地市耦合系统协同发展度进行评价,对评价结果进行了聚类分析,比对各地市在河南所处位置和水平,结果如下:河南省 18 个地市耦合系统协同发展分为四类,第 Ⅰ 类是地区有郑州、开封、鹤壁、漯河、周口、济源 6 个,其 DEA 效率值等于 1,表明此类地区生态、环境与经济、社会耦合、协同发展状况很好。第 Ⅱ 类地区商丘、许昌、平顶山 DEA 效率值介于 0.9281—0.9382,此类地区协同发展良好。第 Ⅲ 类地区有焦作、南阳、安阳、濮阳、洛阳,属于中级协同区域。第 Ⅳ

类地区有信阳、驻马店、新乡、三门峡，属于初级协同。最后还运用复合DEA方法，具体分析了影响各地市资源、环境、经济投入效益的具体指标。

第五，构建了河南省生态—环境—经济—社会耦合系统协同发展的对策，阐释原则是"分别以某一子系统为主，其他系统配套"的发展战略、路径与对策。经济系统坚持"三化协调战略"、"产业带动战略"，"三化"协调关键点是农村劳动力的转移，顺利转移农村劳动力的关键是构筑创业就业、培训、安居"三位一体示范区"，针对示范区建设政策支持系统、制度保障系统、环境服务系统、文化导向系统等配套系统。产业带动战略主要实施路径有构建现代产业新体系，促进传统产业和新兴产业的融合发展，推动产业承接与产业创新融合发展，推动产业聚集区转型升级。社会系统协同发展的关键是推动河南省社会保障改革，具体实施对策包括加大河南省的社会保障体系的一体化运作，明晰各级政府在社会保障制度中的分级责任并制度化，加快社会保障体系内部的相互支撑，大力推进社会保障的信息化，加大农村社会保障体系与城市保障体系的快速融合等。资源系统协同发展对策包括建立科学合理的资源价格体系；深化财政体制改革，提高基础资源综合使用效率；推进资源开发管理制度改革，提高自然资源合理开发利用水平；推进产业结构优化升级，建立以企业为主体、产学研相结合的技术创新体系；发挥人力资本优势。环境系统协同发展措施有，把绿色 GDP 作为政绩考核指标，促进经济和环境和谐发展；推进能源结构"绿色化"；加快产业内及产业间循环经济建设，推行有利于环保的经济政策；完善环境影响评价制度、建设项目中防治污染的措施、清洁生产制度等预防性的环境管理措施；重点抓好工业污染防治工作。

第六，选择 DEA 模型，结合模糊数学理论，实证研究了内蒙古 EEES 耦合系统协同发展状况。运用 DEA 模型，从纵向和横向两个层面入手，评价了内蒙古 EEES 耦合系统协同发展状态，以内蒙古时间序列，1990—2010 年的每一年作为评价单元，分别建立了生态环境子系统、经济子系统、社会子系统共 18 项输入输出指标，评价了各子系统内部，两两子系统之间，生态环境、经济、社会三个子系统之间的发展效度、协同效度和协同发展综合效度，结果显示内蒙古 1990—1992 年、1995—1996 年、1999 年、2001—2004 年、2007 年、2009—2010 年几个时间段内耦合系统发展有效、协同有效、协同发展有效；而 1993 年、1996 年、1998 年、2000 年是协同有效发展非有效；1994 年、1997 年、2005 年、2006 年、2008 年几个年份协同非有效且发展非有效。以我国各省、自治区、直辖市生态环境经济社会耦合系统作为决策单元，选取了包括资源投入、环境投入、经济投入三组 8 项输入指标，经济发展指数、环境指数、社会发展指数、生态指数四组 9 项输出指标，并在指标无量纲化处理的基础上进行了综合加成，评价了我国各地区耦合系统协同发展状况。为了便于比对，找出差异，运用最优分割法对有效性评价进行了聚类，将全国 30 个地区按照协同发展程度分为四类，北京、上海、浙江、天津、海南属于第 I 类地区，协同发展状况很好；重庆、江苏、山东、福建、广东、吉林、新疆、云南属于第 II 类地区，协同发展良好；其余省份属于第 III 类中级协同、第 IV 类初级协同地区。其中，内蒙古、河南省生态—环境—经济—社会耦合系统协同发展状况均属于第 IV 类，处于初级协同状态。内蒙古资源投入、环境投入冗余率高，且规模收益递减。河南省环境、经济投入冗余率高，社会、生态产出不足率高，也是规模收益递减，表明河南、内蒙古通过增加资源的消耗并不能实现经济社会的发展，在现有生产规模的基础上，应通过技术进步提高资源的利用率和废物的循环利用效率，积极采取协同发展模式。

第七，从战略层面、路径选择和实施措施三个层次阐述内蒙古生态—环境—经济—社会耦合系统协同发展的战略路径和对策。战略层面指出，要构建科技支撑下的内蒙古生态经济功能区，以解决生态经济结构失衡、生产过程中碳的零排放和技术进步下的产业高端化"三个问题"，完成内蒙古资源经济向生态型经济、追随型经济向先导型经济、资源供给地向资源吸附地和环境保护向环境生产的"四个转化"，最终实现构筑中国北方绿色长城、打造东北亚经济网络中心、建成国家生态型能源重化工高端产业基地"三个目标"。具体指出生态功能区建设包括构成主体、政策法规建设、生态经济建设、管理信息系统建设四个方面，主体建设是基础、政策法规是保证、生态经济是核心、管理信息系统是运行的有力支撑。并导入耦合分区的原则划分为生态环境良好与经济社会落后耦合区、生态环境脆弱与经济社会发达耦合区、生态环境退化与经济社会落后耦合区，分类治理。路径选择上要实现产业的生态化转型，结合自治区区情大力高效节水农业、沙产业、草原碳汇等生态农业、生态工业，实现生态旅游和产业旅游的耦合发展，构建"呼—包—鄂大金三角"和"乌海—阿拉善—蒙西小金三角"产业旅游区，以创意推动产业旅游和生态旅游。实施层面面向政府、企业、公众不同主体，实施激励与约束措施，针对内蒙古生态贫困地区，提出移民过程中创业园、安居园、培训园的"三园互动"机制。

二　有待改进之处

首先，区域生态—环境—经济—社会耦合系统是复杂的巨系统，属于生态学、环境学、经济学、社会学的边缘性、交叉研究，同时其演化过程是多种变量在时间、空间上的动态变化，受内外环境的多方面扰动，其复杂性和难度显而易见，需要综合运用生态学、环境学、经济学、社会学及控制论、信息论、协同学、突变论、耗散结构等系统科学理论，要系统掌握、熟练运用以上学科的知识与方法短期内难以实现。今后，笔者将不断巩固此系列的知识和方法体系，以期对耦合系统演化机理的研究更加深入。

其次，本书数据采集方面存在不足，数据与现实间有间隙存在，评价指标的选取受数据可获得性的限制，同时由于统计资料的出版和统计数据的公开具有时滞性，导致本书研究数据不能反映最新发展状态，数据统计口径不一致也会对研究结果产生扰动。

最后，区域生态—环境—经济—社会耦合系统协同发展评价也是一个系统工程，如能综合运用多种方法则结果会更加科学，在今后的研究中，笔者将采用多种方法，尝试运用结构方程模型、系统动力学分析其要素间的协同，拓宽实证研究范围，考虑东部、中部、西部大环境的不同，建立生态、环境影响效果的评价模型，尝试引入一阶段、二阶段、三阶段DEA法，进行自我评估和同行评估。

参考文献

［1］ 深圳新闻网：《联合国报告称 2011 年世界人口将破 70 亿》，http：//
www. sznews. com，2011 年 1 月 4 日。

［2］ 叶子青、钟书华：《美、日、欧盟绿色技术创新比较研究》，《科技进
步与对策》2002 年第 7 期。

［3］ Raehel Carson，Slient Spring，Boston：Houghton Miffiineompan，1962.

［4］ Dennis L. Meadows，*The Limits to Growth*，New York：University Books，
1972.

［5］ ［美］芭芭拉·沃德、勒内·杜博斯：《只有一个地球》，吉林人民
出版社 1997 年版。

［6］ ［美］戈德史密斯：《生存的蓝图》，中国环境科学出版社 1987 年版。

［7］ 姚建：《环境经济学》，西南财经大学出版社 2001 年版。

［8］ 《中国环境年鉴》编委会：《中国环境年鉴（1990）》，中国环境科学
出版社 1990 年版。

［9］ 杨玉珍、许正中：《系统间耦合衍生的复合生态型理念及其运行综
述》，《科技管理研究》2009 年第 12 期。

［10］ 舒良友、杨玉珍：《从经济生活中的新提法看经济研究对象的扩
张》，《经济问题探索》2008 年第 8 期。

［11］ 王仁庆：《零资源经济与县域经济发展：中国银都永兴现象透析》，
《湘南学院学报》2006 年第 3 期。

［12］ 欧阳培、欧阳强：《新的研究领域：排泄资源与排泄资源经济》，
《长沙大学学报》2004 年第 1 期。

［13］ 夏光：《新时期环境经济面临的理论与现实问题》，《环境保护》
1999 年第 3 期。

［14］ 诸大建、朱远：《生态效率与循环经济》，《复旦大学学报》（社会
科学版）2005 年第 2 期。

[15] 许涤新：《生态经济学》，黑龙江人民出版社 2004 年版。

[16] 余春祥：《对绿色经济发展的若干理论探讨》，《经济问题探索》 2003 年第 12 期。

[17] 赵斌：《关于绿色经济理论与实践的思考》，《社会科学研究》2006 年第 2 期。

[18] 鲍健强、苗阳、陈锋：《低碳经济：人类经济发展方式的新变革》， 《中国工业经济》2008 年第 4 期。

[19] 刘兰芬：《"生态型领导"模式与领导科学建设》，《理论前沿》 2004 年第 6 期。

[20] M. Polonsky, M. J. Greener, *Eco-efficient Services Innovation*, *Increasing Business Ecological Efficiency of Products and Services*, Sheffield：Greenleaf Publishing Ltd. , 1999.

[21] 陈杰、熊炜：《生态供应链与生态型设计》，《城市环境与城市生态》2003 年第 2 期。

[22] 黄爱宝：《生态型政府理念与政治文明发展》，《深圳大学学报》 （人文社会科学版）2006 年第 2 期。

[23] 李建明：《走生态型企业之路》，《企业管理》2004 年第 12 期。

[24] 程世丹：《生态社区的理念及其实践》，《武汉大学学报》（工学版） 2004 年第 3 期。

[25] 王发曾：《我国生态城市建设的时代意义、科学理念和准则》，《地理科学进展》2006 年第 2 期。

[26] 朱晓东、李杨帆、陈姗姗：《江苏生态省建设理念与实践》，《环境保护》2006 年第 2 期。

[27] 王乃明：《论生态型生产和生态产业》，《攀登》2002 年第 6 期。

[28] 王守安：《环境经营》，企业管理出版社 2002 年版。

[29] 孟凯：《生态省建设与生态产业的发展》，《农业系统科学与综合研究》2005 年第 1 期。

[30] Gilbert, A. , "Criteria for sustainability in the development of indicators for sustainable development", *Chemosphere*, Vol. 33, No. 9, 1996.

[31] Engelbert Stockhammer, "The index of sustainable economic welfare （ISEW）as an alternative to GDP in measuring economic welfare：The results of the Austrian （revised）ISEW calculation 1955 – 1992", *Eco-*

logical Economics，Vol. 21，No. 1，1997.

［32］Wackernagel M. Rees，Our Ecological Footprint Reducing Human Impact on the Earth，New Society Publishers：Gabriola Island，British to Columbia，1996.

［33］Hueting，R.，*Correcting national income for environmental losses*：*A practical solution for a theoretical dilemma.* New York：Columbia University Press，1991.

［34］Christian Azar，"Social-ecological indicators for sustainability"，*Ecological Economics*，Vol. 18，No. 2，1996.

［35］李华、申稳稳、俞书伟：《关于山东经济发展与人口—资源—环境协调度评价》，《东岳论丛》2008 年第 5 期。

［36］刘志亭、孙福平：《基于 3E 协调度的我国区域协调发展评价》，《青岛科技大学学报》2005 年第 6 期。

［37］张彩霞、梁婉君：《区域 PERD 综合协调度评价指标体系研究》，《经济经纬》2007 年第 3 期。

［38］范士陈、宋涛：《海南经济特区县域可持续发展能力地域分异特征评析——基于过程耦合角度》，《河南大学学报》（自然科学版）2009 年 39 卷第 5 期。

［39］吴跃明：《环境——经济协调度模型及其指标体系》，《中国人口·资源与环境》1996 年第 2 期。

［40］杨世琦、王国升、高旺盛等：《区域生态经济系统协调度评价研究》，《农业现代化研究》2005 年第 4 期。

［41］王成璋、张效莉、何伦志：《人口、经济发展与生态环境协调性测度研究综述》，《生产力研究》2007 年第 6 期。

［42］杨士弘：《广州城市环境与经济协调发展预测及调控研究》，《地理科学》1994 年第 2 期。

［43］袁榴艳、杨改河、冯永忠：《干旱区生态与经济系统耦合发展模式评判》，《西北农林科技大学学报》（自然科学版）2007 年第 11 期。

［44］张晓东、池天河：《90 年代中国省级区域经济与环境协调度分析》，《地理研究》2001 年第 4 期。

［45］黄友均、许建、黎泽伦：《安徽省环境与经济发展协调度的初步分析》，《合肥工业大学学报》（自然科学版）2007 年第 6 期。

［46］张竟竟、陈正江、杨德刚：《城乡协调度评价模型构建及应用》，《干旱区资源与环境》2007年第2期。

［47］汪波、方丽：《区域经济发展的协调度评价实证分析》，《中国地质大学学报》（社会科学版）2004年第6期。

［48］张佰瑞：《我国区域协调发展度的评价研究》，《工业技术经济》2007年第9期。

［49］叶民强、张世英：《区域经济、社会、资源与环境系统协调发展衡量研究》，《数量经济技术经济研究》2001年第8期。

［50］樊杰、陶岸君、吕晨：《中国经济与人口重心的耦合态势及其对区域发展的影响》，《地理科学进展》2010年第1期。

［51］寇晓东、薛惠锋：《1992—2004年西安市环境经济发展协调度分析》，《环境科学与技术》2007年第4期。

［52］赵涛、李晅煜：《能源—经济—环境（3E）系统协调度评价模型研究》，《北京理工大学学报》（社会科学版）2008年第2期。

［53］李艳、曾珍香：《经济——环境系统协调发展评价方法研究及应用》，《系统工程理论与实践》2003年第5期。

［54］戴西超、谢守祥、丁玉梅：《技术—经济—社会系统可持续发展协调度分析》，《统计与决策》2005年第3期。

［55］祝爱民、夏冬、于丽娟：《基于模糊综合评判的县域科技进步与经济发展的协调性分析》，《科技进步与对策》2007年第11期。

［56］刘晶、敖浩翔、张明举：《重庆市北碚区经济、社会和资源环境协调度分析》，《长江流域资源与环境》2007年第2期。

［57］于瑞峰、齐二石：《区域可持续发展状况的评估方法研究及应用》1998年第5期。

［58］刘艳清：《区域经济可持续发展系统的协调度研究》，《社会科学辑刊》2000年第5期。

［59］陈静、曾珍香：《社会、经济、资源、环境协调发展评价模型研究》，《科学管理研究》2004年第3期。

［60］张晓东、朱德海：《中国区域经济与环境协调度预测分析》，《资源科学》2003年第2期。

［61］毕其格、宝音、李百岁：《内蒙古人口结构与区域经济耦合的关联分析》，《地理研究》2007年第5期。

[62] 郭伟峰、王武科：《关中平原人地关系地域系统结构耦合的关联分析》，《水土保持研究》2009 年第 5 期。

[63] 张晓棠、宋元梁、荆心：《基于模糊评价法的城市化与产业结构耦合研究》，《经济问题》2010 年第 1 期。

[64] 樊华、陶学禹：《复合系统协调度模型及其应用》，《中国矿业大学学报》2006 年第 4 期。

[65] 穆东、杜志平：《系统协同发展程度的 DEA 评价研究》，《数学的实践与认识》2005 年第 4 期。

[66] 柯健、李超：《基于 DEA 聚类分析的中国各地区资源、环境与经济协调发展研究》，《中国软科学》2005 年第 2 期。

[67] 武玉英、何喜军：《基于 DEA 方法的北京可持续发展能力评价》，《系统工程理论与实践》2006 年第 3 期。

[68] 杨玉珍、许正中：《基于复合 DEA 的区域资源、环境与经济、社会协调发展研究》，《统计与决策》2010 年第 7 期。

[69] 乔标、方创琳：《城市化与生态环境协调发展的动态耦合模型及其在干旱区的应用》，《生态学报》2005 年第 11 期。

[70] 梁红梅、刘卫东、林育欣等：《土地利用效益的耦合模型及其应用》，《浙江大学学报》（农业与生命科学版）2008 年第 2 期。

[71] 李海鹏、叶慧：《我国城市化与粮食安全的动态耦合分析》，《开发研究》2008 年第 5 期。

[72] 王继军、姜志德、连坡等：《70 年来陕西省纸坊沟流域农业生态经济系统耦合态势》，《生态学报》2009 年第 9 期。

[73] 闫军印：《区域矿产资源开发生态经济系统及其模拟分析》，《自然资源学报》2009 年第 8 期。

[74] 曹明秀、关忠良、纪寿文等：《资源型城企物流耦合系统的耦合度评价模型及其应用》，《物流技术》2008 年第 6 期。

[75] 张效莉、王成璋：《人口、经济发展与生态系统协调性测度研究——基于逼近理想解排序的决策分析方法》，《科技管理研究》2007 年第 1 期。

[76] 刘耀彬：《中国城市化与生态环境耦合规律与实证分析》，《生态经济》2007 年第 10 期。

[77] 何绍福、朱鹤健：《闽东南马坪镇特色立体生态农业体系模式研

究》,《中国农业科学》2004 年第 1 期。

[78] Ascione, M., Campanella, L., Cherubini, F. et al., "Environmental driving forces of urban growth and development: An energy based assessment of the city of Rome, Italy". *Landscape and Urban Planning*, Vol. 93, No. 3, 2009.

[79] Haase, D., "Effects of urbanization on the water balance—A long-term trajectory". *Environmental Impact Assessment Review*, Vol. 29, No. 3, 2009.

[80] Grimm, N. B., Faeth, S. H., Golubiewski, N. E. et al., "Global Change and the Ecology of Cities", *Science*, 2008, 319: 756 – 760.

[81] Hang Jian, Mats Sandberg, Li Yuguo, "Effect of urban morphology on wind condition in idealized city models". *Atmospheric Environment*, Vol. 43, No. 4, 2009.

[82] Kim, M. K., Kim, S., "Quantitative estimates of warming by urbanization in South Korea over the past 55 years (1954 – 2008)". *Atmospheric Environment*, Vol. 45, No. 32, 2011.

[83] Martínez – Zarzoso, I., Maruotti. A., "The impact of urbanization on CO_2 emissions: Evidence from developing countries". *Ecological Economics*, Vol. 70, No. 7, 2011.

[84] World Bank, Inclusive Green Growth: the pathway to sustainable development, World Bank Report, 2012.

[85] Urban Land Institute, Smart growth: Myth and fact, Washington D. C.: ULI, 1999.

[86] Saito, Asato and Andy Thornley, "Shifts in Tokyo's world city status and the urban planning response". *Urban Studies*, No. 40, 2003.

[87] Northam, R. M., *Urban Geography*, New York: John Wiley & Sons, 1975.

[88] Friedmann, J., "Four Theses in the Study of China's Urbanization". *International Journal of Urban and Regional Research*, Vol. 30, No. 2, 2006.

[89] 李庚:《快速城镇化地区的城乡规划研究》,博士学位论文,中国农业科学院,2011 年。

[90] 吴新纪、张伟、胡海波等：《快速城市化地区县级城市总体规划方法研究》，《城市规划》2005 年第 12 期。

[91] 曹珊：《快速城镇化地域生态风险源识别研究》，中国风景园林学会 2011 年会议论文集。

[92] 王晓岭、武春友、赵奥：《中国城市化与能源强度关系的交互动态响应分析》，《中国人口·资源与环境》2012 年第 5 期。

[93] 姚士谋、陆大道、陈振光等：《顺应我国国情条件的城镇化问题的严峻思考》，《经济地理》2012 年第 5 期。

[94] Chen, J., Rapid urbanization in China: A real challenge to soil protection and food security [J]. *Catena*, Vol. 69, No. 63, 2007.

[95] 王振波、方创琳、王婧：《1991 年以来长三角快速城市化地区生态经济系统协调度评价及其空间演化模式》，《地理学报》2011 年第 12 期。

[96] 吴良镛：《从"广义建筑学"与"人居环境科学"起步》，《城市规划》2010 年第 2 期。

[97] 黄勇、王锦：《快速城镇化地区社会系统灾变的理论模型》，《城市发展研究》2010 年第 8 期。

[98] 方创琳、刘海燕：《快速城市化进程中的区域剥夺行为与调控路径》，《地理学报》2007 年第 8 期。

[99] 彭佳捷、周国华、唐承丽等：《基于生态安全的快速城市化地区空间冲突测度》，《自然资源学报》2012 年第 9 期。

[100] 李双江、罗晓、胡亚妮：《快速城市化进程中石家庄城市生态系统健康评价》，《水土保持研究》2012 年第 3 期。

[101] 荀斌、于德永、杜士强：《快速城市化地区生态承载力评价研究——以深圳市为例》，《北京师范大学学报》（自然科学版）2012 年第 2 期。

[102] 陈明辉、陈颖彪、郭冠华：《快速城市化地区生态资产遥感定量评估——以广东省东莞市为例》，《自然资源学报》2012 年第 4 期。

[103] 张浩、汤晓敏、王寿兵等：《珠江三角洲快速城市化地区生态安全研究》，《自然资源学报》2006 年第 4 期。

[104] 李景刚、何春阳、李晓兵：《快速城市化地区自然/半自然景观空间生态风险评价研究——以北京为例》，《自然资源学报》2008 年

第 1 期。

[105] 孙翔、朱晓东、李杨帆：《港湾快速城市化地区景观生态安全评价》，《生态学报》2008 年第 8 期。

[106] 龚建周、夏北成、陈健飞：《快速城市化区域生态安全的空间模糊综合评价》，《生态学报》2008 年第 10 期。

[107] 陈菁、谢晓玲：《海峡西岸快速城市化中土地利用变化的影响因素》，《经济地理》2010 年第 11 期。

[108] 宋娟、程婷、谢志清：《江苏省快速城市化进程对雾霾日时空变化的影响》，《气象科学》2012 年第 6 期。

[109] 江学顶、夏北成、郭泺：《快速城市化区域城市热岛及其环境效应研究》，《生态科学》2006 年第 2 期。

[110] 刘建芬、王慧敏、张行南：《快速城市化背景下的防洪减灾对策研究》，《中国人口·资源与环境》2011 年第 3 期。

[111] 周军芳、范绍佳、李浩文等：《珠江三角洲快速城市化对环境气象要素的影响》，《中国环境科学》2012 年第 7 期。

[112] 蒋洪强、张静、王金南等：《中国快速城镇化的边际环境污染效应变化实证分析》，《生态环境学报》2012 年第 2 期。

[113] 叶浩、璞励杰、张健：《快速城市化地区土地综合质量评价》，《长江流域资源与环境》2008 年第 3 期。

[114] 熊剑平、余瑞林、刘承良等：《快速城市化背景下的城郊土地利用结构适宜性评价与协调发展》，《世界地理研究》2006 年第 4 期。

[115] 邓劲松、李君、余亮等：《快速城市化过程中杭州市土地利用景观格局动态》，《应用生态学报》2008 年第 9 期。

[116] 毛蒋兴、李志刚、闫小培：《快速城市化背景下深圳土地利用时空变化的人文因素分析》，《资源科学》2008 年第 6 期。

[117] 潮洛濛、翟继武、韩倩倩：《西部快速城市化地区近 20 年土地利用变化及驱动因素分析》，《经济地理》2010 年第 2 期。

[118] 袁建新、王寿兵、王祥荣等：《基于土地利用/覆盖变化的珠江三角洲快速城市化地区洪灾风险驱动力分析——以佛山市为例》，《复旦学报》（自然科学版）2011 年第 2 期。

[119] 李英东、赵佳：《快速城市化时期就业机会消长研究》，《当代经济研究》2012 年第 8 期。

[120] 马林靖、周立群：《快速城市化时期农民增收效果的实证研究》，《社会科学战线》2010 年第 7 期。

[121] 尚启君：《快速城镇化背景下农民收入低速增长的原因》，《现代经济探讨》2006 年第 7 期。

[122] 丁圣荣：《中国快速城市化地区公共财政效率的实证分析》，《南京社会科学》2010 年第 9 期。

[123] 中国经济增长前沿课题组：《城市化、财政扩张与经济增长》，《经济研究》2011 年第 11 期。

[124] 孟宪磊、李俊祥、李铖等：《沿海中小城市快速城市化过程中土地利用变化》，《生态学杂志》2010 年第 9 期。

[125] 赵军、曾辉：《快速城市化地区生态质量退降的自组织临界性——以深圳市南山区为例》，《生态学报》2006 年第 11 期。

[126] 杨志荣、吴次芳、刘勇等：《快速城市化地区生态系统对土地利用变化的响应——以浙江省为例》，《浙江大学学报（农业与生命科学版）》2008 年第 3 期。

[127] 郑璟、方伟华、史培军等：《快速城市化地区土地利用变化对流域水文过程影响的模拟研究》，《自然资源学报》2009 年第 9 期。

[128] 杨沛、毛小苓、李天宏：《快速城市化地区生态需水与土地利用结构关系研究》，《北京大学学报》（自然科学版）2010 年第 2 期。

[129] 黄木易：《快速城市化地区景观格局变异与生态环境效应互动机制研究》，博士学位论文，浙江大学，2008 年。

[130] 邬彬：《快速城市化地区人居环境与经济协调发展评价——以深圳市为例》，《云南地理环境研究》2010 年第 2 期。

[131] 谷荣：《中国城市化公共政策研究》，东南大学出版社 2007 年版。

[132] 王如松、欧阳志云：《社会—经济—自然复合生态系统与可持续发展》，《中国科学院院刊》2012 年第 3 期。

[133] 祁豫玮、顾朝林：《快速城市化地区应对气候变化的城市规划探讨》，《人文地理》2011 年第 5 期。

[134] 仇保兴：《中国特色的城镇化模式之辨》，《城市发展研究》2009 年第 1 期。

[135] 全俄经济区划分委员会：《苏联经济区划问题》，商务印书馆 1961 年版。

［136］［美］艾德加·M.胡佛：《区域经济学导论》，上海远东出版社1992年版。

［137］郝寿义、安虎森：《区域经济学》，经济科学出版社1999年版。

［138］周守仁：《"超耦合——内随机"理论在现代社会经济研究中的应用》，《系统辩证学学报》1997年第3期。

［139］周宏等：《现代汉语辞海》，光明日报出版社2003年版。

［140］Friedel, Juergen K. , Ehrmann Otto, Pfeffer Michael etc. , "Soil microbial biomass and activity：The effete of site characteristics In humid temperate forest ecosystems". *Journal of Plant Nutrition and soil Science*, Vol.169, No.2, 2006.

［141］邵权熙：《当代中国林业生态经济社会耦合系统及耦合模式研究》，博士学位论文，北京林业大学，2008年。

［142］朱鹤健、何绍福：《农业资源开发中的耦合效应》，《自然资源学报》2003年第5期。

［143］任继周、朱兴运：《中国河西走廊草地农业的基本格局和它的系统相悖：草原退化的机理初探》，《草业学报》1995年第1期。

［144］马世骏、王如松：《社会—经济—自然复合生态系统》，《生态学报》1984年第1期。

［145］姚建：《环境经济学》，西南财经大学出版社2001年版。

［146］冉瑞平：《试论建立环境问题的区际协作机制》，《农村经济》2004年第10期。

［147］王松霈、迟维韵：《自然资源利用与生态经济系统》，中国环境科学出版社1992年版。

［148］姜学民、徐志辉：《生态经济学通论》，中国林业出版社1993年版。

［149］世界环境与发展委员会：《我们共同的未来》，王文佳、柯金良等译，吉林人民出版社1997年版。

［150］钱易、唐孝炎：《环境保护与可持续发展》，高等教育出版社2003年版。

［151］牛文元：《可持续发展：21世纪中国发展战略的必然选择》，《新视野》2002年第1期。

［152］黄光宇、陈勇：《生态城市理论与规划设计方法》，科学出版社

2002 年版。

[153] 李诚忠、王序荪：《教育控制论》，东北师范大学出版社 1986 年版。

[154] 王雨田编：《控制论、信息论、系统科学与哲学》，中国人民大学出版社 1988 年版。

[155] 黄思铭：《可持续发展的评判》，高等教育出版社 2001 年版。

[156] ［美］哈肯：《高等协同学》，郭治安译，科学出版社 1989 年版。

[157] ［美］G. 尼科利斯：《非平衡系统的自组织》，徐锡申等译，科学出版社 1986 年版。

[158] ［美］托姆：《结构稳定性与形态发生学》，赵松年等译，四川教育出版社 1992 年版。

[159] ［美］艾根、舒斯特尔：《超循环论》，曾国屏、沈小峰译，上海译文出版社 1990 年版。

[160] 吴彤：《自组织方法论研究》，清华大学出版社 2001 年版。

[161] John E. Delery, "Issues of fit in strategic human resource management: Implications for research". *Human Resource Management Review*, No. 3, 1998, 3: 289 – 309.

[162] Becker, Gerhart, "The Impact of Human Resource Management on Organizational Performance: Progress and Prospects". *Academy of Management Journal*, Vol. 39, 1996, 39: 779 – 801.

[163] 冯久田：《资源—环境—经济系统协调发展策略研究》，《中国人口、资源与环境》2005 年第 3 期。

[164] 潘开灵、白列湖：《管理协同机制研究》，《系统科学学报》2006 年第 1 期。

[165] 马世骏、王如松：《复合生态系统与持续发展复杂性研究》，科学出版社 1993 年版。

[166] 叶民强：《双赢策略与制度激励：区域可持续发展评价与博弈分析》，社会科学文献出版社 2002 年版。

[167] I. H. L'ee, R. Mason, "Uncertainty, coordination and path dependence". *Journal of Economic Theory*, Vol. 3, No. 5, 2007.

[168] 翟欣翔、赵国杰、蔡振宇等：《融入可持续发展观的技术评价指标体系构建》，《科学学与科学技术管理》2004 年第 8 期。

[169] 王维国、宋阳、郭多祚：《一种求解混合多目标规划问题的功效函数法》，《运筹与管理》2007 年第 4 期。

[170] 张坤民、何雪场、温宗国：《中国城市环境可持续发展指标体系研究的进展》，《中国人口、资源与环境》2000 年第 2 期。

[171] 崔晓迪：《区域物流供需耦合系统的协同发展研究》，《科技管理研究》2010 年第 19 期。

[172] 姜克锦、张殿业、刘帆汶：《城市交通系统自组织与他组织复合演化过程》，《西南交通大学学报》2008 年第 5 期。

[173] 王喜、秦耀辰：《区域系统演化的可持续发展观》，河南大学环境与规划学院编：《区域发展新透视》，河南大学出版社 1999 年版。

[174] 王琦、陈才：《产业集群与区域经济空间耦合度分析》，《地理科学》2008 年第 2 期。

[175] 杨红：《生态农业与生态旅游业耦合机制研究》，博士学位论文，重庆大学，2009 年。

[176] 姜璐、李克强：《简单巨系统演化理论》，北京师范大学出版社 2002 年版。

[177] 段永瑞：《数据包络分析——理论和应用》，上海科学普及出版社 2006 年版。

[178] 曾珍香、顾培亮：《可持续发展的系统分析与评价》，科学出版社 2000 年版。

[179] 穆东：《矿城耦合系统的演化与协同发展研究》，吉林人民出版社 2004 年版。

[180] Charnes, A., Cooper, W. W., Wei, Q. L., "Cone Ratio data envelopment analysis and multi-objective programming". *International Journal of Systems Science*, Vol. 20, No. 7. 1989.

[181] 崔晓迪：《区域物流供需耦合系统的协同发展研究》，博士学位论文，北京交通大学，2009 年。

[182] 吴文江：《有效决策单元判断定理的探讨》，《系统工程学报》1999 年第 8 期。

[183] 李果、王应明：《对 DEA 聚类分析方法的一种改进》，《预测》1999 年第 4 期。

[184] IUD 中国领导决策数据分析处理中心：《全国划为 216 个生态功能

区人居保障功能首进规》，《领导决策信息》2008 年第 33 期。

[185] 许正中、杨玉珍：《关于构建内蒙古生态经济功能区的探讨》，《前沿》2009 年第 10 期。

[186] 雷明、钟书华：《国外生态工业园区评价研究述评》，《科研管理》2010 年第 2 期。

[187] 汪中华、郭翔宇：《农村贫困地区实现生态建设与经济发展良性耦合的补偿机制》，《中国农学通报》2006 年第 6 期。

[188] 赵琨、隋映辉：《基于创新系统的产业生态转型研究》，《科学学研究》2008 年第 1 期。

[189] 颜京松、王如松、蒋菊生等：《产业转型的生态系统工程》，《农村生态环境》2003 年第 1 期。

[190] 许正中、杨玉珍、杨洋：《内蒙古多元化工业旅游发展战略探讨》，《地域研究与开发》2010 年第 1 期。

[191] 陈文君：《广州工业旅游发展战略探讨》，《热带地理》2004 年第 3 期。

[192] 郑旻晟、杨宏烈：《关于工业旅游发展战略的规划——从"广州工业名企一日游"谈起》，《工业建筑》2006 年周刊第 1 期。

[193] 冯刚：《北京—张家口区域生态与产业协调发展研究》，《城市发展研究》2007 年第 2 期。

[194] 李国柱、李从欣：《基于熵值法的经济增长与环境关系研究》，《统计与决策》2010 年第 24 期。

[195] 许正中、杨玉珍：《中国城市化平稳快速演进的别样路径——创业园、安居园、培训园互动机制研究》，《城市问题》2011 年第 1 期。

[196] 杨玉珍、许正中：《创业型经济发展及创业型社会构建的战略路径研究》，《求实》2009 年第 7 期。

[197] 许正中：《中国城乡统筹新模式探讨》，《农村工作通讯》2009 年第 1 期。

[198] 杨玉珍：《快速城镇化地区生态—环境—经济耦合协同发展研究综述》，《生态环境学报》2014 年第 3 期。

[199] 高友才：《中原经济区包容性增长路径研究》，经济科学出版社 2013 年版。

索　引

后　记

本书作为教育部人文社会科学基金（12YJCZH251）"耦合协同视角下的区域生态、环境、经济三螺旋发展模式构建"的主要成果，也是我独著出版的第一本著作，借此机会，写下些许感触，以示对师长、领导、亲人、朋友的感谢。

2006 年硕士阶段开始慢慢体会"学术研究"，2011 年完成博士阶段的求学，如今工作三年有余，一路走来，在科研的道路上边学习、边摸索、边成长，现在的我依然青涩，未来需要更加努力、更多学习、更快进步、更增成熟。迈步前行，尝试做科研的途中有风景、有幸运、有惊喜，也偶遇无奈、无助与失落。与人交往中也曾遇到"来而不往、急功近利、表里不一"的负能量，但感受更多的是人与人之间"真诚、善良、美丽、包容"的正能量。作为一个初学者，逐渐成长的过程中，我是幸运的，有良师的引导和启发，有领导的关注和提携，有亲人的关心和爱护，有朋友的鼓励和分享，一路相伴，因而从不孤单。

如果说至今我已走进学术、科研的大门，那么带我入门的是我的硕士生导师河南理工大学的舒良友老师；如果说我已快速成长，那么让我成长的是国家行政学院、天津大学兼职教授，我的博士生导师许正中老师。舒良友先生治学严谨、一丝不苟地悉心培养，使我明白什么是责任，我受益终生且将永存感谢。许正中先生不吝赐教、真诚相待以及提供的种种成长与学习机会，让我博士期间有幸到北京、广东、福建、山东、内蒙古、新疆、黑龙江等地调研，了解学习不同的地域特征，用许先生的话说是训练学术能力的同时提高了情商、智商、胆商、逆商"四商"。成长的道路离不开高人的启发、点拨与贵人的相助，工作之后，我有幸结识，并能够向平顶山学院副院长苏晓红教授、新乡医学院党委副书记刘荣增教授、河南省政府发展研究中心主任王永苏研究员请教、学习、讨论、交流，并受益匪浅。2013 年我申报的国家社科基金项目能够获批，更应该感谢刘荣增教授对选题的战略指导和苏晓红教授对论证结构、行文表述字斟句酌的修改。王永苏研究员的鼓励和分享让我坚定学术研究的价值，开始思考如何将理论研究与实践相结合，推动决策，支撑改革。工作中，我庆幸有河南师范大学商学院良好的氛围，感谢学院院长任太增教授做事求公平公正、和蔼大气的工作作风以及对青年人成长的关照。感谢我的同事及领导胡国恒教授、乔俊峰教授等在工作中的支持与帮助。

　　本书的成稿离不开选题过程中国家自然科学基金委信息科学部副主任秦玉文研究员、清华大学姜彦福教授、天津大学寇继松教授、赵黎明教授、陈通教授、财政部对外财经交流办公室综合处徐璐玲处长提出的指导性意见和建议。本书资料收集得益于内蒙古科技厅徐凤君厅长、李增健副厅长、池波主任、姜宝林主任、乌兰娜主任、赵远亮博士、王文娟等人在多次调研过程中的全力协助和指导。本书最后成稿更离不开中国社会科学出版社经济与管理出版中心主任卢小生编审的建议以及认真修改、完善。

　　此外，亲情、爱情也不能忽略，感谢父母、姊妹、爱人，让我可以安静地、不受打扰地静思与写作。最后，感谢所有相关专家、教授、同人对本书的阅读，并请不吝赐教。

杨玉珍

2014 年 7 月 18 日